DER AMERIKA-FLÜSTERER

MARTIN RICHENHAGEN
MIT
STEFAN MERX UND THOMAS MERSCH

DER AMERIKA-FLÜSTERER

Mein Weg vom deutschen Religionslehrer zum US-Topmanager

EDEL BOOKS

Inhaltsverzeichnis

Die USA sind keine One-Man-Show 7

Die Schule der Bescheidenheit 23

Wer bin ich? 55

Karriere auf Umwegen 79

Steiler Aufstieg 97

Neu im Treckergeschäft 115

Ganz oben 133

The Renaissance man 149

Es lebe die Internationalität 173

Pferdeflüsterei 195

Vom Luxus der eigenen Meinung 217

Es ist genug für alle da 233

Mehr als ein Zukunftsmarkt 253

Kulturbrüche 269

Kulturkitt 283

Nur Mut 301

Die USA sind keine One-Man-Show

Obama und Trump haben Amerika nicht gutgetan. Der eine hat das Volk erst verzaubert, dann desillusioniert. Und der andere führte seine folgenschwere Inkompetenz nicht nur auf der Weltbühne vor, sondern auch im privaten Kreis.

Die Chancen standen fifty-fifty, und ich hatte Glück. Barack Obama kam von links. Ich war goldrichtig postiert. Der Präsident streckte mir die Hand entgegen, so begegnete ich ihm zum ersten Mal.

Obama hat einen sehr sympathischen Händedruck, trocken und warm. Er guckt einem in die Augen. Ich stellte mich vor, Chef von AGCO und so weiter, und spulte mein einstudiertes Thema ab: unfaire Steuern auf Auslandsgewinne von US-Unternehmen. Obama hörte zu. Man konnte merken, dass es nicht neu für ihn war. Und es interessierte ihn nicht so besonders, muss ich zugeben. Immerhin wurde ich alles los, was ich mir vorgenommen hatte.

Es war der 13. Februar 2009, ein Freitag. Der einflussreiche Business Council, ein Club von Hochkarätern der US-Wirtschaft, durfte im Weißen Haus zum Schaulaufen beim neuen Präsidenten antreten. Der Council ist ein exklusiver Kreis: Die Mitgliedschaft ihrer Chefs kostet die Unternehmen ein Heidengeld, sie ist streng auf 200 Personen limitiert. Ich war 2008 gefragt worden, ob ich dabei sein wollte. Da war ich vier Jahre lang CEO der AGCO Corporation, des drittgrößten Landtechnikkonzerns der Welt. Damit war ich drin im Inner Circle der mächtigen US-Geschäftslobby.

Wer bei einem solchen Termin im Weißen Haus Überraschungen erwartet, liegt falsch. Der Ablauf ist fast standardisiert: Vorne steht eine Bühne. Und der Auftritt läuft im Prinzip nicht anders als bei einem routinierten Entertainer oder Komiker. Der Präsident kommt auf der einen Seite rein und hält seine Rede. Danach gibt es ein paar offizielle Fragen und Antworten, dann geht er wieder raus. Aber manchmal kommt er noch einmal zurück, für informelle Gespräche. Zwei Türen führen zum Raum hinter der Bühne. Niemand weiß, durch welche der Präsident aus dem Backstagebereich auftauchen wird. Und ob er überhaupt eine Zugabe gibt.

Wir waren in den East Room geladen worden, den repräsentativen Raum im Ostflügel des Weißen Hauses. Die eine Seite des Saales war mit roten Samtbändern abgesperrt, wie im Hotel oder bei einem VIP-Bereich. Dort hatten sich die Fotografen in Position gebracht. Ich ging zu einem hin und sagte: „Falls der Präsident mit mir redet, dann wäre es toll, wenn Sie ein Foto machen würden." Dieses Mal wollte ich gewappnet sein – anders als bei George Bush. Da war ich schon öfter mal gefragt worden – in Amerika, aber auch in Deutschland: „Kennen Sie eigentlich den Präsidenten?" Und wenn ich sagte: „Ja, den Herrn Bush habe ich schon ein paarmal getroffen", dann kam oft die Frage: „Haben Sie nicht mal ein Foto?" Hatte ich anfangs aber leider nicht. Bei Obama wollte ich es gleich besser machen. Die Fotografen lachten und sagten: „Das wird nicht passieren." Abwarten, dachte ich.

Wenn wir mit dem Business Council eine Chance sahen, den Präsidenten zu treffen, gingen wir taktisch vor: Wir diskutierten die wichtigen Fragen, die wir gerne zur Sprache bringen wollten. Und dann wurde das Pensum so verteilt, dass mehrere Leute dasselbe Thema hatten. Simple Mathematik: Wir wollten die Chance erhöhen, mit unseren Anliegen Gehör zu finden. Für mich war vorgesehen, die „repatriation of foreign earnings" anzusprechen. Ein sehr wichtiges Thema. Denn für US-Unternehmen war es damals schwierig, ihre im Ausland gemachten und dort versteuerten Gewinne nach Hause zu holen. Weil dort noch einmal der volle US-Steuersatz fällig wurde. Also parkten die Unternehmen notgedrungen das Geld lieber weiter im Ausland, anstatt es in Amerika zu investieren – was am Ende natürlich die US-Wirtschaft bremste.

Normalerweise halte ich mich bei solchen Veranstaltungen lieber weiter hinten auf. Diesmal sagte ich aber zu zwei

CEO-Kollegen, mit denen ich mich unterhalten hatte: „Wir gehen da jetzt mal hin. Vielleicht ergibt sich ja eine Chance." Wir stellten uns also links in die Ecke, gleich neben die Bühne. Und als Obama tatsächlich dort rauskam, lief er als Erstes direkt auf mich zu und streckte mir die Hand entgegen. Blitzlichter, die Apparate klickten.

Eigentlich hätten alle im Council in diesem Moment zufrieden sein müssen, dass ich unser Thema anbringen konnte. Aber so einfach ist die Geschäftswelt natürlich nicht. In der Mitte des Raums stand Bob Lane, der damalige CEO von John Deere, einem der großen AGCO-Konkurrenten, und er wurde unruhig. Lane rief quer durch den Saal: „Mister President, there is also John Deere in the United States of America." Da fing Obama an zu grinsen und sagte zu mir: „Die Wettbewerber werden schon nervös. Da müssen wir wohl den Handshake noch ein bisschen verlängern." Das fand ich sehr lustig. Dann ging Obama weiter, und drei, vier Handschläge später kam erneut einer aus dem Council mit demselben Thema wie ich. Obama kapierte schnell, wie unsere Vorbereitung gelaufen war. Er drehte sich zu mir um und kniff ein Auge zu, so nach dem Motto: „Ihr seid mir schon ein paar Schlitzohren." Immerhin: Mein Foto hatte ich.

Gelöst wurde das Steuerproblem erst von Obamas Nachfolger. Von Donald Trump. Mit seiner Steuerreform hat er dafür gesorgt, dass Hunderte Milliarden Dollar an Firmengewinnen aus dem Ausland zurück in die USA flossen und die Wirtschaft ankurbelten. Es ist vielleicht die einzige gute Sache, die er hinbekommen hat.

Ich muss zugeben: Als Donald Trump Präsident wurde, war ich nicht traurig. Im Gegenteil. Barack Obama hatte die USA zwar in eine Aufbruchsstimmung versetzt. „Yes We Can“, das klang gut und nahm die Leute mit. Aber am Ende ist wenig herumgekommen. Obama trieb die Staatsverschuldung in die Höhe. Seine Gesundheitsreform war gut gemeint, aber schlecht gemacht und für die Leute frustrierend, weil es vor allem teurer wurde. Zudem schien er sich nicht wirklich für die Wirtschaft zu interessieren. Das Land war nach acht Jahren Obama erschöpft und zerstritten. Washington und der aufgeblähte Regierungsapparat, das wurde für viele zum Feindbild.

Donald Trump hat das konsequent genutzt. „Alles Mist, nur Idioten in Washington“, das war sein Tenor – und damit hat er viele Leute erreicht und überzeugt. In einem Interview direkt nach Trumps Wahl 2016 habe ich gesagt: „Das Einzige, was von Obama übrig bleiben wird, ist die Tatsache, dass er der erste schwarze Präsident war.“ Nach vier Jahren Trump sehe ich das anders. Obama war kein besonders toller Präsident, aber auch nicht der schlechteste, den die USA je hatten. Obama war als Präsident sympathisch, er war menschlich. Heute sieht man deutlich, wie wichtig das ist. Ein Stück weit hat Obama seine hohe Popularität vielleicht auch dem Stil seines Nachfolgers zu verdanken, dem jeder Anstand und jede Verlässlichkeit fehlen.

Es hat mich nicht einmal überrascht, dass Donald Trump 2016 die Wahl gegen Hillary Clinton gewann. In deutschen

Talkshows war ich regelmäßig belächelt worden, wenn ich in den Wochen zuvor ein enges Rennen prognostiziert hatte. Genauso, wenn ich sagte, wie unbeliebt Clinton in großen Teilen der amerikanischen Gesellschaft war. Aber für viele Wähler hieß das Motto: „ABC – anything but Clinton." Also: Alles ist besser als Clinton. Auch ich war von Hillary Clinton nie überzeugt. Für meinen Geschmack kam sie zu emotional und ideologisch rüber. Was viele in Deutschland nicht wahrhaben wollten: Die Ablehnung gegenüber Hillary Clinton war überdurchschnittlich stark ausgeprägt bei Frauen, bei Schwarzen und bei jungen Leuten. Obwohl man doch dachte, dass vor allem sie gegen Trump sein müssten. Aber tatsächlich waren sie vor allem gegen das politische Establishment, für das Clinton stand. Gegen einen Club von Politikern und Bürokraten, die in ihrer Blase in Washington den Kurs des Landes bestimmten, ohne sich groß darum zu kümmern, wie es den Menschen insgesamt ging und was sie wollten. Dass man Trump hier das Feld nahezu kampflos überließ, spricht für die damalige Borniertheit von Hillary Clinton und ihrer Entourage.

Der Blick aus Deutschland auf Amerika ist ja ebenfalls oft reduziert auf die Ost- und die Westküste, gerade auf die liberalen Eliten in New York und Washington oder auch in Los Angeles und San Francisco mit dem Silicon Valley. Es wird oft ausgeblendet, dass in den Tausenden Kilometern dazwischen die Republikaner ihre Stammwähler haben. Wenn man nach der Wahl 2020 auf die Karte blickt: Die Landesmitte ist „Trump Country", alles rot, die Farbe der

Republikaner. Die Evangelikalen, die Landbevölkerung und weiße Industriearbeiter sind sichere Bänke für Trump. Er konnte trotz der Wahlniederlage seine Unterstützerbasis sogar um mehrere Millionen Stimmen vergrößern. Joe Biden regiert ein tief gespaltenes Land.

Viele wundern sich, dass es jemand wie Trump mit all seinen Falschaussagen, Tiraden und spontan-erratischen Entscheidungen geschafft hat, vier Jahre lang an der Spitze zu bleiben. Ausgerechnet im Land der Political Correctness schafft es jemand, der dermaßen politisch unkorrekt ist und sich wie ein Politclown aufführt, nach vier Jahren der Misswirtschaft beinahe, sein Mandat für eine zweite Amtszeit zu verteidigen. Was aus meiner Sicht seine erstaunliche Akzeptanz vor allem erklärt, ist die Tatsache, dass Trump eine Zielgruppe für sich entdeckt hat, die seine Vorgänger vernachlässigt hatten: Er war der Präsident der Abgehängten. Das ist die Hardcorebasis, die ihn auch im jüngsten Wahlkampf weiter unterstützt hat. Es gibt eine Menge Amerikaner, die abgehängt worden sind. Die meisten leben auf dem Land, haben niedrige Einkommen, sind vielleicht arbeitslos. Zumindest rhetorisch hat sich Trump um sie besonders gekümmert, er spricht ihre Sprache. Mit seinem Slogan „Make America Great Again“ gab er ihnen eine Vision, die sie auf sich bezogen in Hoffnung ummünzen konnten.

Auch ich habe 2016 gesagt: „Der Trump hat eine Chance verdient.“ Ich meinte das genau so und war positiv gespannt. Wenn eine Demokratie wählt, muss der Kandidat die Möglichkeit haben zu beweisen, was in ihm steckt. Sehr schnell wurde allerdings klar: nicht viel. Seine Persönlichkeit war bekannt, aber ich hoffte, dass Politik und Privatleben zwei getrennte Welten sein konnten. Und dass Trump politisch vielleicht doch etwas bewegen würde – gerade für die von Obama vernachlässigte Wirtschaft.

Im Business Council wuchsen unsere Hoffnungen, als Trump mit Rex Tillerson 2017 einen Mann der Wirtschaft ins Amt des Außenministers hob. Der war ja lange Jahre Chef des Konzerns ExxonMobil gewesen – er brachte nicht nur fundierte Kenntnisse mit, sondern auch Integrität. Doch schon nach kurzer Zeit wurde klar: Trump untergräbt Tillersons Autorität mit Tweets, die sich direkt gegen ihn richten, gegen seinen eigenen Minister. Auch den Ausstieg aus dem Klimaschutzabkommen von Paris zog Trump im Alleingang durch, gegen Tillersons Willen. Das konnte nicht lange gut gehen. Trumps Volatilität war ja für alle in seinem Umfeld ein Riesenproblem: Man wusste nie, was ihm in der Nacht einfiel. Oft kam er morgens mit irgendeiner furchtbaren Idee aus dem Bett, die er dann sofort umsetzen wollte. Für Unternehmen war es äußerst schwierig, sich operativ auf ihn einzustellen.

Gerade zu Anfang der Amtszeit haben wir versucht, Trump in Kamingesprächen mit dem Business Council für ein paar Dinge zu sensibilisieren. Wir CEOs dachten, dass zumindest wir doch versuchen müssen, ein paar Leitplanken für diesen Mann zu setzen und das Thema Freihandel zu bedienen. Doch es war zwecklos, da funktionierte auch auf dieser inoffiziellen Ebene überhaupt nichts. Man gewann sogar mitunter den Eindruck: Trump hört nicht einmal zu, wenn man ihn direkt anspricht. Das merkte man an seinen Reaktionen. Er redet eben lieber selbst. Und dabei gilt: Trump hat im kleinen Kreis genauso wenig Tiefgang wie auf einer großen Bühne. Immerhin könnte man ihn also authentisch nennen. Ich hatte einmal die Möglichkeit, mit seiner Tochter Ivanka darüber zu sprechen. Mein Eindruck nach dem Gespräch war, dass auch die Familie Trump ihm gegenüber nicht ganz unkritisch ist. Aber das scheint Herrn Trump nicht zu stören.

Wie schlecht er regierte, bewies Trump vor allem mit seinem Handelskrieg. So etwas sei für ihn ja schnell zu gewinnen, tönte er. Völliger Blödsinn. Nachdem er China mit Sanktionen überzogen hatte, reagierten die Chinesen blitzschnell. Zur Überraschung Trumps und vieler Amerikaner sprachen sie Gegensanktionen aus. Was eigentlich nicht so schwer zu erraten gewesen wäre. Sofort galt: Wir Chinesen kaufen keinen Mais, keine Sojabohnen, kein Hühnchen- und kein Schweinefleisch mehr in den USA. Mit anderen Worten: Die bis dahin treuesten Kunden der amerikanischen Bauern waren von heute auf morgen verschwunden. In einem Volumen von 45 bis 50 Milliarden US-Dollar fiel die Nachfrage schlagartig aus. Ein kluger Schachspieler macht ja einen Zug und kalkuliert die möglichen Reaktionen des Gegenspielers ein, um dann noch einmal zu reagieren. Trump hat das in völliger Selbstüberschätzung natürlich nicht getan.

Dieser blinde Schlagabtausch über Zölle und Importverbote hat den Landwirten, unseren Kunden bei AGCO, richtig wehgetan. Dabei waren es ja zum großen Teil seine Wähler. Trump konnte das nur reparieren, indem er massive Subventionspflaster auf die Wunden klebte. So hat er es tatsächlich geschafft, viele Landwirte weiterhin hinter sich zu versammeln: Er hat ihnen die unsinnige Story vom Feind in China erzählt und ihnen weisgemacht, man müsse das mit den Strafzöllen so durchziehen. Unser Geschäft hat darunter dramatisch gelitten. Wir hatten Einbußen von 20 bis 30 Prozent, denn die betroffenen Landwirte hielten sich mit Investitionen in Landmaschinen zurück. Auch die steigenden Stahlpreise machten uns zu schaffen. Erst mit den Subventionen wurde es wieder besser, auch für uns.

Heute steht fest: Donald Trump war ein denkbar schlechter Präsident, es ging ihm immer nur um sich selbst. Er hat Politik genauso gemacht wie zuvor jahrelang in seinem Trash-TV-Format *The Apprentice*, über das er Bekanntheit in den Wohnzimmern des Landes gewonnen hatte. Also: unterhaltsam zwar, aber mit fragwürdigen Inhalten. „You're fired", der von Trump kultivierte Rauswurf, wurde in den USA zum geflügelten Wort. Empathie konnte man von so jemandem nicht erwarten. Trump hat die Spaltung des Landes, die bereits unter Obama begann, so rasch und so stark vorangetrieben, wie ich es mir kurz nach der Wahl nicht hatte vorstellen können. Er ist ein unsympathischer Typ, ein Rassist, ein schmieriger Womanizer. Einer, der andere immer nur über den Tisch ziehen will. Er war auch aus meiner Sicht nie ein Unternehmer, sondern nur ein gewiefter Immobilienspekulant. „Streetwise" nennen das die

Amerikaner. Er ist kein Mann der Wirtschaft, er begreift auch keine wirtschaftlichen Zusammenhänge. Als Politiker war er ebenfalls nur an Deals interessiert, die vor allem ihm selbst nützen. Sein Land stand hinten an – trotz der anderslautenden Floskel „America first". „Trump first" war es in Wahrheit.

Obama war anders. Was mir bei aller Kritik an seiner Wirtschaftskompetenz gefallen hat: Er wollte seine Präsidentschaft damit krönen, das TTIP noch unter Dach und Fach zu bringen, das Freihandelsabkommen zwischen den USA und der Europäischen Union. Das Vertragswerk hätte die auch zu Obamas Zeiten schon bröckelnde transatlantische Allianz wirklich stärken können. Es war ein Anliegen, für das ich mich auch als Chairman der Deutsch-Amerikanischen Handelskammer sehr stark eingesetzt habe. Ich dachte, das müssen wir noch mit Obama hinkriegen. Denn ich ahnte schon: Wenn Trump kommt, wird das nicht mehr klappen. Ich sprach immer von diesem „window of opportunity" – dem Fenster, das man nutzen muss, sobald es sich auftut.

Und das Fenster schien sich zu öffnen – nach langer Vorarbeit. Ende 2015 wurde ich angefunkt, aus dem Stab des Präsidenten kam das Signal: Obama sei bereit, zur Hannover Messe im April 2016 nach Deutschland zu kommen. Dort würde er Frau Merkel treffen und den Deal unterschreiben. Als Kammer haben wir den ersten Teil hingekriegt: Das Treffen stand. Aber leider ist doch nichts dabei rausgekommen. Frau Merkel hat sich nicht wirklich positioniert, weil sie wusste, dass das TTIP in Deutschland heftigen Gegenwind bekam. Auch viele mittelständische Unternehmen und Landwirte standen nicht dahinter. So machte die Angst vor dem Chlorhähnchen, dem Symbolbild der TTIP-Gegner, einem wirklich guten und wichtigen Projekt den Garaus. Aber selbst wenn bei den Verhandlungen etwas herausgekommen wäre, Trump hätte es wahrscheinlich sofort wieder zurückgedreht.

Auf Einladung von Obama wurde ich auch im President's Advisory Council on Doing Business in Africa tätig. Das Beratergremium hatte er eingerichtet, um die Geschäftsbeziehungen zum afrikanischen Kontinent zu überdenken und zu verbessern. Als Trump das Präsidentenamt übernahm, blieb ich zunächst in dem Gremium – auch wenn sich schon andeutete, dass er den Afrikarat ganz eindimensional interpretierte: Wir waren für Trump nicht mehr als Steigbügelhalter für die Exportförderung. Ich erinnere mich, wie man uns nach Washington einlud, wo dann der neue Wirtschaftsminister, Wilbur Ross, vor versammelter Mannschaft lediglich einen Brief von Trump vorlas. Nach dem Motto: „Die amerikanische Wirtschaft hat in Afrika gegenüber den Chinesen an Boden verloren. Nun geht es darum, den verlorenen Marktanteil wiederzugewinnen." Ein tieferer Sinn war nicht mehr zu erkennen. Schließlich reichte es mir. Als Trump im März 2018 seinen kompetenten Außenminister Rex Tillerson, der ein guter Freund von mir ist, per Twitter feuerte, hatte ich endgültig genug. Trump bezeichnete ihn öffentlich als „dumb as rock", was sich als „dumm wie Brot" übersetzen lässt. Ich verließ den Council unter Protest.

Was das Erstaunliche bei den ganzen Dingen ist, die Trump so macht und erzählt: Dass über die Jahre nie mal einer von den Wirtschaftsbossen aufgestanden ist und gesagt hat: Das wollen wir nicht. Ich habe bei einem Treffen des Business Council 2017 den Vorschlag gemacht, einen offenen Brief zu formulieren. Mich störte gewaltig, wie Trump die Ausschreitungen in Charlottesville zum Anlass nahm, Rassisten und Rechtsextreme geradezu zu verteidigen. Wir hätten als CEOs den Präsidenten gemeinsam dazu auffordern sollen, sich korrekter zu benehmen. Respekt, Stil und solche Dinge mehr. Nachdem ich das gesagt hatte, war es in dem Raum mucksmäuschenstill. Das war noch recht am Anfang der Amtszeit von Trump. Anschließend kamen die Leute dann zu mir und sagten: „Very good point, Martin." Gute Sache. Und: „Ja, das müsste man machen." Passiert ist nichts.

Die amerikanischen Wirtschaftsführer – mit wenigen Ausnahmen wie Amazon-Chef Jeff Bezos – sind nach meinem Eindruck eine sehr homogene Gruppe: Es sind Republikaner, weiße Männer, konservativ. Und viele haben auch nach vier Jahren Amtszeit immer noch zu argumentieren versucht, dass Trump doch auch sehr viele Sachen sehr gut gemacht habe. Ich sehe das anders. Und glaube nicht, dass wir Manager dazu hätten schweigen dürfen. „Sag, was du denkst. Und tu, was du sagst" – so lautet der Leitspruch, an dem ich mich immer orientiert habe. Ich habe mich auch im Ausland immer klar gegen Trump positioniert, in Deutschland, Frankreich oder auch Brasilien. Oft wurde ich gefragt, ob ich keine Angst habe, dass das für die Firma schädlich sein könnte. Das hat mir allerdings nie Sorgen bereitet – zumal sich Trump nur selten mit Kritik an ihm befasst hat. Er war wie Teflon.

Ich habe denselben Schneider wie Trump, Ali Ansari, einen Perser. Er war früher im diplomatischen Dienst, nun ist er Manager des Brioni-Ladens auf der Madison Avenue in New York. Ich sagte ihm schon: „Ali, kannst du den Trump denn nicht wenigstens mal beraten, was sein Outfit angeht?“ Nein, das gehe nicht, sagte er. Probiert habe er es ja schon. Als er ihm im Wahlkampf die Krawatte gerichtet und vor allem auf die richtige Länge gebunden habe, sei Trump schnell auf die Toilette verschwunden und habe den Schlips wieder verlängert. Wenn vom Schneider Maß genommen wird, korrigiere Trump die Zahlen, weil er nicht einsehen wolle, dass er etwas zugelegt hat. Trump ignoriert offenbar alles, was Fachleute sagen. Das fängt beim Anzugschneider an, geht weiter über Mediziner, deren Expertise er mit Ratschlägen wie zum Beispiel Domestos-Injektionen gegen Covid-19 kontert, bis hin zu seinen Sicherheitsberatern. Er ist weder gebildet noch halte ich ihn für intelligent. Er gehört nicht an die Spitze irgendeiner großen Firma und schon gar nicht irgendeines Landes.

Dass er es mit der Wahrheit nicht genau nimmt, zeigt das kleine, aber für ihn bedeutende Thema Golf: Ein Aufsichtsratsmitglied von AGCO ist Mitglied in einem Golfclub, der

Trump gehört. Der berichtet, dass Trump beim Golfspielen bescheißt wie kaum ein anderer. Zwei Caddies begleiten ihn, einer geht mit ihm, der andere geht vor. Und der da vorne, der findet den Ball immer da, wo er am besten hinpasst. Egal wo Trump hingeschossen hat. Wie üblich hängen in diesem Golfclub die Bilder der Gewinner der Vereinsmeisterschaften im Clubhaus an der Wand. Mein Vertrauter berichtete, dass eines Tages dort in der Meistergalerie auch ein Bild von Herrn Trump hing, der aber zu der fraglichen Zeit weder Clubbesitzer noch Mitglied gewesen war. Er wollte wohl nur den Anschein erwecken, er sei Vereinsmeister gewesen. Der ist also ein unglaublicher Angeber.

Zur Wahl 2020 wurde ich in einem Interview gefragt: „Wenn Donald Trump ein Pferd wäre, was wäre er wohl für eine Rasse?“ Ich musste nicht lange nachdenken: „Ich glaube, ein Shetlandpony“, antwortete ich. Diese Ponys haben auch das Problem eines Scheinriesen, sie meinen viel größer zu sein, als sie in Wirklichkeit sind. „Und diese Mähne spricht eigentlich auch dafür. Ein kleines, freches Gerät, das schwer zu händeln ist.“ Also ich glaube, Trumps größtes Problem ist, dass er zu viel Hengst-Allüren hat. Im Reitsport wäre er schon längst Wallach geworden. Dann wäre Ruhe. Joe Biden wäre im Vergleich für mich ein gutmütiger Hannoveraner oder rheinischer Warmblüter, der gut funktioniert – aber schon an die natürliche Altersgrenze stößt.

Noch nicht richtig ausmachen kann man, ob Biden ein überzeugendes Programm hat. Sein Wahlkampf war im Wesentlichen beschränkt auf die Formel: Ich bin nicht

Trump. Ironischerweise das gleiche Muster, mit dem Trump im Jahr 2016 Clinton besiegt hatte. Was bei Biden überzeugt, ist sein Auftreten. Er ist weniger aggressiv und gibt sich staatsmännisch. Das wird ein Vorteil sein, auch was die Verbesserung der diplomatischen Beziehungen in aller Welt angeht. Ich kann mir vorstellen, dass Biden auch mehr Kontinuität zeigt als Trump. Knappe Wahlergebnisse sind für die Amerikaner ja nichts Neues. Nun kommt es darauf an, dass sich dieses Land vom Wahlkampf erholt und dass sich der neue Präsident darum bemüht, die Amerikaner wieder zusammenzubringen. Ich denke, Biden wird das mit aller Ernsthaftigkeit und seiner Erfahrung auch versuchen. Doch ob es gut geht?

Viel hängt davon ab, dass der neue Präsident die Menschen, die sich zu Trump geflüchtet haben, mit seinen Werten wieder abholt. In Deutschland wird Biden auch daran gemessen werden, welches Interesse er daran zeigt, die zuletzt ramponierten transatlantischen Beziehungen wieder zu stärken. Ich bin überzeugt: Damit das gelingt, müssen sich auch die Europäer und insbesondere die Deutschen bewegen. Ich lebe und fühle mich unheimlich wohl in Atlanta, bin aber ebenso gern in Warendorf, Köln oder Berlin. Als Pendler zwischen den Welten, als Staatsbürger und Fan beider Nationen habe ich keinen Zweifel: Es wird sich lohnen, die transatlantische Brücke zu reparieren.

Die Schule der Bescheidenheit

Aufwachsen in der streng katholischen Bruder-Klaus-Siedlung in Köln-Mülheim. Statt Fernsehen gibt es Geigenunterricht im Reiheneckhaus. Das erste eigene Geld kommt mit Radkappensammeln und Hochzeitsmusik rein.

Die Bruder-Klaus-Siedlung in Köln-Mülheim, das war als Junge mein Revier. Ein Neubaugebiet im Niemandsland. Kurz vor Leverkusen, nach dem Krieg eilig hochgezogen, teilweise in Nachbarschaftshilfe. Auch wenn ich erst sieben Jahre nach Kriegsende zur Welt kam: Noch gut erinnere ich mich an das schwer getroffene Köln, ich sehe die vielen Trümmerbauten. Große Wohnungsnot überall. Die Bruder-Klaus-Siedlung war eine Idee von Konrad Adenauer, dem Oberbürgermeister, der überhaupt dafür gesorgt hat, dass Köln wieder an Ort und Stelle aufgebaut wurde. Die Erzdiözese Köln plante die Bruder-Klaus-Siedlung für die Ausgebombten. Sogar ein Stück vom Nordturm des Kölner Doms wurde bei der Grundsteinlegung vergraben.

Die ganze Siedlung lag kurios eingefasst zwischen der Autobahn A 3 und einer viel befahrenen Eisenbahnlinie, im Grunde ein bebautes Dreieck „in the middle of nowhere". Wir bekamen ein schönes Reiheneckhaus im Züricher Weg, sogar mit Garten. Um sich für den Kauf zu qualifizieren, musste man zwei Kriterien erfüllen: erstens katholisch sein und zweitens kinderreich. Kein Problem für meine Eltern. Ich habe insgesamt vier jüngere Geschwister, erst bekam ich zwei Brüder, dann zwei Schwestern. 1957 zogen wir also in dieses, man könnte fast sagen Getto: nur Katholiken mit vielen Kindern.

In der Nachbarschaft wohnte die Familie Woelki. Einer der Söhne, Rainer Maria, ist heute Kardinal in Köln. Er war bei meinem zweiten Bruder Reinhard in der Klasse. Großen Kontakt gab es aber nicht, die Woelkis waren uns zu fromm. Im Gegensatz zu ihnen hatten wir ein Eckhaus. Darauf waren meine Eltern besonders stolz. Es kostete damals 28 000 D-Mark. Muss man sich mal überlegen. Es gab nur ein Kinderzimmer, ich schlief zunächst in einem von meinem Großvater designten Verschlag im Flur. Später kam ein Anbau mit zwei weiteren Zimmern dran, weil wir Kinder ins eigentliche Haus nicht mehr reinpassten. Der Anbau, nicht unterkellert, kostete dann schon 35 000 D-Mark. Aber immer noch alles sehr „affordable". Am Anbau hatten wir zum Schmuck einen Ziegelstreifen auf der Fassade angebracht. In der Bruder-Klaus-Siedlung galt das schon als architektonisch extravagant.

Die Bauweise war schlicht. Bauträger war eine Firma namens Blivers, das stand für Blinden- und Versehrtenwerkstätten. Es gab nur zwei Haustypen, die sich durch die Neigung des Daches unterschieden – eines war etwas flacher. Die Bauarbeiter waren überwiegend Versehrte und ehemalige Soldaten, die während des Krieges den Umgang mit Beton gelernt hatten. Und so wurden sämtliche Häuser von der Spitze des Giebels bis unten in den Keller aus Beton gegossen. Da wurden Stahlwände aufgestellt, oben Beton eingefüllt, fertig. Natürlich war das von der Wärmeisolierung oder vom Schallschutz her nicht so besonders toll. Und wenn man später etwas umbauen wollte, gab es ein Problem: Die Dinger sind eigentlich unkaputtbar. Wir wollten damals ein Dachfenster einbauen und standen dann mit einem Presslufthammer oben auf dem Haus.

Für mich, den anfangs Sechsjährigen, war es ein fabelhafter Ort. Ich konnte überall mit dem Fahrrad hin, es gab eine Menge Platz zum Austoben – und in der Mitte ein ehemaliges, geschliffenes Militärfort aus dem Kölner Festungsring, das uns Kindern als Spielplatz diente. Wir nannten es „das Förtchen“. Vor allem aber: In einer total platten Gegend war es durch die alten Wälle und Gräben des Forts so ein bisschen hügelig und eigentlich ganz romantisch. Wenn es denn mal geschneit hatte, reichte der Hügel auch für den Schlitten oder für Skier. Später, als ich selbst Kinder hatte, ging mein Vater mit denen dort auch mal Ski fahren – einfach den Matsch runter, ohne Schnee.

Die kamen total verdreckt zurück, teils ohne Schuhe – und hatten einen Riesenspaß. So etwas hätte es in meiner Kindheit nicht gegeben, aber als Großvater wird man ja weich.

Vor zehn Jahren war ich das letzte Mal in der Siedlung, als meine Mutter dort ausgezogen ist. Früher standen dort noch wesentlich mehr Bäume, es war grüner, viel bewachsener. Im Haus gegenüber, da wohnte die Familie Meier, die Tochter Evchen war eine Freundin. Der Garagenvorplatz ist ganz berühmt, vor allen Dingen deshalb, weil wir Fußball drauf gespielt haben. Wenn der Ball auf dem Dach landete oder dahinter im Garten der Familie Bosch, kriegte man unter Garantie Ärger, wenn man ihn wieder zurückgeholt hatte.

Gleich beim Förtchen, neben einem kleinen Einkaufszentrum, steht die Kirche St. Bruder Klaus, benannt nach einem seltsam-frommen Einsiedler aus der Schweiz. Der Architekt war damals in Deutschland nach dem Krieg recht bekannt: Fritz Schaller. Er hat in den 1960er-Jahren auch die Kölner Domplatte entworfen – das erhöhte Terrain für Fußgänger, das den alten Domhügel ersetzt hat. Schaller hat viele moderne Kirchen gebaut, so ein bisschen ungewöhnliche, mir gefällt das. Ich war ja auch oft genug drin.

Das Aufwachsen in dieser Siedlung hat mich schon stark geprägt. Es war sehr katholisch, damit auch sehr verklemmt. Aber auf der anderen Seite geordnet und sehr beschützt.

Den Beginn meiner Schulzeit habe ich noch nicht in der Schule verbracht, die neu in der Siedlung gebaut worden war. Als Erstklässler wurde ich im katholischen Jugendheim unterrichtet, quasi im Notbetrieb. Dann besuchte ich bis zum vierten Schuljahr die Volksschule Tiefentalstraße in Köln-Mülheim. Das Besondere: Mein Vater Wilhelm Balthasar, genannt Willi, war genau dort Lehrer. Wir gingen uns aus dem Weg, wo es nur ging. Ich wollte nicht als das Lehrersöhnchen gelten. Ich hatte Gott sei Dank keinen Unterricht bei meinem Vater. Und er wurde dann sehr schnell Konrektor. Aber wenn er mal Vertretung bei uns machte, war es mir eher unangenehm.

Er muss ein guter Pädagoge gewesen sein. Mein Vater konnte zum Beispiel nicht schwimmen. Er hat aber – als Nichtschwimmer – im Lehrbecken der Schule Hunderten von Kindern das Schwimmen beigebracht. Respektable Leistung. Heute wäre so eine Nummer schon aus haftungstechnischen Gründen gar nicht mehr möglich. Ich selbst habe erst ganz spät schwimmen gelernt, obwohl mein Vater es ja eigentlich gut beibringen konnte. Den anderen Kindern zumindest.

Vom Interesse an weltlichen, materiellen Dingen oder gar Anflügen von Luxus war mein Vater weit entfernt. Er besaß auch bis zu seinem Tod keinen Führerschein. Mit Autos konnte er partout nichts anfangen, ganz anders als später meine Brüder und ich. In der Kindheit lief bei uns einfach alles mit dem Fahrrad. Ich besaß ein Fahrrad der Marke Bauer ohne Gangschaltung. Als Jugendliche sind wir schon mal nach Bonn geradelt, knapp 40 Kilometer eine Strecke. Oder mit der ganzen Familie für einen Tagesausflug sogar nach Maria Laach, 85 Kilometer ein Weg. Dort waren wir dann vielleicht eine Stunde lang. Da gab es ein Restaurant, wo man preiswert Erbsensuppe essen konnte. Dann ging es die 85 Kilometer auf dem Rad wieder zurück. Kann man sich heute auch kaum noch so vorstellen.

Auf dem Höhepunkt seiner Karriere wurde mein Vater später noch Rektor einer Grundschule in Köln-Buchheim, einem kleinen Brennpunktviertel. Es gab da Kasernen, die man in Wohnraum für wirtschaftlich Schwache umgewandelt hatte. Mein Vater war in der Hauptsache für die oberen Klassen verantwortlich und ich wurde regelmäßig von seinen Schülern verprügelt. Ich fuhr immer mit dem Fahrrad in die Schule. Wenn mein Vater irgendwas falsch machte, wurde ich auf dem Weg von seinen Schülern angehalten und vermöbelt. Darüber habe ich nie mit ihm gesprochen. Diese Prügel einzustecken, war für mich eine Art Ehrensache. Ich hatte sogar ein gewisses Verständnis dafür. Ich wusste, dass mein Vater ein ziemlich strenger Lehrer war. Ich war nicht automatisch der Meinung, dass seine Schüler unrecht hatten.

Auch ich habe ihm in der Schule den einen oder anderen Streich gespielt. Ich konnte zum Beispiel die Stimme meines Vaters sehr gut nachahmen. Damals mussten die Klassen, bevor man in die Pause auf den Hof durfte, an der Treppe stehen bleiben, in Kolonnen. Bis mein Vater kam und die Freigabe erteilte. Das habe ich dann auch mal gemacht. Als die Frage „Wer war das?“ kam, hat mich keiner verpetzt. Wir mussten alle eine Strafarbeit machen. Das empfand ich als Anerkennung.

Mein Vater war ein Pedant, in der Schule und zu Hause. „Papa ist aber pingelig", sagten wir oft. Und es ist nicht zu leugnen: Genau das hat er über die Erziehung an mich weitergegeben. Ich bin auch eher ordentlich, meine eigenen drei Kinder spiegeln mir das. Zum Beispiel wenn es um meine alten Autos geht, meine Sammlerleidenschaft. Meine Kinder machen sich lustig und sagen: „Papa macht eine Plane über das Auto und dann über die Plane noch mal eine Plane, damit die Plane nicht schmutzig wird." Und ja: Ich fühle mich tatsächlich wohler, wenn es ordentlich ist. Ich mag keine Fingerabdrücke auf meinem Handy. Deshalb finde ich auch Touchscreens eigentlich doof. Also dieses Pedantische ist mir so antrainiert worden, da kann ich mich nicht so leicht von losmachen.

Allerdings: Ich fühle mich sehr wohl im unordentlichen Umfeld von anderen Leuten. Nur mein eigenes Umfeld halte ich lieber sauber. Ich bin jetzt seit 37 Jahren verheiratet, und das funktioniert mit meiner Familie nur deshalb, weil ich mich um die Kinderzimmer nie gekümmert habe.

Was meinen Vater angeht, war der in der Schule eigentlich fast noch netter, als wir ihn zu Hause wahrnahmen. Denn er hatte noch eine zweite Macke: Er war Choleriker. Bei Auseinandersetzungen wurde es schon mal laut. Aber dabei blieb es auch. Man muss wissen: In meiner Kindheit gab es ja noch die Prügelstrafe, das fing in der Volksschule an. Da gab es einen Lehrer, der hat uns immer mit dem Geigenbogen vertrimmt. Und bei einer Lehrerin musste man die Finger an die Tischkante legen – und dann ging es auf die Fingerspitzen. Im Gymnasium hatten wir einen Studienrat, der war ehemaliger Studentenmeister im Boxen und der haute immer ordentlich hinten auf den Rücken. Im Laufe meiner Schulzeit wurden die Sanktionen auf Klassenbucheintragungen umgestellt, was für mich den Nachteil hatte, dass ich sofort mit der maximalen Eintragungszahl belohnt wurde. Mir war die Prügelstrafe fast lieber.

Zu Hause wurde mein Vater immer mal von meiner Mutter eingespannt – nach dem Motto: Jetzt haben die Kinder wieder das und das ausgefressen. An der Kellertreppe hing der Riemen, der Gürtel meines Opas, eines Schreinermeisters. Ein ordentlicher, stabiler Ledergürtel. Und dann mussten wir mit unserem Vater in den Keller gehen und er sagte immer: „So, du schreist jetzt, wenn ich dir das sage." Und dann hat er mit Kraft auf die Kartoffelkiste geschlagen. Wir mussten schreien, nach drei Schlägen ging es wieder nach oben. Meine Mutter war zufrieden und wir waren körperlich völlig unversehrt. Also, eigentlich war mein Vater ein ganz netter Mensch, aber eben auch ein kleiner Wüterich.

Wir wussten natürlich genau, was ihn auf die Palme brachte. Die Dinge, die zu Problemen führten, waren eher ordnungsbedingt. Da genügte schon, wenn in der Sandkiste im Garten die Förmchen und Schippchen wild herumlagen. Es musste alles aussehen wie im Museum. Und wenn wir nicht aufräumten, gab es Zoff.

Meine Eltern hatten ein ganz einfaches Wertesystem. Zwei Dinge waren für sie ganz wichtig: erstens die Kirche. Die war immer ein Thema. Meine Eltern waren später starke Anhänger des Zweiten Vatikanischen Konzils, also eher fortschrittlich. Das andere, womit sie sich befassten, war Kultur. Wir hatten keinen Fernseher und lange kein Telefon. Und andere, strengere Werte als in den meisten Familien meiner Freunde. Bis weit in meine Studentenzeit galt: „Was liest du? In welchem Theaterstück bist du gewesen? Welches Konzert hast du gehört?"

Auch unser Geschmack wurde kontrolliert. Bei uns durfte alles an klassischer Musik gehört werden. Aber einmal hatte ich mir eine Schallplatte geliehen: *These Boots Are Made for Walkin'* von Nancy Sinatra. Die durfte ich auf dem Plattenspieler nicht hören. Es war sehr restriktiv. Samstagabends gab es für uns immer ein Hörspiel, einen Krimi, das war ganz spannend. Immerhin.

Die normalen Dinge des Lebens spielten für meine Eltern keine Rolle. Mein Vater hatte einen Freund, der war selbstständig und fuhr eine Borgward Isabella. Wenn der Wagen anrollte, war das für uns eine Sensation. Wir hatten sonst gar keine Verwandten oder Bekannten, die ein Auto besaßen. Für meinen Vater war dieser Freund stets eine zweifelhafte Persönlichkeit, weil: Der war selbstständig, der war Geschäftsmann. Das war für meine Eltern etwas ganz Komisches. Diese Skepsis gegenüber dem Unternehmertum sollte ich auch noch zu spüren bekommen.

Meine Mutter war eine super Hausfrau, sie konnte perfekt haushalten. Sie verwaltete quasi das Gehalt meines Vaters und kam damit bestens über die Runden. Bei uns gab es immer gute Butter, bei uns gab es immer ordentliches Fleisch. Die Mutter ging auf den Markt und kaufte dann zum Beispiel Hasenklein und machte einen wunderbaren Hasenpfeffer. Und wenn sie Reibekuchen machte, dann kam die ganze Verwandtschaft.

Mein Vater kümmerte sich mehr oder weniger um nix. Und mein Großvater? Der sagte immer zu seinem Schwiegersohn, wenn der doch mal zu Hause etwas reparieren wollte: „Willi, lass die Futfinger davon." Und das sagte er nicht zu Unrecht. Mein Vater schraubte immer alles so fest, dass die Schraube abbrach. Mein Großvater kommentierte das dann lakonisch mit dem Spruch: „Nach fest kommt los." Bei uns mussten sogar die Wasserhähne regelmäßig ausgetauscht werden, weil mein Vater die so doll zudrehte, dass sie kaputtgingen. Er war handwerklich nicht besonders begabt.

Das ganze praktische Leben wurde von meiner Mutter gemanagt. Sie war streng, aber weitestgehend gerecht. Eines fanden wir als Kinder nicht so gut: Wir wurden alle einsortiert, jeder hatte so seine Schublade. Ich war intelligent, aber faul. Einer meiner Brüder war nicht so intelligent, aber praktisch sehr begabt und so weiter. Wir wurden alle miteinander verglichen und über unsere Schubladen letztlich auch geprägt. Pädagogisch war es im Rückblick vielleicht nicht besonders geschickt. Aber so sind wir groß geworden. Also einer meiner Brüder wurde immer für alle handwerklichen Fragen herangezogen – und so wurde er darin natürlich auch besser. Weil ich nie gefragt wurde, war ich natürlich nicht so gut, habe es aber dann nachher doch noch hingekriegt. Der Weg dahin war nicht leicht. Ich kann mich erinnern: Einmal habe ich die Waschmaschine repariert, einen neuen Stecker angebaut – und dabei die Pole verwechselt. Das Gehäuse der Waschmaschine stand dann unter Strom. Da hätte meine Mutter zu Tode kommen können, aber Gott sei Dank hat sie nur leicht einen gewischt bekommen.

Eines war für meine Mutter besonders charakteristisch: Sie war fest davon überzeugt, dass unsere Familie eigentlich die beste war. In den Augen meiner Mutter hatten wir das schönste Haus, den besten Geschmack und solche Dinge mehr. Von der Einrichtung her waren meine Eltern vom Bauhaus geprägt. Weniger ist mehr. Als wir da einzogen, gab es im Grunde ein Esszimmer und ein Wohnzimmer. Doch das Esszimmer blieb ungenutzt und lief jahrelang unter der Bezeichnung „das leere Zimmer".

Das Badezimmer war zwar beim Einzug vorhanden, es hatte so einen Ölputz an der Wand und auch Anschlüsse. Aber wir besaßen weder eine Badewanne noch eine Dusche. Im Keller stand stattdessen eine Waschwanne aus Kupfer, eingefasst in Waschbeton, die von unten beheizt wurde. Darin wurde die ersten Jahre gebadet. Und ich hatte das große Privileg, dass ich als Ältester auch als Erster baden durfte, eigenartigerweise kam der Vater als Letzter dran. Der saß dann in der Suppe, in der sich schon die ganze Familie gesuhlt hatte. Die Verhältnisse waren ein bisschen rustikal, aber behütet.

Keine Frage: Als sich die Gelegenheit bot, waren wir selbstverständlich die Ersten in der Siedlung, die eine Badewanne hatten. Es wurde ja immer kontrolliert und verglichen, was machen die Nachbarn? Es gab auch Nachbarn, die Fernsehen hatten. Und so durften wir gelegentlich auch mal mitgucken. Ich kann mich an Peter Rosegger erinnern, den Waldbauernbub. Das war so eine alpine Kindergeschichte, sehr beeindruckend damals. Ansonsten weiß ich, dass wir eine Papstwahl im Fernsehen gucken durften. Das wars dann auch schon.

Das alles war etwas weltfremd – und mir wurde es zunehmend unangenehm. Als ich studierte und mich mal zu Hause melden wollte, musste ich bei den Nachbarn anrufen und mich entschuldigen für die Störung. Die holten dann meine Mutter an den Apparat. Mein Vater wäre gar nicht erst rübergegangen, so wenig interessierte der sich für das praktische Leben. Irgendwann nahmen wir Kinder das dann in die Hand und schenkten unseren Eltern ein Telefon, Anfang der 70er-Jahre muss das gewesen sein. Meine Eltern bekamen nach und nach auch Dinge von Verwandten, die es nicht mehr mit ansehen konnten. So kam erst eine Tiefkühltruhe ins Haus, irgendwann auch ein Fernseher. Aber als das passierte, war ich längst ausgezogen, um in Bonn zu studieren.

Mit elf Jahren kam ich auf das staatlich-humanistische, altsprachliche Gymnasium für Knaben in Köln-Mülheim. Die Schule war klein und altmodisch, sie hatte nur 450 Schüler. Auch meine Onkel waren alle dort gewesen, der

Name Richenhagen war bekannt, was ein Vorteil war. Weil meine Familie musikalisch war, kriegte ich automatisch in Musik immer eine Eins.

Doch es lief nicht alles glatt: Als ich in der Lateinarbeit erwischt wurde, weil ich dieses Pons-Wörterbuch als unzulässige Übersetzungshilfe benutzt hatte, drohte großer Ärger. Das Wörterbuch wurde mir abgenommen und meinem Vater ein böser Brief zugeschickt. „Pass mal auf, Martin", hat er gesagt. „Man darf alles, aber man darf sich nicht erwischen lassen. Hier hast du den Pons zurück – und lass dich nicht noch mal erwischen." In vermeintlich gravierenden Dingen war er erstaunlicherweise immer super großzügig.

Ich nehme an, die Nachkriegszeit war auch mit prägend für die ethischen Vorstellungen meines Vaters: Obwohl er Katholik war, ging er damals – wie so viele – „organisieren". Der Kölner Kardinal Josef Frings hatte in seiner Silvesterpredigt 1946 für dieses Stehlen aus Not so viel Verständnis aufgebracht, dass anschließend die eigenwillige Beschaffung von Kohle und Nahrung unter dem Ausdruck „fringsen" Absolution fand. Auch mein Vater und seine Verwandten sind wohl übers Land gezogen und haben irgendwie Kartoffeln besorgt. Teilweise getauscht, teilweise geklaut.

Und dieses Organisieren und Beziehungenhaben – das blieb in unserer Familie auch immer ganz wichtig. Wenn wir Besuch hatten, hieß es dann: „Willi, was brauchst du?" Und dann wurde gedealt. Fliesen, Kartoffeln, alles Mögliche. Da war mein Vater relativ locker. Ich glaube, wenn ich irgendwo beim Stehlen erwischt worden wäre, hätte er gesagt: „Ist okay, aber mach es nicht noch mal."

Als ich den Führerschein hatte, war mein erstes Auto ein R4 für 450 D-Mark. Den habe ich dann getauscht gegen einen VW Käfer von 1957, das Modell mit dem ovalen Fenster im Heck. Eines Tages im Winter hatte ich den auf unserem Parkplatz am Haus wunderbar gewaschen und geputzt. Abends war ich unterwegs, hatte vielleicht einen Schluck zu viel getrunken und kam schwungvoll nach Hause. Nur leider war die Parkfläche durch das Autowaschen spiegelglatt gefroren und ich bin voll gegen unser Haus gefahren.

Auch darauf hat mein Vater nicht schlimm reagiert – im Gegenteil: Er hat mit mir überlegt: „Ja, wie kriegen wir das jetzt wieder hin?" Und sagte dann: „Ich hab da einen, der kann das machen." Ein neuer Kotflügel musste dran, vorne links. Und damit war es für ihn erledigt. Diese Mentalität fand ich bewundernswert: Ein Fehler kann passieren, es wäre nur blöd, daraus nicht zu lernen.

Es war immer mein Traum, aus der Bruder-Klaus-Siedlung rauszukommen und die Welt kennenzulernen. Die Abläufe waren bei uns zu Hause sehr geregelt. Nach der Schule Mittagessen, Hausaufgaben, dann jeden Tag Geige üben, was von meinen Eltern kontrolliert wurde. Das blieb so bis zum Abitur. Hätte man mich gefragt, welches Instrument ich lernen wollte, hätte ich mich für Klarinette entschieden, weil sie vielseitiger ist. Mit einer Klarinette kann man klassische Musik spielen, aber auch Jazz.

Ich hatte aber das Glück – oder eben Pech –, dass ich von einem Onkel eine Geige bekam. Und zwar nicht irgendeine. Er war Geiger auf dem Schiff „Bremen" gewesen, einem 1941 ausgebrannten und gefluteten KdF-Dampfer. Das Einzige, was in der Katastrophe gerettet wurde, so wurde mir erzählt, war die Geige. Und ich wurde dazu verdonnert, Unterricht zu nehmen. Zunächst bei einer Frau, aber ihr Ehemann unterrichtete mich auch häufig. Sein Name: Klaus von Wrochem. In Köln und darüber hinaus ist er als Straßenmusiker „Klaus der Geiger" bekannt geworden – Latzhose und Hippiebart waren seine Markenzeichen. Und der hat natürlich immer sofort festgestellt: „Martin, häste mal widder nit jeübt."

Geübt habe ich meist im Sitzen, was man eigentlich nicht machen sollte. Oft hatte ich auch ein Buch auf dem Notenständer. Um die Erwartungen meiner Mutter zu erfüllen, habe ich etwas rumgefiedelt, in Wirklichkeit aber ein Buch gelesen.

Das Lustige war: Nachdem ich meinen Kindern erzählt hatte, dass ich Klaus den Geiger kenne, kam es viel später einmal zur zufälligen Begegnung. Wir gingen über die Hohe Straße oder Schildergasse, also eine von Kölns Shoppingmeilen, da stand Klaus von Wrochem. Wir blieben stehen und er konnte sich tatsächlich an mich erinnern. „Martin, mir war klar, dass aus dir nichts wird", sagte er. „Guck dir doch mal an, wie du aussiehst." Ich hatte einen Anzug an. In seiner Welt war ich eine totale Fehlentwicklung.

Glücklicherweise konnte ich nachmittags nach dem obligatorischen Geigeüben immer machen, was ich wollte. Ein Gutes hatte der Zwang zur Geige: Ich brachte es bis ins Schulorchester und vor allem erschloss sich dadurch eine Einnahmequelle. Mit einem Klassenkameraden, der sehr gut Orgel spielen konnte, fuhr ich immer mal wieder an Samstagen mit dem Fahrrad nach Altenberg. Ich hatte die Geige auf dem Rücken und dann spielten wir in der wunderschönen gotischen Kathedrale auf Hochzeiten. Unser Starstück, das für Geiger nicht besonders anspruchsvoll ist, konnte ich so einigermaßen: das *Largo* von Händel. Oft mussten wir auf Wunsch auch so einen Kram wie das *Ave Maria* spielen. 50 D-Mark pro Hochzeit pro Person konnten wir damit verdienen, also sehr viel Geld. Hinzu kam häufig noch jede Menge Trinkgeld von Opas, Tanten und so weiter.

Ich bin ein ganz passabler Geiger geworden, aber mein jüngerer Bruder war immer besser als ich, weil er mehr geübt hat. Ich habe mich auch für andere Musik interessiert und mir selbst Gitarre spielen beigebracht. Ich kann bis heute das Liederbuch *Die Mundorgel* vorwärts und rückwärts spielen. Das mache ich tatsächlich ganz gerne, wenn man am Abend irgendwo gemütlich sitzt und zufällig eine Gitarre in der Nähe ist.

Wir waren eine große Familie, in der sich viele beim Frommsein gegenseitig zu überbieten versuchten. Mein Vater war der jüngste von vier Brüdern. Sein ältester Bruder, auch er hieß Martin, war mein Patenonkel. Er war

Priester und viele Jahre Professor für Altes Testament. Der nächstjüngere, Gottfried, arbeitete als Militärdekan bei der Luftwaffe in Köln-Wahn, später wurde er Pastor einer großen Pfarrei in Bonn-Beuel. Der dritte Bruder, Joseph, war Amtmann bei der Stadt Köln. Wenn die Brüder zusammenkamen, wurde immer viel diskutiert, bevorzugt über Religion. Mir wurde irgendwann klar: Im Grunde war meine spätere Studienwahl – vor allem das Interesse für die Fächer Religion und Philosophie – eine Reaktion auf diese innerfamiliären Debatten. Ich wollte mitreden können, am besten natürlich: den Alten widersprechen.

Mich reizt der Widerspruch, schon immer. Wenn früher bei Familientreffen über Kirche diskutiert wurde, geriet mein Vater sogar in Rechtfertigungsnöte gegenüber seinen Brüdern. Gemessen an der Restfamilie waren wir etwas fortschrittlicher und vielleicht doch nicht so fromm. Es hieß aber dennoch immer für uns Kinder: „Haltet euch da raus, ihr habt sowieso keine Ahnung." Das führte dazu, dass ich ein sehr kritischer Schüler im Religionsunterricht war. Ich bekam immer eine Eins. Und ich habe mich auch in der Kirche engagiert. Zwar war ich nie Messdiener, aber zur Optimierung meines Budgets habe ich später den Küster vertreten und Pfarrfeste mitorganisiert. In den Ferien war ich manchmal „Gruppenführer", so hieß das damals noch in der Katholischen Jugend.

Gelegentlich kam hoher Besuch in die Bruder-Klaus-Siedlung. Als unsere Kirche eingeweiht wurde, waren Adenauer und Kardinal Frings vor Ort. Wir Kinder wurden besonders herzlich begrüßt und durften dicht ran. Für meine Eltern waren solche Events immer ein willkommener Anlass für einen Ausflug. Einmal, das war auf dem Flughafen in Köln-Wahn, wo mein Onkel Militärseelsorger war, wurde eine Behelfskirche eingeweiht. Auch da kam der Frings. Sein Kardinalhut lag schon bereit, bevor es losging. Wir haben ihn uns genommen und reihum aufgesetzt. Als wir dem Kardinal anschließend vorgestellt wurden, hat einer meiner Brüder stolz gepetzt: „Ich habe deinen Hut aufgehabt."

Unser Vater unternahm mit uns Kindern immer gerne Touren, etwa Krippentouren, wo wir dann die Kölner Kirchen abklapperten und fünfzehn Krippen besichtigen durften. Viel besser gefielen uns natürlich der Zoo und die Fahrt mit dem Mülheimer Bötchen und der Seilbahn. Damals gab es ein Gutscheinheft für kinderreiche Familien, das einem auch mal zu freiem Eintritt ins Hänneschen-Theater und ins Museum verhalf.

Auch zum Flughafen radelten wir öfter mit meinem Vater, und dank der Verbindung zum Onkel durften wir auf das militärische Gelände. Da gab es kein richtiges Terminal, nur einen bescheidenen Tower und ein kleines Abfertigungsgebäude. Vor einer Art Cafeteria standen ein paar Gartenstühle, das war es auch schon. Die Leute gingen vom Check-in ohne Kontrolle über das Flugfeld zu ihrer Maschine. Treppe hoch, einsteigen, weg. Auch zu besonderen Anlässen wie Staatsbesuchen sind wir gerne nach Köln-Wahn zu meinem Onkel gefahren. 1965 haben wir die englische Königin Elisabeth II. begrüßt, auch bei der Landung von

Charles de Gaulle waren wir am Rollfeld. Da gab es nur einen kleinen Zaun. Es war eine ganz andere Welt, ohne große Kontrollen.

Miterlebt habe ich auch, wie am 23. Juni 1963 John F. Kennedy in Köln landete. Drei Tage vor seiner berühmten Berliner Rede, fünf Monate vor seinem Tod in Dallas. In der ersten Reihe am Rollfeld konnte es schon mal passieren, dass einem über den Kopf gestreichelt wurde. Nun muss man überlegen: Woran kann man sich eigentlich aus seiner Kindheit verlässlich erinnern? Ich behaupte jedenfalls immer, dass der Kennedy mich, den Zehnjährigen, persönlich begrüßt hat. Es kann aber auch rheinisch-familiäre Legendenbildung sein. Mein Vater und mein Onkel können keine Auskunft mehr geben. Beide sind tot. Mein Vater ist früh verstorben, schon bevor ich in die USA gegangen bin. Und die Kennedy-Story ist für mich selbst erst relevant, seitdem ich hier in Amerika bin.

Alles, woran ich mich aus Kindheit und Jugend in Bezug auf Amerika außerdem erinnern kann, sind die typischen Sachen: vor allem die Musik, der immense Eindruck von Woodstock, die Freiheit und Weite. Zwei Merkmale, die zu der Zeit weder meine Geburtsstadt noch meine Familie aufweisen konnten. Geboren wurde ich im Dreikönigen-Hospital auf der Keupstraße in Köln-Mülheim, die heute türkisch und kurdisch dominiert ist. Meine Eltern wohnten zu der Zeit noch in Köln-Dünnwald. Der Großvater väterlicherseits, Joseph, war Textilkaufmann, er lebte in der Nähe des Wiener Platzes in Köln-Mülheim. Mit ihm und seiner Frau Elisabeth hatte ich regelmäßig Kontakt, es waren alles kurze Wege im rechtsrheinischen Köln.

Meine Mutter war ein paar Jahre älter als mein Vater. Auch sie war sehr katholisch. Ihr Vater Heinrich, der Schreinermeister, war für uns als Handwerker sehr spannend, besonders wenn er uns etwas beibrachte. Nachdem Heinrich im Krieg alles verloren hatte, arbeitete er als Hausschreiner im Kloster Vom Guten Hirten auf der Aachener Straße in Köln-Junkersdorf. Das war damals ein wirklich konservativer Orden. Eine Schwester meiner Mutter lebte dort als Nonne. Ich kann mich erinnern: Man konnte meine Tante nur in so einer Art Knastsituation besuchen. Sie saß dann in einem Zimmerchen mit einem Gitter dazwischen, was ich sehr beklemmend fand.

Gerne verzog ich mich in der Bruder-Klaus-Siedlung in das Wäldchen, das gleich an unser Haus anschloss und bis zur Autobahn reichte. Da gab es noch Reste von Schützengräben aus dem Krieg, in denen wir spielten. Wir hatten unsere Baumhäuser, es gab verschiedene Banden. Heute ist dort ein großer Lärmschutzwall hochgezogen. Damals war auf der Autobahn noch nicht so viel los – aber sie war die natürliche Grenze des Viertels.

Richtig spannend wurde es, als Anfang der 60er-Jahre eine Brücke über die Autobahn gebaut wurde – praktisch als Verlängerung unserer Wohnstraße. So erweiterten wir mit einem Schlag unseren Aktionsradius enorm. Rüber nach Höhenhaus zum Bauern Heinz Litz waren es Luftlinie nur 100 Meter. Vor dem Brückenschlag war der Hof unerreichbar, die andere Seite existierte praktisch nicht. Nun aber konnten wir stundenlang auf der Brücke stehen, Autos angucken und einfach rübergehen.

Schon der Bau war ein Spektakel, wir Kinder waren natürlich total begeistert und hatten guten Kontakt zu den Bauarbeitern. Den Oberaufseher nannten wir „Bau-Chef". Wir waren auch der Meinung, dass dem die Brücke gehörte. Schließlich sind wir ihm so lange auf den Keks gegangen, bis er für unsere Griechischen Landschildkröten und unsere Karnickel einen Stall gebaut hat.

Der Hof Litz ist bis heute ein stattliches, efeuberanktes Gutshaus aus Backstein. Im weniger schicken Anbau lebten einige polnische Gastarbeiter und eine Familie Jäschke. Die Mutter putzte schon mal bei uns, ihr Mann war Schweizer, also der Melkexperte des Hofes. Zu Ostern bekamen wir von unseren Eltern immer ein kleines Kaninchen geschenkt. Das wurde, wenn wir in den Sommerurlaub fuhren, bei Jäschkes abgegeben. Und jedes Mal verschwand das komischerweise. Wenn wir zurückkamen, war das Kaninchen weg – weggelaufen, krank geworden, was weiß ich. Erst viel später haben wir herausbekommen, dass es natürlich im Kochtopf gelandet war.

Dieser Bauernhof bekam für mich eine immer größere Anziehungskraft. Nicht dass der Bauer besonders freundlich zu uns gewesen wäre. Im Gegenteil. Gegenüber vom Gutshaus sammelten wir Kastanien auf und wurden immer weggejagt. Aber wir trieben uns dennoch oft dort herum, denn es war immer großer Betrieb. Uns haben die

Landmaschinen fasziniert und natürlich die Tiere. Später haben wir die Autos des Bauern gewaschen, in einer großen Scheune, wo auch die Traktoren standen – erst Hanomag, dann Deutz. Damals waren mir die Marken noch egal, aber registriert habe ich sie schon.

Wir wurden als Kinder finanziell sehr knapp gehalten. Mein höchstes Taschengeld in der Oberstufe betrug 5 D-Mark pro Woche. Dadurch haben wir schon von klein auf gelernt, uns irgendwie geschäftlich zu entwickeln. In einer Unterführung flogen den Autos in den tiefen Schlaglöchern die Radkappen ab. Die haben wir aufgesammelt und zurückgebracht – für ein Trinkgeld.

Im Grunde bin ich durch das Autoputzen bei Bauer Litz zur Landwirtschaft gekommen. Ich interessierte mich für die Pferde dort, echte Ackergäule, auf denen wir auch mal reiten durften. Ebenso ging es meinem zweiten Bruder Reinhard. Bei uns beiden entwickelte sich der Geschäftssinn mehr und mehr im reitsportlichen Bereich. Erst haben wir gegen Geld Pferde gepflegt, später für andere Leute Pferde geritten, schließlich auch in Reitställen Unterricht erteilt.

Mein Bruder Reinhard hat später begonnen, Landwirtschaft zu studieren, ist dann aber umgestiegen auf eine Ausbildung bei der Stadt Köln. Schließlich war er jahrelang Mitarbeiter bei einem Großhändler für Reitsportzubehör. Reinhard ist von Pferden begeistert, so wie ich. Ein extrem engagierter Reiter, Reitsportrichter und Ausbilder. Das gemeinsame Hobby bedeutet uns bis heute viel. Reinhard ist internationaler

Grand-Prix-Richter im Dressursport und trainiert noch heute für uns Pferde in Deutschland, die wir dann später auf unsere Familienfarm Hidden Pines einfliegen, die nördlich von Atlanta in Alpharetta liegt. Diese Farm, um die sich vor allem meine Frau kümmert, begreifen wir als Paradies für unsere Dressurpferde, die hier trainiert werden. Auch nach ihrer aktiven Karriere haben sie ihre Box bis ans Lebensende sicher. Die Farm ist auch der bevorzugte Rückzugsort für meine Frau und mich. Gerade während der Coronapandemie haben wir dort viel Zeit verbracht.

Insgesamt hatten wir fünf Geschwister eine sehr gute und immer enge Beziehung. Wir spielten unglaublich viel zusammen, auch ohne Spielzeug, denn das war knapp. Es gab für uns einen ausrangierten Barren und einen Bock von der Schule, auf dem wir rumturnten. Aber einen vernünftigen Ball zum Beispiel hatten wir lange nicht.

Wir drei Jungs waren die Erstgeborenen, dann folgten die beiden Schwestern, die heute als Lehrerinnen arbeiten. Natürlich stellten sich die drei Jungs schützend vor die Schwestern – auch gegenüber den Eltern. Wir Älteren versuchten, ein paar Dinge, unter denen wir noch gelitten hatten, für die Schwestern etwas zu erleichtern. Wir legten bei den Eltern öfter ein gutes Wort ein, nach dem Motto: „Och, lasst die doch jetzt mal länger wegbleiben.“

Als wir älter wurden, ging es immer darum, irgendetwas auf die Beine zu stellen. Eines Tages aus der Bruder-Klaus-Siedlung rauszukommen, wurde immer wichtiger. Autos waren insofern genial. Ich hatte einen Freund, der hatte schon den Führerschein und eine Ente. Wir hatten die Idee, beim Pfarrfest in der Nachbargemeinde St. Hedwig im großen Stil Waffeln zu backen, einen richtigen Stand aufzuziehen und damit Geld zu verdienen. Meine Mutter hatte eine riesige Pfanne mit Teig vorbereitet, so eine richtige Bütte, wie man damals sagte. Die wuchteten wir in die Ente. Und schon in der ersten Kurve schwappte eine ordentliche Portion in den Bodenraum. Das Auto roch noch Monate danach – jedes Mal wenn die Heizung anging.

Also dieses Organisieren und auch das Geldverdienen, das hat mir schon damals immer Spaß gemacht. Der erste Weihnachtsmarkt in Köln, zumindest der erste in meiner Erinnerung, muss so 1970 gewesen sein. Da haben wir einen London-Bus als Stand gemietet. Und aus diesem Doppeldecker heraus haben wir Dritte-Welt-Klamotten verkauft, das war damals noch innovativ.

Die Bruder-Klaus-Siedlung hat mit ihrem speziellen Klima ein paar interessante Leute hervorgebracht. Bei der Frage, wer es eigentlich geschafft hat, sich dort raus zu entwickeln, kommt man neben Kardinal Woelki schnell auf Franz Meurer. Er war eine Klasse über mir und ich kann mich noch gut an ihn erinnern. Heute ist Meurer ein stadtbekannter Pfarrer in den Kölner Vierteln Vingst und Höhenberg, er gilt als sozial sehr engagiert und streitbar. Er hat beispielsweise einen Kondomautomaten aufgestellt und die Sonntagskollekte eines katholischen Gottesdienstes der umstrittenen Kölner Großmoschee gewidmet. Auch eine Geldstrafe bekam er vom Gericht aufgebrummt, weil er rechtspopulistische Wahlplakate in der Nähe der Kirche abgerissen hatte.

Nach meiner Erinnerung war Meurer allerdings in jungen Jahren sehr konservativ. Er wurde Messdiener, dann Obermessdiener, war in der Katholischen Jugend sehr aktiv, wurde Klassensprecher und Schulsprecher. Ich hatte einmal, im Oktober 1966, direkt mit ihm zu tun. Damals lief in Köln über mehrere Tage eine massive Demonstration gegen die Fahrpreiserhöhung der Kölner Verkehrsbetriebe KVB. Tausende Schüler und Studenten blockierten am Neumarkt die Schienen, Wasserwerfer und berittene Polizei waren im Einsatz. Man kann fast von Krawall sprechen.

In dieser Situation kamen extra Studenten vom Sozialistischen Deutschen Studentenbund SDS an unsere abgelegene Schule, um uns zu rekrutieren. Die wollten uns Schüler motivieren, bei der Demo mitzumachen. Wir waren begeistert. Ich fuhr zwar immer mit dem Fahrrad umher und nutzte keine Busse und Straßenbahnen, aber selbstverständlich haben wir uns solidarisiert. Aber dann hat Franz Meurer, der Schulsprecher, die Tür abgeschlossen. Die Meurers hatten einen gut ausgebildeten Deutschen Schäferhund. Mit dem ging er vorne auf dem Schulhof Streife. In dieser Stunde wurde ich sozusagen der Anführer einer Gegenbewegung: Ich habe den Hausmeister überzeugt, uns hinten den Lehrerausgang aufzuschließen. Wir sind entwichen und haben es alle auf den Neumarkt zur Demonstration geschafft. Die Demo hat in mir eine erste Politisierung ausgelöst – und eine kritische Grundeinstellung gegenüber Autoritäten. Meurer habe ich nie mehr getroffen, obwohl er eine sehr hübsche Schwester hatte.

Mein Vorbild und engster Freund in der Schulzeit war jemand anderes: Raphael Wunsch. Er lebte auch in der Bruder-Klaus-Siedlung, war ein bisschen älter als ich, sehr gut in der Schule. Allerdings besuchte er eine andere als ich. Dem Raphael Wunsch habe ich immer ein bisschen nachgeeifert. Zum Beispiel hatte er Meerschweinchen. Ich bekam also auch eins, sodass sich unsere Tiere treffen konnten. Raphael war ein guter Fotograf, auch das Fotografieren habe ich von ihm gelernt. Ich wurde leidenschaftlicher Hobbyfotograf und meine Schwestern habe ich besonders oft abgelichtet. Raphael hat später Anglistik und Sozialwissenschaften studiert und dann Karriere als Studienrat und schließlich Schulrat gemacht.

Ich finde es immer sehr schön, die alten Weggefährten zu treffen. Vor ein paar Jahren bin ich mal vom Amerika-Haus in Köln zu einem Vortrag eingeladen worden. Dorthin kamen auch Leute aus meinem Studium, aus meiner Kindheit. Raphael Wunsch war gekommen und ehemalige Kollegen, ehemalige Schüler. Das war für mich eine tolle Überraschung.

Vor vielen Jahrzehnten habe ich mal ein Klassentreffen in meinem Elternhaus organisiert. Nach zwei Kurzschuljahren habe ich 1971 Abitur gemacht – in einer echten Umbruchphase nach den Studentenprotesten von 1968. Es gab die Auflehnung gegen den Krieg der USA in Vietnam, gleichzeitig gegen die als autoritär empfundene Elterngeneration. Man hatte eine Protesthaltung. Unsere Klasse war eher klein, mit einem sehr guten Zusammenhalt. Wir fühlten uns alle ein bisschen revolutionär – und haben eine Abiturfeier abgelehnt. Wir bestanden darauf, dass uns das Zeugnis einfach nur zugeschickt wird.

Heute gibt es ja diese wahnsinnigen Möglichkeiten, Leute über das Internet wiederzufinden. So habe ich vor ein paar Jahren von Amerika aus ein Klassentreffen in Köln organisiert. Treffpunkt: das Brauhaus Früh am Dom. Gefühlt war ich immer ein mittelmäßiger Schüler. Als wir uns im Früh trafen, habe ich das auch so gesagt: „Ich war ja nie so ein toller Hecht." Darauf meldete sich mein Banknachbar, der Sohn einer Studienrätin, Christoph Burchard. Heute ist er Anwalt in Hamburg. „Du gehörtest doch immer zu den vier Besten", sagte der. „Ihr seid total bescheuert", sagte ich. Eine ganze Zeit lang war Burchard unser Klassenbuchbeauftragter und hatte offenbar auch noch so einen roten Lehrerkalender geführt, den er von seiner Mutter hatte. Darin hatte er sämtliche Noten schriftlich und mündlich mitgeschrieben. Dieses Büchlein zückte er nun. „Ich les mal vor", sagte er. Dabei stellte sich zu meiner Überraschung heraus, dass ich auf unserem kleinen humanistischen Gymnasium wohl zu den Top 3 oder Top 4 der Klasse gehörte. Ich war nicht besonders ehrgeizig, aber effizient. Hausaufgaben erledigte ich meist komplett in der Schule, in den Pausen, den Freistunden. Dann wurden sogar im

Geschichtsunterricht die Lateinhausaufgaben gemacht und so weiter. Auch Vokabeln habe ich nie gelernt, das reichte zum Glück immer so. Offenbar war ich doch ganz okay als Schüler – mit einer auf Desinteresse basierenden Schwäche in Mathematik.

Noch Jahre nach dem Abitur hatte ich einen Albtraum, in dem ich in der Matheprüfung pfusche. Im Traum muss ich – wie in der Feuerzangenbowle – noch mal in die Oberprima. In der Realität war meine Vorzensur nur eine knappe Vier. Doch dann bekam ich die Klausur tatsächlich ganz ordentlich hin, sodass die Gefahr bestand, in die mündliche Nachprüfung zu kommen. Um das zu vermeiden, bin ich auf die schlechte Vornote eingestiegen. Im Gegensatz zum Rest waren meine Matheleistungen wirklich nicht gut. Seitdem habe ich aber ein ganz gutes Zahlenverständnis und ein Gefühl für das praktische Rechnen entwickelt.

Mein absolutes Lieblingsfach war Deutsch. Ich mochte auch Kunst, Musik und Philosophie. Aber für Deutsch habe ich mich begeistert. Am liebsten waren mir Aufsätze über freie Themen. Einmal argumentierte ich in einer Arbeit, dass die Ehe keine Zukunft habe. Seitenweise schrieb ich solche Besinnungsaufsätze.

Dabei entwickelte ich auch bestimmte individuelle Züge, besser gesagt: Ich kopierte sie. Mein Klassenlehrer, den ich mochte, schrieb in Druckschrift. So eine leicht verflüssigte Druckschrift. Das habe ich übernommen, so schreibe ich bis heute noch. Und Raphael Wunsch schrieb mit grüner Tinte. Also habe ich bald in Druckschrift mit grüner

Tinte geschrieben. Einmal sprach mich der Direktor darauf an. „Hören Sie mal, Grün ist eigentlich nur meine Farbe. Wenn ich nämlich eine rote Korrektur überstimme, dann mache ich das in Grün." Ich habe das aber nie geändert, auch heute noch habe ich auf meinem Schreibtisch einen Montblanc-Füller mit grüner Tinte. Meine Notizen mache ich handschriftlich. Und ich schreibe gerne einen Brief zu besonderen Anlässen. Zum Beispiel zum achtzigsten Geburtstag des Unternehmers Bernard Krone in Spelle. Man muss sich einfach die Zeit nehmen. Schönes Papier, schöne Tinte – das gehört dazu.

Meine Beziehung zum Schulsport war zwiegespalten: All diese technischen Sportarten hat mir niemand beigebracht. Es gab aber bestimmte Dinge, die konnte ich seltsamerweise. Am Reck und am Barren gelang mir nichts. Dafür beherrschte ich aber den Salto über das lange Pferd, also die schwerste Übung beim Geräteturnen. Ich erinnere mich gut an das Abitur. Das Prüfungsgremium saß in der Turnhalle an einem langen Pult. Es lief echt nicht gut für mich. Reck ausreichend, Barren ausreichend. Bodenturnen war eine Katastrophe. Dann habe ich das Pferd aufbauen lassen. Da sagten alle: „Sind Sie lebensmüde?" Ich habe meine Hand rausgestreckt, zur Faust geballt, wie das damals die Schwarzen bei den Olympischen Spielen machten. Hab den Überschlag hingelegt und bekam am Pferd eine Eins.

Ich konnte nie am Reck diesen Felgumschwung, mit Mühe den Felgaufschwung. Vor dem Abitur hatte ich aber gesagt: „Wenn ich in Sport bestehe, dann mache ich einen

Felgumschwung." Und nachdem die Prüfung zu Ende war, bin ich ans Reck gegangen, hab den Felgumschwung gemacht und es klappte. Den konnte ich noch Jahre später. Heute aber wahrscheinlich nicht mehr.

Viele Sportlehrer sind ja so, dass sie sich nur um die Guten kümmern und die Schwächeren nicht fördern. Ich war zum Beispiel ein superschneller Läufer. Den Sportlehrern hätte eigentlich auffallen müssen, dass ich doch etwas konnte. Hat aber keiner bemerkt. Wenn Mannschaften gewählt wurden, war ich immer mit bei den Letzten. Oft musste ich „Ball über die Schnur" spielen, weil man mich beim Fußball nicht gebrauchen konnte. Deshalb habe ich mich sportlich eher in den Randbereichen entwickelt, wo ich Chancen hatte. Ich war in der Rudermannschaft der Schule, ich habe Skifahren gelernt. Und dann habe ich mich immer mehr in das Reiten reingesteigert.

Bestimmte Lehrer haben uns sehr geprägt, so wie unser Deutschlehrer, der uns unglaublich viel Freiraum gegeben hat. Bei ihm durften wir sogar unsere Klassenarbeit im Eiscafé schreiben. Wir fühlten uns in seinem Unterricht wie die Mini-Sartres – und lieferten super Ergebnisse.

Wir hatten auch einen richtig tollen Französischlehrer, Manfred Hoffmann – mein Lieblingsklassenlehrer. Hoffmann war nicht nur für mein neues Schriftbild verantwortlich, sondern auch mit dafür, dass ich Französisch studiert habe. Ein für mich absolut prägender Charakter, ein Freigeist. Mit ihm habe ich heute noch Kontakt. Beim Klassentreffen im Brauhaus war er auch dabei. Auch wollte ich ihn einladen, als mir 2018 der französische Orden Ritter der Ehrenlegion (Chevalier de la Légion d'honneur) angeheftet worden ist. Leider konnte er aus gesundheitlichen Gründen nicht kommen.

Dieser Mann war gar kein leidenschaftlicher Lehrer, ebenso wie wir nicht allzu leidenschaftliche Schüler waren. Aber er war ein genialer Pädagoge. Er hat uns erklärt: „Ihr braucht bei mir keine Hausaufgaben zu machen und keine Vokabeln zu lernen." Als ich später Lehrer wurde, habe ich das auch so gemacht. „Wenn ihr hier 45 Minuten lang aufpasst, reicht das vollkommen aus." Und in diesen 45 Minuten hat er uns so für Frankreich begeistert, dass es für das eigene Leben etwas bewegt hat. Die eine Lektion im Schulbuch *Etudes Françaises* heißt beispielsweise *Salade niçoise.* Bei Hoffmann wurde dieser Nizzasalat wie selbstverständlich in der Klasse zubereitet. Auch das habe ich später als Lehrer gemacht. Dinge tun, nicht nur darüber reden: ein absolutes Erfolgsrezept.

Wer bin ich?

Vom Erwachsenwerden zwischen Sartre und Reitstall, Katz-und-Maus-Spiel mit französischen Polizisten, von gescheiterten ersten Beziehungen – und davon, was man bei einer Skatrunde mit Strauß und Wehner lernen kann.

Reisen bildet, heißt es ja. Eine Binsenweisheit zwar. Aber wer auf der Suche nach sich selbst ist, setzt sich am besten in Bewegung. Bei mir hat es oft klick gemacht, wenn ich unterwegs war. Immer wieder waren für mich Geschehnisse fern der Heimat Wendepunkte oder Auslöser für etwas Neues.

Schon die Urlaube mit der Familie waren etwas ganz Besonderes, trotz einer gewissen Monotonie, was das Ziel anging: Wir fuhren jedes Jahr in die Berge, obligatorische Ferien auf dem Bauernhof. Aber ich mochte das Landleben und die Gipfelstürmerei: herrliche Luft, Natur, kraxeln – und zur Belohnung der Blick von weit oben. Alles aber in Grenzen: Österreich und Schweiz waren für uns das Höchste der Gefühle.

Unser Urlaubsziel musste ohne Auto erreichbar sein, weil wir ja keines besaßen. Wir stiegen alle zusammen in Köln in den Zug, nahmen später irgendwo den Postbus und saßen die nächsten sechs Wochen an einem Fleck in Vorarlberg oder Tirol fest. Dort habe ich das Bergwandern entdeckt, das bis heute zu meinen Hobbys zählt, auch wenn die Steigungen und Distanzen mit zunehmendem Alter sinken. Meist ging ich zusammen mit meinem Bruder Reinhard auf Tour. Die kleinste Gemeinde Österreichs ist Gramais im Lechtal. Die hatte damals 52 Einwohner, einen Traktor und ein Telefon. Reinhard und ich verließen uns auf einen kleinen Wanderführer, in dem die Touren beschrieben waren. Wir waren total heiß: Wenn da stand, es dauert für einen erfahrenen Bergsteiger acht Stunden bis zum Gipfel, dann wollten wir es in vier Stunden schaffen. Wir haben das weniger genusstechnisch betrachtet, sondern wollten nur die Schnellsten sein.

Solche Bergtouren habe ich auch noch alleine unternommen, als ich verheiratet war. Da bin ich zum Beispiel um zwei, drei Uhr morgens los und war bei Sonnenaufgang auf dem Gipfel. Als ich wieder abstieg, kamen mir die Ersten keuchend entgegen. „Ja, wo kommen Sie denn her?" „Na, vom Gipfel." Das wurde mir nie geglaubt. Dann habe ich gesagt: „Also, gucken Sie doch im Gipfelbuch nach. Ich sitze in der *Alpenrose* und werde da jetzt mal ein schönes Bier trinken. Und wenn ich recht habe, bezahlen Sie meinen Deckel."

Als wir älter wurden, wollten wir auch mal ans Meer. Ein einziges Mal konnten wir unsere Eltern zu einem Urlaub in

Koksijde in Belgien überreden. Doch die Nordsee blieb eine große Ausnahme. Meinen Eltern war es zu anrüchig, da im Badeanzug rumzuhängen. Stattdessen lernte ich im Tiroler Örtchen Häselgehr im oberen Lechtal schwimmen – in einem Schwimmbad, durch das der Gebirgsbach floss. Es hatte bestenfalls 10 Grad Wassertemperatur.

Dann passierten zwei Dinge, die meinen Horizont wahnsinnig erweitert haben – und zwar in Richtung Westen. Das erste: Mein unglaublich frankophiler Lehrer Manfred Hoffmann stellte für uns im Mai 1968 eine Reise nach Paris auf die Beine. Ich war total begeistert, zumal wir sogar alleine losziehen durften. Ich habe ganz Paris zu Fuß erwandert, jedenfalls gefühlt. Heute noch kenne ich mich in Paris besser aus als die meisten Pariser. Behaupte ich. Damit war der Grundstein gelegt: Ich liebe Frankreich bis heute.

Allmählich wuchs auch mein Interesse an anderen Aspekten des Lebens. Wir waren jahrelang eine reine Jungenschule, dann wurden Ende der 60er-Jahre aber die ersten Mädchen eingeschult. Eine von ihnen war meine Schwester. Und in ihrer Klasse war ein ganz hübsches Mädchen, wesentlich jünger als ich: Melanie Madaus, die Tochter des Besitzers der Firma Madaus. Sie war für uns Jungs unglaublich. Die Mutter sah auch toll aus, fuhr ein Porsche-Cabrio und lieferte die Tochter morgens ab. Wir standen da mit offenem Mund.

So bekamen wir zum ersten Mal Kontakt zu Mädchen. Wenn wir andere Mädchen sehen wollten, gingen wir hin und wieder zur Genoveva-Schule. Das war ein reines

Mädchengymnasium in unserem Stadtteil. Man konnte sich davor aber nicht lange herumtreiben, höchstens mal gucken. Wir gingen bevorzugt in die Eisdiele Dolomiti, wo auch öfter mal Mädchen aus der Genoveva-Schule saßen. Dort betätigten wir uns – bei Gauloises und Espresso – natürlich viel lieber intellektuell als in der Schule. Diese Freiheit hat uns unglaublich motiviert.

Und dann geschah Folgendes: An der Oberschule tauchte plötzlich eine englische Assistentin aus Liverpool auf, Ann hieß sie. Ich besuchte die Oberstufe, war gerade volljährig geworden, es war die Zeit von Minirock und Hotpants. Alle wollten auf der Treppe hinter Ann gehen. Mein Freund Raphael Wunsch hatte bereits das Studium der Anglistik in Köln begonnen. Ich war ja eher auf dem Frankreichtrip, Englisch interessierte mich höchstens so nebenbei, obwohl wir das Fach auch bei Manfred Hoffmann hatten.

Dann allerdings gab es eine Englisch-AG bei dieser Assistentin. Natürlich habe ich mich angemeldet. Bis zur Quarta waren meine Kopfnoten immer: Betragen „Sehr gut“, Beteiligung am Unterricht „Könnte reger sein“. Ab der Pubertät kehrte es sich um: Betragen „Nicht ohne Tadel“, das war ziemlich schlecht, aber Beteiligung am Unterricht „Sehr gut“. Wobei meine Beteiligung oft auch sehr frech und vorlaut war. Ich muss Ann wohl in der AG aufgefallen sein. Ich nehme mal an: wegen meines Humors.

Jedenfalls habe ich sie zu uns nach Hause eingeladen. Ich war zwischenzeitlich in den ausgebauten Keller gezogen, wo ich mein erstes eigenes Zimmer hatte. Meinen

Freund Raphael Wunsch lud ich ebenfalls ein – mit der Idee, dass die beiden doch perfekt zusammenpassen würden. Bei dem Treffen kam aber heraus, dass sich meine Englischassistentin nicht für meinen Freund interessierte, sondern für mich. In der Schule war das natürlich eine Sensation, weil auch etliche Lehrer ein Auge auf Ann geworfen hatten. Die meisten waren zwar verheiratet, aber die jungen Sportlehrer waren hinter ihr her. Und jetzt war es ausgerechnet dieser etwas altmodische Richenhagen. Damals wurde man ja mit Familiennamen angesprochen. Richenhagen hatte also ein Verhältnis mit der Assistentin.

Zu Ann habe ich heute keinen Kontakt mehr. Sie hat mich irgendwann sitzen lassen. Wir hatten uns sehr gut verstanden, aber ich war damals noch der Meinung, dass Sex vor der Ehe nicht erlaubt ist. Für Petting war ich zu gewinnen, aber mehr habe ich mich nicht getraut. Ich glaube, das hat sie ein bisschen enttäuscht. Es gab ja auch einen Altersunterschied von vielleicht acht Jahren, so in der Größenordnung.

Was da im Keller lief, haben meine Eltern irgendwann doch mitbekommen, und das war mir sehr, sehr peinlich. Mein Vater reagierte ziemlich relaxt und interessierte sich nicht weiter dafür. Anders meine Mutter. Ich kann mich erinnern, dass Ann und ich uns mal vor der Haustür mit einem Kuss verabschiedeten. Da riss meine Mutter oben das Badezimmerfenster auf und rief runter: „Ihr seid aber noch nicht verlobt!“ Also die Idee, dass man ein Mädchen küsst, war für meine Mutter vollkommen abwegig.

Insgesamt hat auch diese Erziehung dazu geführt, dass ich ein Spätzünder war. Die 68er habe ich mitgenommen, aber mit leichter Verzögerung. Die Vorstellungen waren sehr liberal, Jungen und Mädchen waren gleichermaßen daran interessiert, sich auszuleben. Diese Chance habe ich gehabt. Ich glaube, meine Ehe ist deshalb so stabil, weil ich nicht den Eindruck habe, ich müsste irgendetwas nachholen. Das war eine Zeit, über die man sagen muss: Schade, dass die jungen Leute sie heute nicht erleben. Die Pille war erfunden, Aids aber noch kein Thema. Überall Happenings und Protest, alles war in Aufruhr, alles kam auf den Prüfstand, freie Liebe war das Ideal.

Mitten im Kölner Zentrum gab es diesen „Neumarkt der Künste", eine Gegenveranstaltung zur Kunstmesse, die vielen kurz nach ihrer Eröffnung bereits als zu kommerziell und elitär galt. Es war wohl im Oktober 1970, da hatte Joseph Beuys dort einen großen Tisch für ein öffentliches Abendessen aufgebaut. Und ich ging hin. Dabei turnten zwei nackte Kinder über den Tisch, und Beuys hielt einen flammenden Vortrag, dass alles Kunst ist. Allerdings kritisierten andere schon zu dieser Zeit, Beuys sei inzwischen selbst Teil des Establishments.

Im Mai 1968 war auch die besagte Klassenreise nach Paris. Wir fuhren also direkt in die Pariser Revolte, mitten ins Epizentrum der Studentenunruhen. Untergebracht waren wir in einer Art Jugendherberge im Quartier Latin. Es gab für uns ein paar offizielle Veranstaltungen, aber ansonsten durften wir uns ziemlich frei in der Stadt bewegen.

Also haben wir mitdemonstriert. Es gab Sprüche, die ich nie vergessen werde. „Sous les pavés, la plage!“ Also: „Unter dem Pflaster ist der Strand“, denn diese Pariser Pflastersteine waren in Sand gebettet. Das fiel in dem Moment auf, als man sie massenhaft zu Barrikaden auftürmte.

„Wählen ist wie gegen den Wind pissen“ – das war noch so ein Spruch, für den wir uns begeistert haben. Einmal bin ich mit meinen Klassenkameraden bei einer Demonstration verhaftet worden. In einer kleinen Straße kamen Polizisten von beiden Seiten. Wir wurden in die Citroën-Kastenwagen der Polizei verfrachtet, Wellblechautos, die Franzosen nannten das „transport de viande“, also Fleischtransport. Das fanden wir natürlich enorm spannend. Man muss zugeben: Die französischen Polizisten, die „flics“, handelten sehr geschickt: Wir wurden eine Stunde nach Norden aus Paris rausgefahren, wo wir buchstäblich am Arsch der Welt waren. „So, jetzt könnt ihr gehen“, hieß es dann. Man brauchte quasi den ganzen Tag, um es per Anhalter zurück in die Innenstadt zu schaffen.

Ich persönlich habe durch die ganzen Erlebnisse eine große Begeisterung entwickelt – für Paris im Besonderen und für Frankreich insgesamt. Manfred Hoffmann, unser Lehrer, hat später noch eine zweite sensationelle Reise organisiert. Die gesamte Klasse, es muss in der Zwölf oder Dreizehn gewesen sein, wurde für ein paar Wochen zu einem Austausch in eine kleine Privatschule bei Paris geschickt, Cours Sévigné hieß sie. In diesem Vorort von Paris, Asnières-sur-Seine, wohnten wir auf der Rückseite eines Sportstadions, praktisch in den Mannschaftsräumen. Und sind jeden Tag ganz normal in die Schule gegangen.

Wir waren ziemliche Rabauken zu der Zeit. Das kleine Gymnasium hatte eine sehr strenge Direktorin. Einmal sagte sie zu mir, weil ich mich danebenbenommen hatte: „Prenez la porte!“ Also: „Raus!“ Ich habe es bewusst falsch verstanden, die Tür aus den Angeln gehoben und sie der Lehrerin übergeben. Wortwörtlich übersetzt heißt es ja: „Nehmen Sie die Tür!“ Wir haben viel Blödsinn gemacht, aber auch extrem viel gelernt – und das Land in unser Herz geschlossen. Obwohl ich in Amerika lebe, werde ich für mein Französisch immer gelobt. Ich habe keinen Akzent. Wenn ich in Frankreich bin, komme ich schnell wieder rein in die Sprache. Im Französischen wollte ich unbedingt perfekt sein, anders als im Englischen. Auch die Umgangssprache, also Argot, kann ich bis heute.

Ich liebe Frankreich. 1975 habe ich ein Jahr lang als Austauschlehrer in dem Land gearbeitet. Auch wollte ich immer unbedingt eine Französin heiraten – und habe das mehrmals erfolglos versucht, wie das Leben so spielt. Heute bin ich Deutscher und Amerikaner, aber wenn man mich fragt: Franzose wäre für mich eine attraktive Alternative. Die Lebensart liegt mir.

Diesen französischen Ansatz, dass man morgens erst einmal ins Bistro geht, Kaffee trinkt und ein Croissant isst, den schätze ich sehr. Bei mir stellen sich sofort viele schöne Erinnerungen ein: Eine befreundete Familie etwa, der Vater war Tiermediziner und Professor in Maisons-Alfort bei Paris, hatte so ein Schlösschen geerbt an der Loire. Für uns Deutsche mit perfektionistischem Anspruch wäre es fast unerträglich, etwas in dem Zustand überhaupt zu besitzen. Man würde sagen: Bruchbude, zu großes Risiko. Die Deutschen setzen immer alles super instand, die Franzosen haben eine leichtere Gangart. Die lassen das Ding stehen, daran wird nichts gemacht, außer wenn es wirklich massiv durchregnet. Renovieren – wieso denn? Dann trifft sich dort die Familie am Wochenende, jeder bringt was mit und es wird erst einmal gekocht. Später wird ein Zimmer zugeteilt, man schläft in Bettwäsche, die wahrscheinlich schon über ein halbes Jahr lang von anderen Menschen benutzt worden ist. Keiner stört sich daran.

Ein weiteres Erlebnis hat mich sehr für Frankreich eingenommen: Abitur habe ich zu Ostern gemacht, aber erst im Oktober konnte man anfangen zu studieren. Ich interessierte mich für ein Medizinstudium in Bonn, aus dem einfachen Grunde, weil ich gerade so den Numerus clausus geschafft hatte. Um die Zeit zu überbrücken, bin ich als zukünftiger Medizinstudent für mehrere Wochen zu einer Gastfamilie nach Lille in Nordfrankreich gezogen.

Es war eine sehr eigenwillige Familie, streng katholisch, zehn Kinder. Der Vater war Unternehmer, er hatte eine Weberei. Ich kann mich erinnern, dass die abends alle in großer Runde zusammen aßen. Der Großvater, die Oma, die Eltern, die Kinder – alle saßen da. Es war eine klassische, traditionelle Familie, in der die Kinder ihre Eltern siezten. Ich duzte alle, aber die siezten sich untereinander. Und dann fragte der Großvater: „Wer ist dieser junge Mann?“ Die Tochter Annick antwortete: „Das ist unser Austauschschüler aus Deutschland.“ Daraufhin hat der Großvater mich rausgeschickt, ich musste in der Küche essen. Der Opa war also kriegsgeschädigt und ein Deutschenhasser.

Jetzt kam es aber so: Die Kinder waren in der Schule und ich hielt mich viel im Haus auf. Die hatten eine tolle Köchin. Bei ihr habe ich viele Dinge gelernt, zum Beispiel wie man eine Leberpastete macht. Alle möglichen französischen Gerichte habe ich mit ihr gekocht, und nach ein paar Tagen hatte der Opa gemerkt, dass ich vielleicht doch kein großer Nazi bin. Er kam zu mir und sagte: „Komm mal mit.“ Und dann ging er mit mir in den Keller, um den Wein auszusuchen. Er wollte mal gucken, was ich vorschlage. Er hatte einen riesigen Weinkeller und dieses Weinholen wurde eine tägliche Übung. Mit der Zeit entstand mit dieser Familie eine Freundschaft über alle Generationen hinweg.

Und noch etwas entstand: nämlich der Gedanke, dass Medizin eigentlich das falsche Studium ist. Meine neue Idee: Ich studiere Romanistik – also Französisch und Italienisch. Mir war auch sofort klar, was ich als Nebenfach wählen wollte, nämlich katholische Theologie, um meiner Familie zu Hause mal fundiert Kontra geben zu können. Und als drittes Fach wegen fehlender Frömmigkeit: Philosophie. Ich dachte: Wenn du Philosophie und Theologie studierst, kannst du den alten Säcken mal richtig erklären, was Sache ist. Dann können die nicht mehr sagen: „Du hast keine Ahnung.“ So habe ich das auch gemacht. Bonn als Studienort der Wahl blieb allerdings. Allzu weit bin ich im ersten Schritt nicht von der Bruder-Klaus-Siedlung weggekommen.

Zunächst gab es auch noch ein anderes Problem: den Wehrdienst. Ich wollte nicht zur Bundeswehr und damals war eine Kriegsdienstverweigerung nicht ganz alltäglich. Die Gewissensentscheidung wurde streng überprüft. Da gibt es einen schönen Song von Franz Josef Degenhardt, „Befragung eines Kriegsdienstverweigerers durch den liberalen und zuvorkommenden Kammervorsitzenden", heißt es darin ironisch. Und genau so war es.

Man musste erstens alles schriftlich begründen. Zweitens musste man Zeugen benennen und drittens mussten diese noch schriftlich Stellung nehmen. Mein Onkel, der Militärdekan, ging für mich als einer meiner Zeugen in die Bütt. Er sagte, dass die Kriegsdienstverweigerung, kurz KDV, für mich ein ernstes Thema sei. Im Anschluss stand mir ein richtiges Verfahren bevor, das sich wie ein kleiner Gerichtsprozess anfühlte, in dem ich mich und meine Haltung verteidigen musste. Es kam zu den typischen Fragen, wie im Degenhardt-Song: „Sie sitzen auf einer Parkbank mit Ihrer Freundin, haben zufällig eine Maschinenpistole in der Tasche, und dann kommt einer und vergewaltigt Ihre Freundin. Was machen Sie jetzt?" Auf solche Fragen musste man sich sorgfältig vorbereiten, damit die Argumentation nicht über einen Flüchtigkeitsfehler zusammenbrach. In der Kirche gab es dafür extra Schulungsmaßnahmen, richtige Kurse zur Vorbereitung auf die Gewissensprüfung.

Meine Ablehnung des Soldatischen ist familiär bedingt. Mein Vater war überzeugter Pazifist. Zur Zeit des Zweiten Weltkriegs war er zu jung, um für einen Fronteinsatz infrage zu kommen. Ganz zum Schluss ist er in den Arbeitsdienst eingezogen worden und musste irgendwo im Emsland Torf stechen, wobei er sich einen lebenslangen Lungenschaden und schweres Asthma geholt hat. Während mein Vater das Militär absolut ablehnte, ging mein Onkel Gottfried, der Militärdekan, in die entgegengesetzte Richtung. So kam es zu Hause immer wieder zu Diskussionen. Ich war aus eigener Anschauung der Meinung, dass Kriege und kriegerische Auseinandersetzungen kein Werkzeug der Politik mehr sein sollten, und habe das dann auch so vertreten.

Als der berüchtigte Brief im Postkasten lag, die Aufforderung zur Musterung, habe ich nicht gezögert. Sofort, noch vor dem Musterungstermin, stellte ich den KDV-Antrag. So wurde ich natürlich auch gleich als „voll tauglich" eingestuft. Die Amtsärzte haben mich gar nicht groß untersucht. Wahrscheinlich war ich aber tatsächlich voll tauglich.

Die Gewissensprüfung habe ich bestanden, meine Urkunde „Anerkannter Kriegsdienstverweigerer" bewahre ich bis heute auf. Damals hatte ich die Wahl: Entweder wurde man für achtzehn Monate am Stück zum zivilen Ersatzdienst eingezogen oder man machte etwas anderes Soziales über einen längeren Zeitraum, aber nicht jeden Tag. Ich verpflichtete mich für zehn Jahre beim Deutschen Roten Kreuz. Man musste über die Dekade so und so viele Stunden ableisten, etwa über Wochenenddienste. Ich wurde Fahrer des Küchenwagens der Bereitschaft 4G.

Wir waren relativ berühmt, denn wir hatten einen Metzgerssohn bei uns in der Truppe. Wenn wir mit der Gulaschkanone irgendwohin mussten, sind wir zuvor an der Metzgerei vorbeigefahren. Wir haben privat die ganzen Wurstreste geholt, im Kessel gekocht, die Erbsensuppe obendrauf und schon mal alles ein bisschen brutzeln lassen. Das dürfte man heute auch nicht mehr. Aber so kamen wir mit der besten Erbsensuppe zum Rosenmontagszug oder wo immer man so hinfuhr. Wir waren auch in der Lage, Hunderte von Sechsminuteneiern zu kochen. Die wurden fein säuberlich in ein Plumeaulaken gestapelt und dann mit einem Besenstiel – hau ruck – in das kochende Wasser gelassen und nach der entsprechenden Zeit wieder rausgeholt. Fertig.

Es gab Dinge, die beim Roten Kreuz niemand machen wollte, die ich aber hochspannend fand. Vermutlich ist es heute nicht mehr so, aber damals saß in jeder Theateraufführung, bei jeder Oper, Museumseröffnung und sogar Vernissage immer jemand von der Feuerwehr und auch einer vom Roten Kreuz. Die Kollegen der Bereitschaft interessierten sich mehr für den 1. FC Köln oder solche Einsätze. So habe ich während der Dienstzeit ein tolles Kulturprogramm gehabt. Viel gesehen, eine sehr solide Ausbildung in Erster Hilfe bekommen und nebenbei noch gelernt, wie man mit einer Gulaschkanone viele Leute satt machen kann. Dem Militärdekan Gottfried sei Dank.

Mein Patenonkel Martin, Professor für Theologie, hat sich eher wenig um mich gekümmert. Dennoch aber hat er entscheidende Dinge in meinem Leben beeinflusst. Von ihm habe ich mein erstes Fahrrad bekommen und die erste Armbanduhr. Mit ihm bin ich zum ersten Mal in einer Pizzeria gewesen. Der war sehr fortschrittlich. Einmal durfte ich ihn in der Karwoche begleiten, er saß mit seinen Studenten am großen Tisch, es wurde zu Abend gegessen. Und da wurde so nebenbei die Ostermesse gefeiert, ganz salopp. Das war für mich sehr beeindruckend. Und der kam dann und sagte: „Martin, ich habe ja nie so viel für dich getan. Hier ist die Anschrift meiner Buchhandlung." Das war die Buchhandlung Bierbaum in Düsseldorf. „Und da kannst du alle Bücher bestellen, die du haben willst. Ich bezahle alles. Die schicken mir eine Rechnung, brauchst dir keine Gedanken darüber zu machen." Das führte dazu, dass ich fast nie in der Unibibliothek war. Die Literaturlisten habe ich in die Buchhandlung rübergefaxt, dann bekam ich meine Buchpakete mit der Post. Auch im privaten Bereich konnte ich alles bestellen. Ich habe die komplette Böll-Ausgabe, mein Onkel hat mir alles finanziert. Das war natürlich Luxus. Meinem Onkel Martin sei Dank.

Der Name Martin wird in unserer Familie in Ehren gehalten. Mein Patenonkel hieß so, weil dessen Onkel, also der Bruder meiner Großmutter väterlicherseits, ein gewisser Martin Engels war. Er war ein Benediktinermönch, der sich in eine junge Ärztin oder Apothekerin in Bayern verliebt hatte. Daraufhin beschloss er, sich laisieren zu lassen, er legte also alle klerikalen Rechte und Pflichten ab. Das war nach dem Krieg und ein Riesenthema. Also Martin Richenhagen, der Ex-Mönch. Mein Patenonkel war der zweite, ich bin der dritte. Ich habe einen Sohn, der heißt ebenfalls Martin. Und der hat wiederum einen Sohn, der auch so heißt – Martin junior. Spitzname M. J., wie man das hier in Amerika gerne macht.

Mein Vater hat sich auch nach dem Abitur um mich gekümmert und mich sogar beim Antrittsbesuch an der Universität Bonn begleitet. Dort gefiel es mir auf Anhieb, Romanistik und Theologie waren im Hauptgebäude untergebracht. Meine Mutter wollte, dass ich zu Hause wohnen bleibe und von dort aus immer nach Bonn fahre. Aber die Pendelei hatte schnell ein Ende, ich zog aus. Im Studentenwohnheim lebte ich viele Jahre auf demselben Flur wie Norbert Walter-Borjans, der heutige SPD-Chef, der in Bonn VWL studierte. Der Wohnturm war 1973 in Bonn-Tannenbusch gebaut worden, ein Betonhochhaus, genannt Tabu. Eigentlich superklasse ausgestattet und daher sehr begehrt. Alle Zimmer waren bereits vergeben, bis auf das Erdgeschoss, wo laut Plan nur Männer wohnen sollten. Es gab eine Ausschreibung und wir stellten uns nachts nach unserem Kneipenbesuch in die Schlange vor dem AStA-Studentenwerk. Ich kam auf die Idee, dass wir uns in eine Liste eintragen sollten, um die Reihenfolge des Anstehens festzuhalten. Als morgens die Türen öffneten, gab es einen Riesentumult. Wir hielten uns erst zurück, legten den Leuten dann aber die Liste vor – und tatsächlich wurden in dieser Reihenfolge die Zimmer vergeben. Walter-Borjans war, soweit ich weiß, Nummer 14, ich war Nummer 12. Wir sahen uns dann regelmäßig in der Küche, manchmal auch in der Kellerbar, die ein paar Mädels aufgemacht hatten. Ich hatte da einen kleinen Heimvorteil: Die Bar befand sich direkt unter meinem Zimmer. Als Entschädigung für den Lärm bekam ich jeden Abend ein Freibier.

In Bonn hatte ich auch ganz schnell die erste ernsthafte Beziehung. Das war für mich unglaublich, weil ich auch nach der Geschichte mit der Assistentin Ann gedacht hatte, mich würde sowieso keine haben wollen. Ein sehr hübsches Mädchen, das auch Romanistik studierte und Germanistik. Friederike war die Tochter eines Landmaschinenhändlers vom Niederrhein: Agrartechnik Dröppelmann in Geldern-Pont. Ich habe zu ihr und zu ihrem Bruder noch immer Kontakt.

An der Uni habe ich alles Mögliche mit Begeisterung studiert, vieles so am Rande, indem ich einfach hinging. Ich baute mir eine Art Studium universale zusammen. Bei Alfred Gütgemann habe ich eine Vorlesung zu Herzchirurgie gehört. Auch Psychologie habe ich mal zwei Semester besucht, um jedoch festzustellen, dass zu viele Studenten damit befasst waren, ihren eigenen Fall zu lösen.

Schon bald wurde mir klar: Lehrer wollte ich überhaupt nicht mehr werden – das war ja bei meinen Fächern der eigentlich vorgezeichnete Weg. Trotzdem bewarb ich mich bei einem Gymnasium in Frankreich und wurde dort 1975 für ein Jahr Assistent. Der Grund war vielleicht auch, dass das zu Hause ganz gut ankam.

Ich wollte gerne nach Aix-en-Provence ziehen – im Wesentlichen wegen der Lebensqualität. Stattdessen wurde ich aber nach Maubeuge ins regenreiche Département Nord verfrachtet. Durch dieses Jahr als Assistent an der Schule wurde mein späteres Referendariat verkürzt auf ein Jahr, sodass ich etwas Zeit aufholen konnte. Denn ich habe wirklich lange studiert, achtzehn Semester oder so. Heute würde man sagen: Bummelstudent. Aber damals gab es eine andere Einstellung. Mein Vater hat immer gesagt: „Das ist die beste Zeit deines Lebens. Solange du studieren kannst, mach das ruhig." So sah ich das auch.

Meine Beziehung zu Friederike war schon vor meinem Umzug nach Frankreich beendet – und das kam so: Beide hatten wir keine Lust mehr, Lehrer zu werden, und dachten uns, wir werden Journalisten. Bei der *Bonner Rundschau* absolvierte ich unter Rüdiger Durth eine Hospitanz, der Beruf gefiel mir. Meine Freundin und ich bewarben uns beim Institut zur Förderung publizistischen Nachwuchses, eine katholische Einrichtung, getragen von der Deutschen Bischofskonferenz. Wir gingen gemeinsam hin und ich kann das heute gut nachvollziehen: Sie haben meine bildhübsche Freundin genommen und mich nicht. Ich war denen vielleicht sogar noch zu wenig katholisch oder was auch immer.

Meine Freundin hat mich für einen evangelischen Theologen verlassen, Helmut Keiser, der auch einen unternehmerischen Touch hatte und später das erste lokale Privatfernsehen in Bonn gegründet hat. Ich bin noch ein bisschen in Richtung Journalismus weitergegangen, habe beim WDR-

Rundfunk als Produktionsassistent gearbeitet, also MAZ-Bänder in die Studios gebracht und auch mal den Kabelträger gemacht. Das wurde sehr gut bezahlt. Außerdem fing ich an, Reitsportartikel zu schreiben. Mit sechs Kommilitonen hatte ich neben dem Studium einen Reitverein gegründet. Mit diesem Club hatten wir immer extrem gute Presse, im Wesentlichen deshalb, weil ich die vor Lob strotzenden Texte unter einem Pseudonym selbst geschrieben hatte. Also juristisch oder ethisch vielleicht nicht ganz vertretbar, aber verjährt.

Die Lust auf Journalismus ließ irgendwann nach. Zumal ich auf die Idee kam, mir ein wirklich solides finanzielles Standbein zu schaffen – und als Assistent am Lehrstuhl zu arbeiten. So hatte ich zwei Säulen für meine Finanzierung als Student. Das eine waren die Reitstunden. Das andere war mein Job als wissenschaftliche Hilfskraft am Neutestamentlichen Seminar der Katholisch-Theologischen Fakultät der Universität Bonn. Mein Chef hieß Professor Heinrich Zimmermann, ein absoluter Experte vor allen Dingen im Bereich der Christologie.

Diese Unitätigkeit hatte nur Vorteile: Ich bekam ein kleines Büro im Hauptgebäude, konnte dort rein und raus, wie ich wollte, und ich hatte ein Telefon. Damit konnte ich zwar nur Ortsgespräche führen, aber das war schon einmal ganz toll. Ich konnte an der Uni sein und studieren und in der Zeit zwischen Vorlesungen und Übungen durfte ich in mein eigenes Zimmerchen gehen und arbeiten. Das war ein enormer Luxus. Dazu kam mehr oder weniger zufällig ein weiteres Plus:

Die Universität hatte eine Tiefgarage gebaut, unter der Hofgartenwiese. Es wurden auch an Studenten Parkplätze verlost, und ich hatte das Glück, auf diese Weise einen zu ergattern. Ich fuhr damals schon, weil das mit dem Reitsport ganz gut funktionierte, einen Mercedes-190D-Jahreswagen und parkte neben dem einen oder anderen Professor. Die waren immer ganz beeindruckt: „Junger Mann, was haben Sie denn da für ein Auto?“ Es war dunkelblau und sah aus wie neu.

Die Assistententätigkeit wurde auch ordentlich bezahlt: Da verdiente man 1200 D-Mark im Monat. Was man dafür machen musste, war überschaubar: Im Wesentlichen für den Professor Literatur recherchieren, seinen Forschungen zuarbeiten und Dinge fotokopieren. Zimmermann war ein sehr weltfremder Theologe, aus seinem Büro guckte man gegenüber auf die Konditorei Müller. Wenn der Professor einen guten Tag hatte, wurde ich losgeschickt und musste Hefeteilchen kaufen, die er dann seinem Team spendierte.

Eines Tages wurde die Bäckerei geschlossen, und wie es der Zufall so will, eröffnete stattdessen in dieser doch erstklassigen Lage ein Dr.-Müller-Sexshop. Und dann stand Herr Professor Zimmermann am Fenster und sagte: „Herr Richenhagen, Sie kennen doch den Bäckermeister Müller.“ „Ja, den kenne ich.“ „Ist doch erstaunlich, dass der in seinem hohen Alter noch promoviert hat.“ Vielleicht wollte er mich ja auf den Arm nehmen. Die Hefeteilchen mussten wir nun jedenfalls woanders organisieren.

Bonn war damals ja ein Kaff. Da gab es Politiker, aber nicht so viel Wirtschaft. Im Grunde beschränkte es sich auf Politiker und Studenten. Uns Studenten zog es in eine legendäre Künstlerkneipe: die Kerze, in der Königstraße. Die war auch deshalb besonders attraktiv, weil man dort bis spät in die Nacht für 5 D-Mark Spaghetti bolognese essen konnte. Die normale Übung war, dass man in der Kerze versackte und von da aus zur Markthalle fuhr. Dort konnte man anschließend wunderbar auf dem Großmarkt frühstücken – noch vor Sonnenaufgang.

In der Kerze gab es – ich glaube, es war immer donnerstags – eine Skatrunde: Richard Stücklen, Franz Josef Strauß und Herbert Wehner. Zwei stramme CSUler und dazu ein beinharter Sozialdemokrat. Die drei hätte man so gar nicht zusammenkombiniert, aber sie spielten da Skat. Und wenn einer fehlte, wurde man schon mal rekrutiert. Es kam der Ruf: „Wer macht hier mit? Wir brauchen einen dritten Mann!" Das habe ich hin und wieder mal gemacht. Man wurde als Student aber total ausgenommen, weil die zwei Politiker sich immer super verstanden. Und der arme Student schmierte ab.

Sie spielten immer um Geld und es war interessant: Wenn der Wehner gewonnen hatte, kassierte er die Kohle, fertig. Bei Strauß war es total anders. Wenn man verloren hatte, kam der Fahrer diskret mit einem Umschlag. Der enthielt eine aufgerundete Summe, die man quasi zurückerstattet bekam. Dafür durfte man sich aber nicht bedanken, weil der Strauß nicht wollte, dass seine Kollegen das wussten. Für mich hat Skat nie eine große Bedeutung gehabt. Ich war erstens kein besonders guter Skatspieler und zweitens bin ich überhaupt kein Spielertyp.

Aber Bonn war so ein Pflaster, da konnten normale Menschen ganz einfach Politiker treffen, wenn sie Spaß daran hatten. Natürlich war die Nähe für uns aus einem anderen Grund wichtig: Als wir mit den Studentenreitern anfingen, immer größere Reitturniere zu veranstalten, waren wir heiß darauf, dass wir Politiker als Schirmherren hatten oder als Ehrengäste.

Der Reitsport nahm schon zu meinen Bonner Zeiten einen immer größeren Stellenwert bei mir ein: Ich habe neben dem Studium eine Sonderbegabtenprüfung zum Pferdewirt gemacht. Ich durfte als einer von wenigen diesen Weg gehen, weil ich zuvor schon als Berufsrichter im Dressursport tätig war, in ungewöhnlich jungen Jahren also. Diese Prüfung nennt sich auch Bereiterprüfung – es ist praktisch die Gesellenprüfung im Reitsport. Wer Reitlehrer werden will, muss sie bestehen. Das hat auch ein bisschen Zeit gekostet, aber es war mir extrem wichtig. Mein Staatsexamen lief verglichen damit fast nebenher, der Abschluss klappte relativ reibungslos. Irgendwann dachte ich: Och, jetzt mach mal Prüfung. Und damit war die Studienzeit unspektakulär zu Ende.

Nach dem Examen stellte sich die Frage: Sollte ich jetzt Referendardienst machen oder nicht? Ich überlegte: Journalismus würde es ja nun doch nicht. Da blieb erst mal nur Lehrer. Und wenn man etwas halb fertig hat, soll man es besser beenden. Nach dem Motto „Erstes Staatsexamen ist gut, Zweites ist besser“ trat ich also den Referendardienst an, es war ja dank meiner Zeit in Frankreich nur noch ein Jahr. Also ran. Mein Studienseminar lag in Siegburg bei

Bonn. Nicht weit entfernt, in Heister, betrieb ich Ende der 70er-Jahre einen Reitstall, wo ich auch während meines Referendardienstes noch Reitunterricht gab.

Fortan führte ich ein Doppelleben. Unter meiner Hose hatte ich immer schon die Reithosen an, weil ich vom Seminar in Siegburg wieder schnell in den Stall musste, um zu arbeiten. Das hat alles ganz gut funktioniert – und ich habe 1980 mein Zweites Staatsexamen gemacht. Damals war es schwer, gleich im Anschluss Lehrer zu werden. Es gab die berühmte „Lehrerschwemme", selbst im Bundestag warnte man in den 80er-Jahren schon vor dem „akademischen Proletariat". Ich habe mir gesagt: Bewirb dich mal, man weiß ja nicht. Und dank meiner Fächerkombination war ich ruckzuck Studienrat am Gymnasium in Frechen. Im Jahr 1983 war ich schon Beamter auf Lebenszeit und auf dem Sprung zum Oberstudienrat. Die Karriere nahm ihren berechenbaren Lauf. Genau das, was ich nie wollte.

Das Verhältnis zu meinen Schülern war durchweg gut. Von meinem Mercedes war die Anhängerkupplung nicht wegzudenken. Mit dem Pferdeanhänger kam ich auch schon mal in die Schule. Dann stand das Pferd wartend auf dem Parkplatz, während ich Unterricht gab, denn danach mussten wir schnell aufs Turnier. Alle pferdesportbegeisterten Mädchen hatte ich auf diese Weise schon auf meiner Seite.

Nachdem ich eine Weile dabei war, stellte ich fest: Eigentlich war ich doch gerne Lehrer. Ein Vorteil: Der Beruf war abwechslungsreich. Die meisten Lehrer interessierten sich nicht dafür, irgendwo einzuspringen, aber ich habe das immer gerne gemacht. So gab ich auch mal Latein, mal Englisch oder Geschichte, Kunst oder Musik. Ich machte mich zugleich beliebt im Kollegium, indem ich bereitwillig der Lückenbüßer war.

Auch in meiner eigenen Schulzeit fand ich es immer blöde, wenn in Vertretungsstunden nichts unternommen wurde. Als Lehrer habe ich öfter meine Gitarre in die Klassen mitgenommen. Einmal, das muss 1984 gewesen sein, als der junge Grünen-Politiker Joschka Fischer seinen berühmten Ausspruch gemünzt auf Bundestagspräsident Richard Stücklen gemacht hatte, da war wieder Liederstunde. Am beliebtesten war der Song *Scheiße in der Lampenschale* und den habe ich mit der Klasse gesungen. Kurz darauf bekam der Direktor einen Brief eines Vaters, der Rechtsanwalt war, mit der Frage, ob denn der junge Kollege der Meinung sei, dass das Wort „Scheiße" Teil des deutschen Kulturguts sei.

Der Direktor, Hubert Telöken, war Westfale. Er mochte mich, das hatte ich schon früher gespürt. Zum Beispiel trug ich damals immer Holzclogs, die hinten geschlossen waren wie normale Schuhe. Clogs und Jeans. Ich war auf den Gängen der Schule nicht zu überhören, was nicht unbedingt günstig war, wenn ich zu spät kam. Der Direktor hatte mich schon deswegen zur Seite genommen: „Herr Richenhagen, Sie haben jetzt zwei Möglichkeiten: Entweder kaufen Sie ein paar andere Schuhe, sodass ich nicht höre, wenn Sie zu spät über den Flur galoppieren – oder Sie kommen pünktlich." Ich hatte zu dem ein vernünftiges Verhältnis.

Er gab mir nun diesen Brief des Rechtsanwalts zur Beantwortung. Ich schrieb zurück: „Sehr geehrter Herr Sowieso. In Zeiten, wo Herr Fischer im Bundestag sagt – Zitat – ‚Herr Präsident, mit Verlaub, Sie sind ein Arschloch', da gehört auch das Wort ‚Scheiße' zum deutschen Kulturgut. Mit freundlichen Grüßen …"

Dann meldeten diese Eltern sich für den Sprechtag an. Die Tochter hieß Bettina. Und ich dachte: Jetzt haste aber richtig Ärger. Aber dann waren die extrem nett und sagten, ihre Tochter sei ja so begeistert von mir und habe noch nie so viel Spaß am Religionsunterricht gehabt. Aber auch Französisch würde jetzt funktionieren. Und im Übrigen hätten sie ja gehört, ich sei ein Pferdefreund, und sie bräuchten ein Pferd für ihre Tochter. Da habe ich denen auch noch ein Pferd verkauft.

Es wurden zu der Zeit Dinge gemacht, die man heute vielleicht nicht mehr vertreten würde. Meine Frau zum Beispiel studierte Geografie und Sport. Ich hatte samstagmorgens zwei Stunden Religion, wollte an dem Tag aber unbedingt einer Reitverpflichtung nachgehen. Zu den Schülern habe ich gesagt: „Also, am Samstag habt ihr richtig Glück. Da kommt eine junge Referendarin, die macht den Unterricht – und seid nett zu der." Und dann hat meine Frau die zwei Stunden Unterricht gemacht. Die war weder Lehrerin oder Angestellte der Schule, noch wusste jemand, dass sie da vor der Klasse saß. Das würde ich heute wahrscheinlich nicht mehr so machen. Oder präziser: Wie kann man so wahnsinnig sein?

Karriere auf Umwegen

Wie aus einem verbeamteten Religionslehrer ein Sachbearbeiter im Stahlwerk wird – trotz aller Bedenken der Ehefrau. Auch Cordhose und Wildlederjacke beim Bewerbungsgespräch können den Einstieg in die Wirtschaft nicht verhindern.

Das erste Mal, dass ich meine Frau gesehen habe, war auf ihrem Polterabend. Ich war Gast.

Als Student war ich immer allen möglichen Einladungen gegenüber sehr aufgeschlossen. Wo es umsonst zu essen gab, war ich normalerweise dabei. In diesem Fall kannte ich den Bräutigam und war deshalb Gast dieser Feier auf der Reitanlage. Als ich die Braut sah, dachte ich: Mann, der hat aber Schwein gehabt, wo hat er denn diesen Schuss her?

Die junge Frau passte genau in mein Beuteschema. Ich fand immer schlanke Frauen mit schönen Händen toll. Françoise Hardy, die Chansonsängerin, genau dieser Typ war die Braut. Ich war ganz begeistert. Aber sie war ja vergeben. Und danach habe ich eine Weile nichts mehr von dem Paar gehört. Ich wusste nur, dass sie bald nach der Hochzeit ein Kind bekommen hatten. Das war 1978.

Nach etwa vier Jahren traf ich die beiden wieder, als ich zusammen mit meinen besten Freunden im Rahmen eines Reitturniers ein großes Fest veranstaltete. Wir standen hinter der Theke und zapften Bier. „Hier, das ist übrigens meine Traumfrau“, sagte ich zu meinen Kumpels und deutete rüber. „Leider verheiratet.“ Und dann sagten die: „Ja, da musst du mal mit ihr tanzen.“ Das leuchtete mir nicht ein: „Warum das denn?“ Meine Freunde waren sich sicher: „Ja, siehst du nicht? Die reden gar nicht mehr miteinander.“ Ich forderte sie also auf und wir tanzten. Und es stellte sich heraus, dass die Ehe in die Brüche gegangen war.

Ich hatte keine bösen Absichten, als ich sagte: „Brigitte, ich melde mich bei dir und dann gehen wir mal essen.“ Nudeln essen war damals immer das Thema, und das habe ich dann auch getan. Ich bin mit ihr essen gegangen, zuverlässig. Mehrmals essen gegangen. Dann habe ich sie eingeladen, bei mir im Reitstall kostenlos zu reiten. Na ja, und so hat sich eine Beziehung zwischen Brigitte und mir entwickelt, und es war kein Fehler. Ich habe zuerst noch einen Schlichtungsversuch unternommen und mit ihrem Mann gesprochen, aber das hat nicht geklappt. Wir haben heute ein vernünftiges Verhältnis zu ihrem Ex-Mann. Es hat sich alles gut entwickelt.

Nach der Trennung von ihrem Mann war Brigitte mit ihrem Sohn Stefan wieder bei ihren Eltern eingezogen. Sie studierte noch und hatte kein Einkommen. Bei der Scheidung der Ehe wurde es allerdings unschön. Es gab gerade das neue Scheidungsrecht, und der kleine Junge, erst vier

Jahre alt, wurde dem Vater zugesprochen. Die Novelle hatte die Rechte der Väter gestärkt. Der Vater, ein Geschäftsführer, war im Haus wohnen geblieben und Stefan blieb bei ihm. Das hat Brigitte sehr wehgetan. Ich habe noch versucht, das mit einem Anwalt zu ändern, aber vergeblich.

Wir hatten ein sehr gutes Verhältnis zu Stefan. Der Junge war regelmäßig bei uns, er nannte mich Papa. Eines Tages, es war in Köln auf der Deutzer Brücke, wir gingen zu zweit in die Altstadt, sagte er: „Papa, ich habe mir das überlegt, ich möchte zu euch ziehen." Ich sagte: „Du bist ja demnächst vierzehn, dann kannst du das machen. Aber sag der Mama erst mal nichts. Ich guck mal, ich kümmere mich darum."

Daraufhin habe ich den Vater angefunkt und wir hatten ein vernünftiges Gespräch. Er meinte erst: „Ihr verwöhnt ihn immer, deshalb will er zu euch." Wir haben dann einen gemeinsamen Freund, einen Architekten aus Hamburg, sozusagen als Gutachter bestellt. Er hat sich ein paarmal mit Stefan getroffen und unterhalten, um herauszufinden: Was sind die Gründe und wie ernst ist das? Danach hat der Vater es akzeptiert. Die Eltern vereinbarten ein gemeinsames Sorgerecht und Stefan zog schließlich zu uns. Er hat später Landwirtschaft in Bonn studiert und ist heute im AGCO-Vorstand.

Ich war zu diesem Zeitpunkt Lehrer in Frechen, Brigitte und ich hatten in der Zwischenzeit geheiratet und auch schon zwei gemeinsame Kinder: Mechthild und Martin, beide in Bonn geboren. Dass ich heiraten würde, hätte ich mir ein paar Jahre zuvor auch nicht träumen lassen. Ich hatte sogar eine Wette dagegen laufen – mit diesen beiden besten Freunden vom Zapfhahn und noch einem dritten. Es ging in der Wette darum, dass wir vor dem vierzigsten Lebensjahr nicht heiraten würden. Ich war grundsätzlich der Meinung, dass die Ehe ein veraltetes Modell des Zusammenlebens ist. Im Fach Kirchenrecht hatte ich darüber sogar einmal eine Seminararbeit geschrieben – beim berühmten Moraltheologen Franz Böckle. Als meine Frau schwanger wurde, sagte ich mir aber: Dann geht die Wette eben verloren. Es ging um eine Kiste Champagner, also in der Studentenzeit ein hoher Einsatz. Der Sieger der Wette hat erst mit fünfzig geheiratet.

Ich war ja inzwischen von außen betrachtet vollkommen bürgerlich unterwegs: verheiratet, Kinder, Studienrat auf Lebenszeit, die Beförderung stand kurz bevor. Meine Eltern konnten stolz auf mich sein. Das Lehrerleben hat mir nicht nur Spaß gemacht, sondern im Rückblick auch sehr geholfen, unsere Gesellschaft aus verschiedenen Blickrichtungen kennenzulernen. Zugleich wuchs meine Leidenschaft rund um das Thema Reiten. Dieser Teil meines Lebens war so wichtig geworden, dass ich ihn nicht aufgeben wollte.

Mit dem Reitsport verdiente ich immer mehr Geld, das wuchs zu einem kleinen Business heran: Pferde anderer Leute reiten, Kindern die Grundzüge beibringen. Schließlich habe ich Ende der 70er-Jahre in dem Reitstall in

Heister praktisch den gesamten Reitbetrieb im Alleingang gemanagt und gab da tagtäglich jede Menge Reitunterricht. Das funktionierte so gut, dass ich 1983 auf der anderen Rheinseite in Meckenheim eine Reitanlage pachtete, um einen eigenen Stall zu betreiben. Das war gewissermaßen mein Start-up, das ich nebenbei begonnen hatte: ein Reitstall als genehmigte Nebentätigkeit parallel zur Arbeit am Gymnasium.

Das nahm schnell einen schönen Umfang an, ich hatte jeden Tag ein strammes Programm. Morgens unterrichtete ich in der Schule, danach fuhr ich sofort weiter in einen Dressurstall in Stommeln, um selbst zu reiten. Anschließend bin ich von dort aus sofort in meinen eigenen Stall gefahren, wo um spätestens vier Uhr der Reitunterricht begann, der bis abends neun oder zehn Uhr dauerte. Dann habe ich noch ein paar Pferde für andere Leute geritten. Wenn ich gegen Mitternacht nach Hause kam, war ich eigentlich tot. Doch am nächsten Morgen um sechs Uhr ging es schon wieder los. Nebenbei musste ich meine Buchhaltung machen. Ich hatte faktisch einen Einmannbetrieb. Und ich glaube, wenn ich mal in meinen Clogs zu spät in die Schule kam, lag das schlichtweg daran, dass ich zu viel gemacht habe. Eigentlich bin ich gerne stets ein paar Minuten zu früh dran – und dafür auch bekannt. Meine Mutter bläute uns ein: „Fünf Minuten vor der Zeit ist die echte Höflichkeit.“ Das sitzt bei mir drin.

In meinem Reitstall habe ich mich viel mit der Grundausbildung befasst. Erst kamen hauptsächlich Kinder, später ritten die Bonner Studenten bei mir. Da waren auch Topreiter dabei. Ganz lustig war eine Spezialabteilung, in der nur Theologen ritten. Die war zustande gekommen, weil man mich für den sogenannten Gymnicher Ritt angefragt hatte. Das ist im Rheinland eine uralte Pferdeprozession zu Christi Himmelfahrt. Sie brauchten jemanden, der den Prozessionsweg auf dem Pferd zurücklegte, also einen erfahrenen Reiter. Ich wurde komplett verkleidet als Priester aufs Pferd gesetzt, praktisch als Double. Daraus entstand die Idee der Theologiestudenten, von ihnen Leute auszubilden, die später eigenständig den Gymnicher Ritt machen konnten.

Es gab außerdem auch eine sogenannte Diplomatenstunde. Das war gewissermaßen die Idee von Hans-Dietrich Genscher, dem langjährigen Bundesaußenminister. Im Grunde war es am Standort Bonn sehr naheliegend, denn der Reitsport ist unter Diplomaten recht beliebt. Über Mundpropaganda kam schließlich dieser exklusive Kreis im Viereck zusammen. Mit den Diplomatenkontakten wuchs automatisch mein Netzwerk, es wurde internationaler und politischer. So gehörte auch Bundespräsident Karl Carstens zu meinen Reitschülern. Zu meinem Geburtstag, es muss um 1980 gewesen sein, schickte der libanesische Botschafter seine Leute. Die haben zwei Lämmer geschlachtet und für mich gegrillt, mit allem Drum und Dran.

Der Kontakt zu Genscher ergab sich über seine Tochter. Über die Jahre war ich zu einem leidenschaftlichen Dressurreiter geworden. Man kann sagen, ich war wie besessen davon. Ich wurde so gut, dass ich Ende der 70er-Jahre den sogenannten Berufsreitertest ablegen konnte, ohne vorher eine Lehre zu absolvieren. Auf die Prüfung bereitete ich mich an der Landesreit- und Fahrschule in Wülfrath vor, wo zur gleichen Zeit auch Genschers Tochter einen Lehrgang machte.

Ich habe Herrn Genscher geholfen, für seine Tochter ein Pferd zu kaufen. Wir sind mit seinem schwarzen Dienst-Mercedes zum Züchter gefahren. Und die GSG 9, die fuhr damals graue S-Klasse, hat uns begleitet. Auf der Hinfahrt beschwor ich ihn regelrecht: „Herr Genscher, Sie können alles machen, alles fragen. Aber fragen Sie nicht nach dem Preis." Es war ganz gemütlich auf dem Bauernhof, mit Kaffee und Streuselkuchen. Und wie das dann so ist, fragte Herr Genscher doch nach dem Preis. Der Bauer und ich hatten vorher 20 000 D-Mark vereinbart. Und dann sagte der Bauer: „Jo, 50 000 D-Mark." Genscher handelte das Pferd runter auf 40 000 – und ich habe mich sehr geärgert.

Auf der Rückfahrt sagte Genscher: „Ich habe mich zwar nicht an Ihren Ratschlag gehalten, Herr Richenhagen, aber das habe ich doch gut gemacht." Ich antwortete: „Herr Genscher, nicht wirklich." Ich habe ihm die Fakten genannt und auch gebeichtet, dass ich von den 20 000 noch 2000 D-Mark Provision bekommen hätte. Aber kein Problem, sagte ich ihm, ich würde mich darum kümmern.

Später habe ich den Bauern angerufen: „Wir gehen wieder zurück auf den alten Deal oder du stehst morgen in der Zeitung. Du bekommst 20 000, davon kriege ich 2000 und das Thema ist erledigt." Dann habe ich Genscher angerufen und ihm mitgeteilt: „Das Pferd kostet Sie 18 000 D-Mark, weil ich meine Provision nicht haben möchte. Das Ganze ist mir nämlich sehr, sehr unangenehm." Und habe ihm gleich den Scheck des Verkäufers geschickt. Daraufhin hat mich der Außenminister zum Abendessen eingeladen in das gourmetartige Restaurant Chez Loup in Bonn. Dort gab er mir 5000 D-Mark cash und meinte: „Das haben Sie verdient." Seit dieser Zeit hatte ich immer ein sehr gutes Verhältnis zu Genscher. Er hat mich bis zu seinem Tod immer beraten und begleitet, etwa wenn es um Politik ging.

In den späten 70er-Jahren entwickelte sich in Bonn eine echte Dynamik rund um das Reiten. 1978 haben wir aus einem Reiterstammtisch heraus ohne viel Schnickschnack einen Verein gegründet – den Akademischen Reitclub Bonn e. V., kurz ARC. Wir hatten bis dahin bereits eine sehr ambitionierte Gruppe studentischer Dressurreiter um uns geschart, die auch an den Deutschen Hochschulmeisterschaften teilnahmen. Durch den Verein wollten wir einerseits die Studentenreitgruppe in den Landesverband integrieren, aber auch eigene Veranstaltungen ausrichten. Dabei kamen wir auf folgende Idee: Überall in der Gesellschaft gibt es erfolgreiche Leute, die keine akademische Ausbildung haben, aber leichte Komplexe, weil sie zwar beruflich sehr erfolgreich sind, aber schulisch eher unauffällig waren. Wir kannten einige von ihnen und dachten: Wenn wir versuchen, diese Leute in unser akademisches Flair einzubinden, etwa als Sponsoren, dann könnte das beiden

Seiten nützen. Das hat gut funktioniert: Viele wohlhabende Menschen wurden somit Teil unseres akademischen Kreises, den sie wiederum finanziell unterstützten.

Unser erstes Turnier haben wir mit einem ganz kleinen Team veranstaltet. Es war zwar sportlich sehr erfolgreich, doch am Ende standen da 10 000 D-Mark Verlust. Das war für ein Studententurnier heftig, wir hatten ein Problem. Allerdings kamen wir auf die Idee, eine ordentliche Party zu organisieren, um das zu refinanzieren. Also haben wir auf dem Domhof in Mehlem bei Bad Godesberg eine super Fete geschmissen, in der Hoffnung, damit die Verluste glattzuziehen. Danach hatten wir aber leider 20 000 D-Mark Schulden. Wir haben damals einiges in Sachen Betriebswirtschaft gelernt. Aber was für mich persönlich wichtiger war: Es war genau diese Veranstaltung, auf der ich meine Frau wiederentdeckte.

Diese erste blutige Nase in Sachen Finanzen hat uns nicht abgeschreckt. Im Gegenteil: Wir wagten uns mit dem ARC an immer größere Dressurturniere. Über die wird in Bonn heute noch geredet. Ich selbst war nach einiger Zeit innerhalb des Pferdesports praktisch nur noch an der Dressur interessiert. Trotz aller Gründe, die laut gängiger Meinung dagegensprachen: Dressur ist erstens schwer zu erklären, zweitens langweilig, drittens interessiert sich niemand dafür, hieß es. Um dem etwas entgegenzusetzen, hatten wir eine grandiose Idee: Wenn die Leute nicht zum Dressurturnier kommen, dann bringen wir die Dressur zu den Leuten. Also haben wir auf der Bonner Hofgartenwiese, mitten in der Stadt, an Wochenenden Dressurturniere veranstaltet. Richtige Festivals mit 40 000 Zuschauern, Eintritt frei.

Rundherum organisierten wir eine Kirmes, um viel Publikum anzulocken. Abends noch bengalische Feuer und ein großes Feuerwerk. Die Stadtsoldaten machten Paraden, das Musikkorps der Bundeswehr spielte den großen Zapfenstreich und all solche Dinge. Und gleich das erste Turnier, wir nannten es das Bonner Dressurfestival, war ein super Erfolg. Es endete aber mit einem Verlust von 100 000 D-Mark.

Fest stand: Wir mussten uns besser vermarkten, die Sponsorensuche wurde zu einer noch wichtigeren Aufgabe. Ich ging Klinken putzen und werde eine Begegnung nicht vergessen. Ich bekam einen Termin bei Hans Riegel, dem Haribo-Gründer, dessen Unternehmen ja in Bonn saß. Er hat mich mit den Worten empfangen: „Ich habe schon gehört, was Sie wollen." Und dann hat mir Riegel eine Lektion in Wirtschaft erteilt: „So etwas darf einem nur einmal passieren – und sonst nie mehr." Anschließend stellte er mir einen dicken Scheck aus, mit der Bemerkung: „Den kriegen Sie nicht, weil Sie das so gut gemacht haben, rein betriebswirtschaftlich. Aber es war eine tolle Veranstaltung und ich glaube an Sie."

Dank der Turniere lernte ich auch immer bessere Reiter kennen. Ich hatte ein sehr gutes junges Pferd gekauft, das hieß Moses. Moses war ein Westfale, den hatte ich in den kleinen Klassen toll geritten und immer gewonnen. Nun wollte ich aber sportlich weiterkommen und brauchte selbst einen guten Dressurtrainer, der auch in meiner Nähe war. So habe ich Wolfgang Winkelhues kennengelernt, der später Landestrainer in Nordrhein-Westfalen wurde. Er war selbst ein Grand-Prix-Dressurreiter und von ihm habe ich mich trainieren lassen. Das war ein echt teures Vergnügen, 1200 D-Mark im Monat kostete das Training, inklusive der Boxenmiete.

Nach einiger Zeit habe ich mir überlegt: Das lohnt sich doch alles nicht. Du arbeitest dir den Hintern wund, um dann das Geld wieder bei einem Kollegen zu verbraten. Also habe ich dem Wolfgang und seiner Frau gesagt: „Leute, das ist ja alles wunderbar. Aber mir zu teuer." Dann, wie der Zufall so spielt, war in meinem Reitstall ein großes Turnier, und Moses war krank, ausgerechnet als ich mit ihm die Kreismeisterschaften reiten wollte. Winkelhues war so nett und stellte mir ein anderes Pferd zur Verfügung, eine westfälische Stute namens Lucia. Ich hatte mich nur ein, zwei Tage vor dem Turnier erstmals auf sie draufgesetzt und ging also fast unvorbereitet mit ihr in das Turnier. Ich wurde aber Vierter, obwohl ich zum ersten Mal in der schweren Klasse gestartet war. Für mich ein super Erfolg.

Der Herr Winkelhues kam und bot gleich an: „Das Pferd kannst du übrigens kaufen." Es galt als ein sehr schwieriges Pferd, mit dem kam keiner so richtig zurecht. Ich behaupte, ich habe ein Gefühl für Menschen, aber auch für Tiere – und traute mir das zu. Er wollte mir das Pferd für 5000 D-Mark verkaufen, die ich nicht hatte. Da habe ich etwas gemacht, was vielleicht ein bisschen windig ist. Ich habe meinem besten Freund aus Studienzeiten erzählt, dass ich dieses Pferd kaufen könnte, aber dass ich dafür einen Partner bräuchte. Peter Jennissen kannte Lucia auch und sagte: „Da mach ich mit." Und dann habe ich gesagt: „Ja, du kannst die Hälfte an dem Pferd haben, für 5000 D-Mark." Also hatte ich jetzt dieses Pferd mit einem Einstiegspreis von null.

Trotz dieses fragwürdigen Pferdedeals bin ich noch heute gut mit Peter Jennissen befreundet. Als ich ihm später mal die Wahrheit erzählte, war es für ihn kein großes Thema. Die Rechnung rund um Lucia ist letztlich auch für ihn aufgegangen, denn die Idee hinter diesen Pferdekäufen ist, dass man auf Turnieren startet und Preisgelder gewinnt. Ich habe mich um das ganze Management gekümmert und um die Turnierauftritte. Lucia war sehr erfolgreich, hat viel für uns gewonnen. Von daher: Auch für Peter war das eine sinnvolle kleine Investition.

Lucias Erfolg wurde in der Szene durchaus beobachtet, auch weil bekannt war, dass das Pferd preiswert gewesen war. Die Kinder des Haribo-Chefs Riegel ritten zu der Zeit schon auf Millionenpferden rum und ich gewann trotzdem. Für meine sportlichen Ansprüche war das eine sehr erfolgreiche Zeit. Ich war sehr jung und erreichte die Leistungsklasse II, eine Klasse unter olympischem Niveau.

Moses und Lucia standen für nicht wenig Geld im Stall von Trainer Winkelhues in Stommeln. Als ich ihm eröffnete, dass ich aus Kostengründen bei ihm ausziehen wollte, sagte er: „Ja, verstanden. Aber da müssen wir noch mal drüber reden. Ich habe eine Idee." Sein Vorschlag klang verlockend: „Ich kenne jemanden, der bezahlt die Pferde für dich. Nicht nur das. Du darfst auch seinen Pferde-Lkw benutzen und damit zum Turnier fahren." Wie sich herausstellte, war derjenige ein Unternehmer namens Jürgen Thumann. Der hatte mich schon länger aus der Ferne beobachtet und von Winkelhues gehört, dass ich ein förderungswürdiger junger Mann sei.

Thumann war Geschäftsführer von Hille & Müller in Düsseldorf, einem international tätigen Stahlbetrieb. Als ich ihn kurz darauf persönlich kennenlernte, leierte ich ihm als Erstes ein bisschen Geld für unser Turnier aus der Tasche, er wurde Sponsor. Außerdem trug Thumann tatsächlich einen bedeutenden Anteil an den Kosten meiner beiden Pferde im Stall Winkelhues. Ich fand den Mann ganz beeindruckend, muss ich sagen. Bis dahin hatte ich mich null für Wirtschaft interessiert. Wenn ich eine Zeitung gelesen habe, dann den politischen Teil, Sport und Kultur, aber mit Sicherheit nie den Wirtschaftsteil. Nun lenkte Thumann schon hin und wieder das Gespräch auf die Stahlbranche – und ich fand das nicht uninteressant.

Herr Thumann hatte einen bestimmten ironischen Humor, mit dem er mich bevorzugt aufzog, wenn es um meinen Lehrerberuf ging. Den Klassiker brachte er immer samstagmorgens, wenn ich im Stall arbeitete und er vorbeiging: „Hören Sie mal, Herr Richenhagen, haben Sie denn gar keinen Unterricht?" Ein anderer seiner berühmten Sprüche war: „Herr Richenhagen, morgens kümmern Sie sich um die unerzogenen Kinder anderer Leute, vermutlich mit mäßigem Erfolg. Und nachmittags tanzen Ihnen dieselben Kinder in Ihrem Reitstall auf der Nase rum." Der machte wieder und wieder solche Sticheleien. Schließlich sagte ich: „Herr Thumann, das ist ja jetzt nicht mehr neu. Sie haben den Witz schon zehnmal gemacht. Lassen Sie das bitte oder machen Sie mir mal einen konkreten Vorschlag." Prompt antwortete er: „Ja, kommen Sie doch mal vorbei." Er lud mich in seinen Betrieb ein, das Werk für kaltgewalzte Stahlbänder in Düsseldorf-Reisholz.

Bis zu diesem Zeitpunkt war ich jemand, der grundsätzlich keinen Anzug und keine Krawatte trug, sondern weiterhin meinen lässigen Look aus der Jugendzeit pflegte. Die einzige Ausnahme musste ich als Richter auf Reitturnieren machen. Nun wusste ich allerdings: Jetzt besuchst du den Herrn Thumann, den Unternehmer. Daher zog ich meine beste Cordhose an. Dazu selbstverständlich ein Lacoste-Polohemd. Diesen Spleen habe ich aus meiner frankophilen Zeit, alle meine Polohemden bis heute sind von Lacoste. Auch während der Zeit, als Lacoste mal modern war, habe ich sie trotzdem weitergetragen. Drüber zog ich meine beste Wildlederjacke an und dachte: Jetzt bist du aber richtig gut gekleidet.

Bei Hille & Müller angekommen, war ich zunächst einmal überrascht, dass es sich um ein recht großes Unternehmen handelte. Als ich zu Herrn Thumann reinkam, kriegte ich gleich erst mal einen Anschiss: „Zum Bewerbungsgespräch kommt man hier bei uns aber im Anzug." Ich wehrte mich:

„Herr Thumann, tut mir leid, aber ich bewerbe mich nicht. Ich wüsste nicht, dass das hier ein Bewerbungsgespräch wäre." „Na ja, warten Sie mal ab", sagte er.

Als Nächstes lernte ich seine Geschäftsführung kennen. Nach den Gesprächen fuhr ich mit dem Angebot nach Hause, bei Hille & Müller als Trainee anzufangen. Ein kurzes Traineeprogramm von vielleicht drei Monaten in der Firma sollte gekoppelt werden mit einem mehrjährigen Fernstudium der Betriebswirtschaft. Das Studium hat mich am meisten gereizt. Außerdem stand das Angebot, dass ich mich finanziell nicht verschlechtern würde. Damals verdiente ich als Lehrer 5500 D-Mark netto und sie boten mir das gleiche Nettogehalt an. Das war für mich wichtig. Lehrer denken immer in netto.

Mir wurde klar: Mann, das ist gar nicht schlecht. Da wirst du bezahlt und kannst noch mal was studieren. Das reizte mich einerseits, andererseits war ich sehr unsicher. Ich hielt es für eine gute Idee, mal mein Lehrerumfeld am Gymnasium der Stadt Frechen zu befragen.

Das Lehrerkollegium war folgendermaßen organisiert: Da gab es die Grünen, da gab es die Emanzen, da gab es die Mathelehrer, die Lateinlehrer, die Einzelgänger. Ich saß in der sogenannten Immobilienecke. Das waren alles Leute, die sich mit knappem Budget entweder ein Haus gebaut oder, wie in meinem Fall, ein Haus gekauft hatten. Ich besaß ein schönes Reiheneckhaus in Meckenheim und dann ging es los: Wer kann Fliesen legen? Hat einer eine Idee, wie man das oder jenes macht? Wer hat Beziehungen? Was auch immer: Alles drehte sich nur ums Eigenheim. Wir haben uns auch gegenseitig geholfen. Nun kam ich mit dieser Grundsatzfrage. Aussteigen aus dem Lehrerdasein für einen Traineejob in der Wirtschaft? Oder bleiben? Die Kollegen waren alle älter als ich und die Reaktion war einhellig: „So ein Angebot müsste mir mal einer machen, dann wäre ich sofort weg."

Als Lehrer kann man seine gesamte berufliche Zukunft planen. Im Prinzip kann man sich ausrechnen, wie viel man in zwanzig Jahren verdient. Das Einzige, was sich ändert, sind die Schüler. Selbst der Stoff bleibt im Wesentlichen der gleiche. Nachdem meine erfahrenen Kollegen so reagiert hatten, sprach ich mit meiner Frau. Sie war inzwischen auch Lehrerin und skeptisch. Ein Haus, das nicht abbezahlt war, eine junge Familie. Lieber wollte sie vorsichtig sein. Aber ich konnte sie doch überzeugen. Ich sagte mir: Jetzt machst du das einfach mal. Also kündigte ich 1985 den Beamtenposten als Lehrer für katholische Religion und Französisch und trat stattdessen ein Traineeprogramm und ein BWL-Studium an. Mit 33 Jahren wurde ich Sachbearbeiter bei Hille & Müller, meine erste Bewährungsprobe in der Wirtschaft. Es gibt Leute, die mir raten, das solle ich so nicht betonen, aber: Ich bin stolz darauf. Ich war ein stolzer Sachbearbeiter im Export, zuständig für Länder, deren Sprache ich ein bisschen beherrschte.

So fing das Ganze an – und nach sechs Jahren war ich Geschäftsführer. Ich habe in der Zeit alles machen dürfen, was in diesem Unternehmen möglich war: Einkauf,

Logistik, Fertigungsplanung, Verkauf, Marketing, Export. Ich kannte das Unternehmen nach einer Weile wie meine Westentasche.

Dabei habe ich mich nie überschätzt, sondern mich lieber etwas bescheidener eingeordnet. Ich wollte nie CEO werden. In Unternehmensdingen besaß ich ja keine Grundlagen, der Einstieg ins Stahlgeschäft war für mich der berühmte Sprung ins kalte Wasser. Als ich in die Wirtschaft gewechselt bin, war mein Ziel, Prokurist im Export zu werden und dann Hauptabteilungsleiter. Außerdem wollte ich gerne irgendwann ein Jahresgehalt von 100 000 D-Mark verdienen und einen Firmenwagen bekommen. Meinen Reitstall musste ich leider aufgeben, es ging einfach nicht mehr nebenbei. Meinen Mercedes verkaufte ich – und zunächst fuhr ich immer mit einem weißen VW Polo zur Firma. Ich fing faktisch von vorne an.

Dann kam der große Tag: Ich durfte meinen Firmenwagen abholen, einen 5er BMW in Grünmetallic mit braunem Leder. So, jetzt fährst du mal zu Hause bei den Eltern vor, dachte ich. Mein Vater sah meinen Werdegang sehr kritisch, für den war Beamter das Beste überhaupt. Also bin ich mit meinem neuen Auto in die Bruder-Klaus-Siedlung gefahren und habe den BMW vor das Haus auf den Parkplatz gestellt. Mein Vater kam und fragte: „Hör mal: Ist das dein Auto?“ Ganz stolz bejahte ich, das sei mein Firmenwagen. „Siehste“, hat er gesagt. „Ich wusste, dass das nichts ist. Früher hattest du einen Mercedes und der gehörte dir. Und jetzt hast du nur einen BMW und der gehört dir noch nicht mal." Das waren immer so Dinge, über die man wieder auf den Teppich kam – die mich aber auch anspornten.

Firmenwagen, Verdienst, Prokura: All das, was mir beim Seitenwechsel vorschwebte, hatte ich bei Hille & Müller nach kurzer Zeit erreicht. Im Grunde war ich am Ziel.

Steiler Aufstieg

Der Sohn zu Hause stellt ein Foto vom Papa auf den Nachttisch, damit er ihn öfter sieht. Lohn der harten Arbeit: Geschäftsführerposten, eine Lebensaufgabe im Hotel Adlon und ein wegweisender Anruf vom Headhunter.

Manchmal frage ich mich: Warum bin ich bei Hille & Müller eigentlich was geworden? Vermutlich hat mir meine Einstellung geholfen: Ich mache gerne neue Sachen, will Dinge möglichst schnell können und wissen. Mit anderen Worten: Ich lerne gerne. Das ist das eine. Der zweite Faktor ist vielleicht mein Hang zur Organisation. Ich habe mich schon immer gerne um Prozesse und Abläufe gekümmert. Wie lassen sich beispielsweise bestehende Arbeitsweisen und Zuständigkeiten verbessern? Damit macht man sich in einem Unternehmen allerdings nicht nur Freunde.

Ich habe immer versucht, mich für das, was ich gerade mache, zu begeistern und es noch zu optimieren. Diese Einstellung hat automatisch dazu geführt, dass ich nach einer Weile einen besseren Job bekommen habe. Als ich bei

Hille & Müller als Sachbearbeiter anfing, wir schrieben das Jahr 1985, haben mir viele Kollegen im Unternehmen gesagt: „Ich kann gar nicht verstehen, dass du als Lehrer hier an so was Spaß hast." Ich kochte sogar Kaffee für meinen Chef. Es gab noch keine Handys und kein Internet – wir hatten einen Mainframe-Computer für die Buchhaltung und ich schickte Telexe durch die Welt. Nach ein, zwei Jahren konnte ich das Geschäft vorwärts und rückwärts. Meine Produktivität stieg.

Als Sachbearbeiter Export wurde ich immer gerne für Urlaubsvertretungen rangenommen. In diesen Perioden erledigt man meist ja zwei Jobs auf einmal. Ich machte das so gut, dass ich nachher sogar drei Sachbearbeiter parallel ersetzen konnte. Und wenn es jetzt auch großkotzig klingt: Es lief besser als vorher, zuverlässiger, ordentlicher. Die Kunden waren zufrieden, es funktionierte prima, bis der Betriebsrat kam und sagte: „Hör mal, das geht so nicht weiter, du versaust uns hier ja den Akkord. Wenn du so weitermachst, gibt es Ärger."

Viele meiner Sachbearbeiterkollegen, für die ich die Urlaubsvertretung gemacht hatte, waren hellauf begeistert. Wenn sie zurückkamen, war alles erledigt, kein Rückstau auf ihrem Schreibtisch. Ich habe gleichzeitig noch die Ablage aufgeräumt, mal den Schreibtisch reorganisiert und so weiter. Allerdings gefiel das nicht jedem. Ich kann mich an eine Französin erinnern, die das furchtbar fand. Die sagte, dass sie im Chaos lebt und sich darin auch wiederfinden möchte, wenn sie wiederkommt.

Nach etwa zwei Jahren wurde ich zum Produktmanager für das Hauptgeschäft der Firma befördert, den Batteriebereich. Hille & Müller war Marktführer bei vernickelten Stählen, die für Hülsen von Haushaltsbatterien genutzt werden. Die Dinger produzieren sie in Düsseldorf heute noch, allerdings gehört Hille & Müller inzwischen zum indischen Stahlkonzern Tata. Ich war als Produktmanager auf einmal auch Hauptabteilungsleiter Export, hatte mein selbst gestecktes Karriereziel erreicht und war ganz glücklich damit. Wir sind von Meckenheim nach Büsdorf gezogen, ein Kaff im Braunkohlerevier. Dort hatten wir einen Blick auf die Kühltürme des Kohlekraftwerks von Rheinbraun. Der Grund war: Meine Tochter und meine Frau hatten einen kurzen Weg zu ihrem Reitstall und ich war schnell auf der Autobahn Richtung Düsseldorf.

Ich war zu einem Stahlmann geworden – und konnte mich dafür begeistern: Unser Produkt war kaltgewalzter vernickelter und diffusionsgeglühter Bandstahl gemäß DIN 1544 und 1624. Also ein dünnes Stahlblech, tiefziehfähig. Wenn man vernickelten Stahl glüht, dann bildet sich eine Zwischenschicht aus Nickel und Stahl, die quasi die Eigenschaften von Edelstahl hat, und dieses Material ist sehr gut verformbar. Auf speziellen Pressen werden daraus Hülsen gefertigt, so kleine Becher, in denen alle alkalischen Batterien untergebracht werden und alle aufladbaren Batterien. Der Vorteil: Die Hülsen machen Batterien auslaufsicher und sind gleichzeitig elektrisch leitfähig. Unsere Kunden waren die großen Batteriehersteller weltweit, von Duracell über Eveready bis Varta.

Als ich Produktmanager wurde, musste ich das Produkt vom Einkauf bis zum Verkauf betreuen, also über den gesamten Prozess. In Verhandlungen traf ich Kajo Neukirchen, damals Chef von Hoesch, oder auch den legendären VW-Einkäufer José Ignacio López. Wir haben auch VW beliefert, und da schaltete sich López immer mal wieder ein und wollte einem helfen, die Produktion zu optimieren. Für mich ein wichtiger Impuls, denn durch die beiden bin ich auf die Idee des Single Sourcings gebracht worden – die Strategie, alles nur aus einer Hand zu beziehen. Gleichbleibende Qualität, kurze Wege, Rabatte, das waren die Vorteile. Also bin ich damit auch im Verkauf losgerannt und wollte die Batterieleute für die Idee begeistern, alles nur von uns zu kaufen. Und das hat geklappt.

Wir hatten damals einen Marktanteil von weltweit wahrscheinlich mehr als 90 Prozent. Für uns war es im Einkauf wichtig, einen Stahl zu beziehen, der möglichst rein ist. Stahl hat ja Einschlüsse, Schlacken, Nichtstahlbestandteile, und wenn man so ein Material zu einem dünnen Becher verformt, kann es Löcher geben. Als Produktmanager aber führte ich die Gespräche mit dem Einkauf, mit der Produktion, mit den Qualitätsleuten, mit der Produktentwicklung. Ich durfte also den Verkaufsleuten und den Fertigungsleuten reinreden. Man musste sich zunächst in Gesprächen deren Anerkennung verdienen – und konnte dann alle Probleme sehr gut durch eine starke Zusammenarbeit lösen. Mit einem „Hier, mach mal“ wäre man gescheitert.

Ich saß eigentlich fest im Sattel. Bis zu dem Tag, als McKinsey-Berater ins Haus geholt wurden, um eine neue Unternehmensstrategie zu entwickeln. Ich kam nach Hause und sagte zu meiner Frau: „Wenn die jetzt rauskriegen, dass ich eigentlich gar keine Ahnung habe, fliege ich raus." Es ging darum, eine Gemeinkostenanalyse und ähnlichen Kram zu machen. Jeder wusste, welch beinharter Ruf McKinsey vorauseilte. Ich war auch noch zu allem Unglück ins Kernteam berufen worden, das mit den McKinsey-Leuten zusammenarbeiten sollte. Meine große Befürchtung: McKinsey würde feststellen, dass man sich besser von mir trennen sollte, weil ich ja keine Ahnung hatte.

Die Angst rührte wohl vor allem daher, dass ich so eine Art spätberufener Manager war. Zwar hatte ich per Fernstudium den Diplom-Betriebswirt nachgeholt, aber in mir blieb ein kleiner Komplex. Mir schwirrte ja auch der Idealweg im Kopf herum: Lehre bei der Deutschen Bank, Betriebswirtschaftsstudium, drei, vier Jahre McKinsey und dann gehts hoch qualifiziert in ein Unternehmen. Nun sah mein Weg völlig anders aus: Religionslehrer, Reitstallbesitzer, Produktmanager Stahl. Aus heutiger Sicht aber hat es nicht geschadet, teilweise sogar genutzt, dass ich Seiteneinsteiger war.

Nun kam ich also mit McKinsey in Berührung, weil ich als Firmeninsider mit denen das Gemeinkosten- und Strategieprojekt aushecken sollte. Es kam ganz anders, als von mir befürchtet. Das Projekt war sehr erfolgreich, ich konnte mich darüber sogar empfehlen. Zunächst hatte ich gehörig Muffe vor der Situation gehabt. An solche Punkte kommt man im Unternehmensleben aber immer wieder, das gehört dazu und ist nicht schädlich. Ich bin einerseits selbstbewusster geworden, aber auch demütig, weil mir klar wurde: Bestimmte Dinge, die einem im Berufsleben passieren, hängen auch ganz einfach von Zufällen und etwas Glück ab.

Insgesamt erhielt ich im Unternehmen Hille & Müller eher wenig Unterstützung. Man sollte nicht annehmen, dass der Herr Thumann mich wegen unserer Pferdebeziehungen protegiert hätte. Es war teilweise sogar so, dass ich mich tierisch über ihn geärgert habe. Zum Beispiel gab es eine Weihnachtsaktion für die Kunden. Alle bekamen eine Langspielplatte mit klassischer Musik, einen Terminkalender und eine Karte. Das musste alles konfektioniert werden und dann zur Post. Ich stand also mit einem riesigen Haufen dieser Sendungen auf dem Arm im Aufzug. Herr Thumann stieg zu und machte eine abfällige Bemerkung, von wegen: „Sie haben ja eine tragende Rolle." Aber auch diesen Job habe ich ordentlich gemacht.

Das große Problem der Firma war die Logistik. Wir hatten riesige Bestände, lange Lieferzeiten, eine totale Termin-untreue. Meiner Meinung nach war Thumann ein recht guter Unternehmer, aber ein ganz schlechter Manager. Das Unternehmen war katastrophal gemanagt: Der Vertrieb musste so viel verkaufen, wie er nur konnte. Die Produktion musste so viel produzieren, wie sie nur konnte. Aber keiner kam auf die Idee zu fragen: Wie viel Kapazität haben wir eigentlich? Kann man nicht erst mal ein bisschen sortieren? Wollen wir vielleicht mal die Produkte mit dem hohen Deckungsbeitrag zuerst verkaufen? Und so weiter.

Bei dem von McKinsey begleiteten Umstrukturierungsprozess kam es auch zu meiner ersten Dienstreise in die USA, meinem ersten Aufenthalt dort überhaupt. Wir hatten ein großes Werk in Warren, Ohio. Ausgerechnet dort erreichte mich die Botschaft, ich solle doch bitte direkt nach der Dienstreise, also an einem Samstagmorgen, zu Herrn Thumann zum Frühstück kommen. Da das Ganze im engen Zusammenhang mit McKinsey stand, bin ich zu meinen Kollegen gegangen: „Siehst du, hab ich doch gesagt: Jetzt fliege ich raus." Darauf sagte der weise Werksleiter in Ohio: „Martin, ich glaube nicht, dass Herr Thumann dich nach Hause zum Frühstück einlädt, um dich zu feuern. Das würde er seinem Personalchef überlassen." Nach meinem Rückflug saß ich also bei Thumanns in Benrath am Frühstückstisch. Herr Thumann feuerte mich tatsächlich nicht, sondern bot mir eine von McKinsey definierte neue Aufgabe an. Besonders um Verkauf, Logistik und die Fertigungssteuerung sollte ich mich kümmern. Er verband das mit der Ansage: „Wenn das klappt, was ich nicht glaube, aber wir können es ja mal versuchen, dann werden Sie Geschäftsführer."

Eigentlich war das eine einfache Übung. Es ging nur darum, Verkauf und Fertigung auf eine Linie zu bringen. Das war mir möglich, weil ich den Verkauf gut kannte und mir die Leute dort vertrauten. Denn wenn man Verkäufern, die immer nur auf Volumen getrimmt sind, sagt, sie sollten mal ruhig etwas weniger verkaufen, dann muss man froh sein, wenn sie einem nicht in den Hintern treten. Aus deren Sicht war sowieso die Produktion an allem Schuld.

Die Logistik war eine getrennte Abteilung, die in einem eigenen Bürogebäude saß und von dort aus die Fertigung steuerte. Die Produktionsabteilungen wurden von Meistern geführt, die im Werk saßen. Das war für mich eine problematische Schnittstelle, denn es hakte in der Kommunikation. Beide Seiten waren nicht ganz unschuldig daran, die Logistiker waren vielleicht zu theoretisch, die Meister vielleicht nicht sorgfältig genug in der Planung. Also habe ich die Logistik aufgelöst und die ganzen Logistikleute den Fertigungsabteilungen zugeordnet. Jetzt saßen die Fertigungsplaner auf einmal in der Meisterbude, mitten in der Produktion. Das war zunächst gar nicht populär, veränderte aber schließlich die Sicht aller positiv, sie bildeten ein Team. Durch derartige Maßnahmen hat allmählich der gesamte Betrieb immer besser funktioniert.

Einer meiner Stammkunden war damals Varta in Ellwangen. Denen hatte ich versprochen, dass ein großer Auftrag pünktlich fertig würde. Dabei kam ich allerdings echt ins Schwimmen. Dazu muss man wissen, wie der Fertigungsprozess für die Batteriehersteller überhaupt läuft: Zuerst kauft man Warmband vom großen Stahlhersteller. Das wird gebeizt, also entrostet, dann auf eine gewisse Dicke gewalzt. Sagen wir, es kommt rein mit 3 Millimeter Banddicke und wird runtergewalzt auf 0,25 Millimeter, noch mit kleinen Präzisionstoleranzen. Dann aber wird es kniffig: Das Warmband muss lange geglüht werden, denn der Stahl muss sehr elastisch sein, damit er für die Batteriebecher tiefgezogen werden kann. Die Glühe war das Problem: Das ist so ein Ofen, in dem die eingeladenen Coils unter Schutzgas, also ohne Sauerstoffkontakt, stundenlang durchgefahren und geglüht werden. Genau das war hier das Bottleneck-Aggregat, also der kritische Engpassfaktor in der Herstellung. Aus irgendeinem Grund war die Produktion zu langsam, der Zeitplan drohte zu platzen.

Letztendlich bin ich nachts um drei Uhr noch mal in die Produktion gefahren, weil ich unbedingt sichergehen wollte, dass alles klappt. Dort sprach ich mit einem türkischen Mitarbeiter, der sich beklagte: „Ja, ich habe doch eine Lösung, wie wir das hinkriegen können, aber mein Meister meint, es würde nicht funktionieren." Daraufhin habe ich genau erfragt, was er sich ausgedacht hatte. Es stellte sich heraus, dass die Produktion stockte, weil der Ofen über das Wochenende stets runtergefahren wurde und jeden Montag erst wieder hochgefahren werden musste. Dem lag ein unsinniges Abteilungsziel zugrunde: den Strom- und Gasverbrauch so gering wie möglich zu halten. Dieser falsche Schwerpunkt kostete das Unternehmen aber Zeit, Geld und Renommee.

Es war mir klar: Wenn wir den Ofen bis Samstagmorgen weiterfahren oder vielleicht sogar auch noch in Überstunden den Samstag auf Temperatur halten können, wäre viel gewonnen. Am Montagmorgen dann sofort verladen und losfahren. So würden wir zwei, drei, vier Schichten gewinnen. Damit bin ich zum Meister gegangen. Seine Auskunft: „Ja, ja, die Idee kenne ich, alles scheiße." Also eine völlige Blockade.

Dabei war mit ein wenig Nachdenken klar, dass der türkische Mitarbeiter recht hatte. Wir änderten den Prozess so, wie er ihn vorgeschlagen hatte. Er war übrigens leidenschaftlicher Motorradfahrer und ich dachte: Wenn man Zug in das betriebliche Vorschlagwesen bekommen will, muss jetzt auch eine ordentliche Prämie her. Also haben wir ihm ein Motorrad gekauft und das groß zelebriert. So bekam das Vorschlagwesen tatsächlich richtig Dampf. Also, der Varta-Auftrag funktionierte und noch mehr klappte besser: Die Lieferzeiten waren kürzer, die Lagerbestände halbiert, die Termintreue war in Ordnung, die Preise waren niedriger. Und ich rückte in die Geschäftsführung auf.

Der Herr Thumann war geschäftsführender Gesellschafter, also, wenn man so will, Vorsitzender der Geschäftsführung bei Hille & Müller – und blieb damit mein Chef. Er hatte in die Firma eingeheiratet und ihm gehörte prozentual ein minimaler Anteil. Im Wesentlichen gehörte das Unternehmen je zur Hälfte seiner Frau und deren Schwester und der Rest weiteren Familienmitgliedern.

Herr Thumann konnte sich für Leute begeistern, die studiert hatten. Es hängt wohl damit zusammen, dass er selbst kein Abitur und kein Studium hatte. Aufgrund meiner akademischen Laufbahn hatte Thumann eine gewisse Grundachtung mir gegenüber. Ging es um Kernthemen, kam er meist zu mir: „Herr Richenhagen, was ist denn wirklich los?“ Nach diesem Motto wurde ich oft zu ihm zitiert und dann quasi vernommen. Er war ziemlich weit vom Tagesgeschäft entfernt, wollte aber genau Bescheid wissen.

Nach getaner Arbeit wurde es regelmäßig erst richtig anstrengend. Als ich Geschäftsführer war, kam Thumann dann abends mit zwei Pullen in mein Büro, oder umgekehrt, ich wurde in sein Büro gerufen: „Kommen Sie mal zu mir, wir müssen noch mal über die Strategie reden.“ Das war für mich Horror. Ich trank lieber Maltwhisky, er trank lieber Cognac, und dann wurde strategisch gesoffen und geraucht. Thumann machte sich dann noch auf den Weg nach Hause und ich legte mich in den Sanitätsraum auf die Krankenliege. Morgens um halb acht war der Chef schon wieder vor Ort. Das war so seine Art. Ich habe diese Strategietreffen nie gemocht, und weil ich ihm immer alles sagen sollte, tat ich das dann auch. Vielleicht habe ich es ihm zum Schluss auch einmal zu viel gesagt. Er wollte es nicht mehr hören.

Es hat ungefähr weitere drei Jahre gedauert, dann hat sich Herr Thumann 1995 von mir getrennt. Was also hatte ich falsch gemacht? Ich glaube aus heutiger Sicht: Wenn ich ihn kritisiert habe, war ich so gut vorbereitet, dass ich ihm überhaupt keine Chance ließ, etwas zu erwidern. Am Ende war ich ihm überlegen, aber auch nicht weise genug, um das diplomatischer auszuspielen. Das hätte man geschickter machen können. Andererseits hätte Herr Thumann ebenfalls geschickter sein können. Allerdings war er zu dieser

Zeit bereits in Verhandlungen, die Firma zu verkaufen, was mir leider nicht bewusst war. Der kaufmännische Geschäftsführer war vom holländischen Stahlkonzern Hoogovens versetzt worden. Den Holländern gehörten damals schon 50 Prozent der Firma und später haben sie Hille & Müller ganz übernommen. Wenn ich vom laufenden Verkaufsprozess gewusst hätte, wäre ich mit meiner Kritik wohl etwas zurückhaltender gewesen. Herr Thumann interessierte sich vermutlich nicht mehr so sehr für das Operative, sondern vor allem für den Verkauf, der dann 1997 auch vollzogen wurde. Da war ich schon sehr geschockt und hatte Tränen in den Augen.

Nachträglich war Thumann offenbar doch stolz auf mich. Auch Jahre später hat er mich irgendwelchen Leuten immer noch als seinen Azubi vorgestellt. Als Manager hat er sich meiner Ansicht nach nie geändert. Er war so ein Typ. Ein guter Personalberater, Dieter Rickert aus München, nannte das „Management nach Gutsherrenart". Und so war es auch.

So hart und so viel wie bei Hille & Müller habe ich weder vorher noch nachher jemals gearbeitet. Mein Sohn Martin stellte sich im Grundschulalter sogar ein Foto von mir auf den Nachttisch. Er hatte meine Frau darum gebeten. „Damit ich den Papa öfter sehe", sagte er. Meine Frau hatte mir davon damals gar nichts erzählt. Ich wusste natürlich schon, dass ich als Vater nicht der größte Held war. Aber ich habe versucht, meine langen Arbeitstage und Abwesenheiten am Wochenende auszugleichen: Am Samstag und Sonntag habe ich mich viel um meine Kinder gekümmert.

Plötzlich war ich draußen – nach zehn Jahren. Immer war es aufwärts gegangen, jetzt war ich weg vom Fenster. Das war natürlich tough. Ich habe kurz gedacht: Meine Güte, was passiert jetzt? Ich hatte aber Weggefährten, die mich gut kannten, auch Unternehmer, die sagten: „Martin, das ist genau richtig." Ein Wechsel stand also an. Für mich kam nach zehn Jahren das erste Mal in meiner Wirtschaftskarriere der Zeitpunkt, Bewerbungen zu schreiben.

Bisher hatte ich als Geschäftsführer das Spitzengehalt von 250 000 D-Mark verdient, hinzu kamen Jahresprämien nach Gefühlslage – mal 20 000, mal nix, mal 50 000. Ich bewarb mich nun sehr intensiv, und zwar möglichst breit. Es gibt ja Leute, die halten in solch einer Situation nur nach Geschäftsführerpositionen Ausschau. Ich bewarb mich für alles Mögliche. Wenn ich ein Angebot hatte, kam das ganz oben auf den Stapel. Absagen flogen in den Papierkorb. Mein System war es, immer die Top-3-Angebote oben zu haben, um positive Optionen zu sehen.

Noch 1995 entschied ich mich für den Aufzug- und Rolltreppenhersteller Schindler. Dort wurde ich Geschäftsführer Field Operations und war für Vertrieb, Kundenservice und Logistik verantwortlich. Ohne Gehaltsverhandlung verdiente ich sofort das Doppelte. Da sagte ich: „Na ja, vielleicht gar nicht so schlecht." Ich war verantwortlich für das gesamte operative Geschäft und hatte ein super Verhältnis zu der Geschäftsführung, die in der Schweiz saß.

Der einzige Nachteil war: Für meinen neuen Job mussten wir nach Berlin umziehen. Das erste Jahr war meine

Familie noch im Rheinland geblieben und kam nur zu Besuch, doch dann hatten wir uns trotz der Großstadtaversion meiner Frau entschieden, eine Wohnung in der Hauptstadt zu beziehen, in Lichtenrade. Bei der Wahl des Kiezes hatten wir keine so glückliche Hand. Das Schindler-Werk und auch mein Büro waren in Mariendorf. Lichtenrade war noch weiter südlich, sozusagen die letzte westliche Ansiedlung kurz vor der ehemaligen DDR. Dort wohnten sehr einfache Leute, ein eher raues Klima herrschte vor. Wir hatten eine tolle Wohnung, aber für unsere Kinder war die Umgebung nicht besonders geeignet. Es gab keinen Garten, keine Garage, nix zum Austoben. Wir hatten uns für Lichtenrade entschieden, damit es für unsere Tochter nicht so weit nach Großbeeren war. Dort, in der ehemaligen DDR, gab es einen schönen Reitstall, wo sie ihre Pferde stehen hatte.

Mein Jüngster, Martin, bekam als Trost für den Umzug ein neues Fahrrad geschenkt. Damit ist er genau ein Mal zur Schule gefahren und das wars dann. Das Fahrrad wurde gleich geklaut, neu, trotz des Schlosses. Das war natürlich ein ziemlicher Dämpfer. Im ersten Winter kam Martin dann und sagte: „Papa, da unten steht so ein schwarzer Lieferwagen. Mit ganz dunkel getönten Scheiben und da sitzen zwei Typen drin. Die haben mich so angeguckt. Das sind Verbrecher." Da habe ich gesagt: „So, Hände waschen, Abendessen, ins Bett. Du hast zu viel Fernsehen geguckt." Und dann hörten wir auch ein Geräusch, haben uns aber nichts dabei gedacht.

Kurz darauf klingelte es an der Tür, Polizei. Es waren also tatsächlich Einbrecher mit einer Leiter, die sogar noch dort stand, in die Wohnung über uns eingestiegen und hatten sie leer geräumt. Da sagte ich: „Mein Sohn hat da etwas beobachtet. Das könnte damit in Zusammenhang stehen." Und wie die Berliner so sind, haben die Polizisten zum Jungen gesagt: „Da bleibst du am besten mal die nächste Woche zu Hause. Könnte gefährlich für dich werden, kleiner Mann." Also, in unserem Kiez sind damals Dinge passiert, die waren nicht so optimal.

Beruflich war es bei Schindler eine schöne Zeit für mich. Jedes Mal, wenn ich heute im Hotel Adlon in Berlin bin, das kommt gelegentlich vor, habe ich ein kleines Ritual. Und zwar geht es um die Aufzüge, da justiere ich heimlich immer eine Kleinigkeit.

Man muss wissen: Die Aufzüge im Adlon, die waren so eine Art Prestigeprojekt für Schindler. Den Deal habe ich persönlich machen können, gemeinsam mit meinem damaligen Chef Harald Joos. Die Aufzüge mussten so aussehen wie die ursprünglichen Fahrstühle im Adlon der Vorkriegszeit. Also, die Technik war selbstverständlich ganz modern. Aber die Kabinen und alles Sichtbare mussten eine Kopie des Originals sein. Dazu gehörte auch die Anzeige für die Etagen. Normalerweise hat man ja ein Panel mit Druckknöpfen, die dann in der jeweiligen Etage aufleuchten. In den Adlon-Aufzügen ist über der Tür aber eine Art Uhr, die die Etagen anzeigt. Ein Zeiger wandert im Halbkreis immer hin und her. Dieses ganze Projekt hat einen Riesenverlust generiert, unter anderem deshalb, weil wir diese Art der Anzeige von Hand technisch designen und entwickeln mussten. Und das Problem war, dass der Zeiger nie wirklich präzise war.

Man fuhr also mit dem Aufzug in den dritten Stock und das Ding zeigte viereinhalb oder kurz nach zwei oder so. Diese groben Schnitzer haben wir sehr wohl in den Griff bekommen, aber bis heute nimmt die Präzision ab, wenn die Aufzüge ein paar Wochen oder Monate gefahren sind. Früher, wenn ich das bemerkte, kannte ich noch die Monteure und rief sie an: „Hier, der geht wieder vor oder nach." Inzwischen gehe ich selbst dran: Man braucht den Zeiger nur manuell einzustellen. Dann ist er wieder richtig und funktioniert eine Zeit lang genau. Wenn ich im Adlon bin, fahre ich möglichst mit allen Aufzügen, damit die Anzeigen alle wieder ordentlich laufen. Das ist meine Obsession. Zuletzt habe ich im November 2020 Hand angelegt.

Die Zahl der Akteure im Aufzuggeschäft ist ja sehr überschaubar. Mit Schindler, ThyssenKrupp, Otis und Kone machen vier Große das Geschäft weitgehend unter sich aus. Insofern waren Vorzeigeprojekte extrem wichtig im Wettbewerb. Am Potsdamer Platz in Berlin konnten wir die Konzernzentrale der Daimler-Tochter Debis ausrüsten. Wir haben alle Aufzüge gemacht und ein paar Fahrtreppen. 1997 war dann eine riesengroße Eröffnungsfeier mit Show und allem Drum und Dran. Ich war von Klaus Mangold, damals Debis-Vorstandschef, eingeladen worden.

Es wurde ein Fiasko, aber im Rückblick ein ganz amüsantes. Auch wir hatten alles genauestens für das Event vorbereitet. Im Gebäude gab es einen gläsernen Aufzug, der eigens für Direktionsfahrten gedacht war, also nicht für den Otto-Normal-Aufzugfahrer. Als ich ankam, stand Mangold vorne mit Helmut Kohl und winkte mich zu sich. Ich hatte den Mangold eigentlich immer als nicht besonders nett empfunden. Jetzt dachte ich aber: Der ist ja eigentlich doch nicht so schlimm, er will mich tatsächlich dem Bundeskanzler vorstellen. Ich ging also zu den beiden hin – und wurde vollkommen versenkt. Was wir für ein Scheißladen seien und so weiter.

Was war passiert? Der Mangold hatte also Helmut Kohl zu einer Fahrt im gläsernen Panoramaaufzug eingeladen. Und wie es der Zufall so wollte, ist das Ding dann stehen geblieben. Das kann am Lebensanfang von Aufzügen schon mal passieren. Im Aufzug war ein sogenanntes Servitel, ein Nottelefon. Und dann hat Herr Kohl wohl gesagt: „Kann ich das mal machen?“ Der Mangold: „Natürlich, Herr Bundeskanzler.“ Und jetzt sind wir ja in Berlin. Kohl drückt die Taste. Sofort meldet sich eine Berliner Mitarbeiterin von Schindler-Aufzüge. „Was kann ich für Sie tun?“ Und dann sagt der Kohl: „Hier ist Bundeskanzler Kohl“, und will loslegen. Darauf die Frau: „Verarschen kann ich mich selbst“ – und legt auf. Helmut Kohl fand das eigentlich ganz amüsant, wie er sagte. Nur Mangold tobte.

Dann bekam ich 1998 einen Anruf vom Deutschlandchef der Personalberatung Egon Zehnder, Dr. Wilhelm

Friedrich Boyens. Er sagte: „Ich möchte mich gerne mal mit Ihnen unterhalten. Ich habe eine tolle Idee." Ich antwortete, dass ich nicht interessiert sei. „Ich bin erst drei Jahre bei Schindler und will hier nicht weg. Ich fühle mich sehr wohl und glaube auch, dass es hier für mich weitergeht." Der nächste logische Karriereschritt wäre ein Wechsel in die Konzernleitung in die Schweiz gewesen. Das hätte auch das Berlinproblem meiner Familie gelöst. Doch der Mann, eine Art Ikone in der Headhunterszene, sagte ganz ruhig: „Ich komme Sie besuchen. Sie sollten auf jeden Fall Zeit für mich haben." Ich hatte Zeit. Man weiß ja: Ein vernünftiges Verhältnis zu einem guten Personalberater hat noch nie geschadet.

Neu im Treckergeschäft

Bauerntricks beim Landmaschinenfabrikanten Claas, mit Genscher auf wilder Tour im Osten und wie ein heimliches Bewerbungsgespräch in Atlanta den Umzug in die Schweiz verdirbt.

Dr. Boyens fühlte mir sehr gekonnt den Puls. Der Headhunter wusste erstaunlich genau darüber Bescheid, dass meine Familie mit der Millionenstadt Berlin nicht warm geworden war. Am Telefon sprach er erst vage über ein Unternehmen in Westfalen und wurde dann schnell konkreter: „Das ist doch genau da, wo Ihre Frau und Ihre Tochter eigentlich hinwollen, bei Warendorf auf dem Land." Gleich beim nordrhein-westfälischen Landgestüt, praktisch im Pferdemekka. Ich dachte: Woher weiß der Mann das alles? Wie sich herausstellte, war meine Sekretärin eine ehemalige Mitarbeiterin von ihm. Er hatte also eine erstklassige Quelle, und er überredete mich schließlich, mir das einmal vor Ort anzuhören, in der Pampa.

Ich fuhr also die A 2 rüber nach Westen, runter am Kreuz Bielefeld ins ostwestfälische Niemandsland. Nach einer weiteren halben Stunde Autofahrt hatte ich das Ziel erreicht: Harsewinkel, knapp 25 000 Einwohner, „die Mähdrescherstadt“ – so nennt man sich dort selbst im Rathaus. Der Stolz und Claim der Stadt gründen auf einem einzigen Unternehmen: Claas. Hierhin hatte mich Boyens beordert, zu einem Gespräch mit Helmut Claas, dem schon betagten Patriarchen in zweiter Unternehmergeneration.

So saß ich im sogenannten Eichensaal der Firma zum Jobinterview. Noch dabei war ein luxemburgischer Personalberater, den Helmut Claas für Sonderaufgaben hatte. Claas saß unbeteiligt da, er hörte nicht so gut. Im Grunde sagte er überhaupt nichts, eine echt merkwürdige Veranstaltung. Schon auf dem Weg zurück nach Berlin rief ich den Headhunter an. „Hören Sie mal, Herr Boyens, ich habe kein Interesse.“ Und das weckte offensichtlich das Interesse von Herrn Claas. Manchmal ist es ja so: Wenn man etwas nicht bekommen kann, will man es plötzlich umso mehr.

Finanziell war der Wechsel sehr attraktiv, zum ersten Mal verdiente ich im Jahr eine Million D-Mark. Meine Familie war begeistert, dass es aufs Land ging. Als sich rumsprach, dass ich bei Claas eingeschlagen hatte, bekam ich allerdings Warnanrufe aus der gesamten Personalberaterszene. Dieter Rickert aus München rief mich an und sagte: „Mein Sohn, was hast du gemacht? Wenn ich gewusst hätte, dass du aus Berlin wegwillst, hätte man auch was Besseres finden können.“ Der Grund: Claas hatte sich schon einen gewissen Ruf erworben, weil er seine Geschäftsführung permanent austauschte. Der Mann, der seinen verkaufsstärksten Mähdrescher „Dominator“ genannt hatte, verfolgte dem

Vernehmen nach eine Hire-and-fire-Politik auf höchstem Niveau.

Von 1998 bis 2003 war ich in Harsewinkel einer von vier parallel agierenden Geschäftsführern, und fünf Jahre am Stück waren dort eine rekordverdächtige Zeit. Schon nach drei Jahren war ich der dienstälteste Geschäftsführer. Die anderen drei waren bereits alle ausgetauscht worden. Mich hat das nicht sonderlich belastet. Ich war immer offen und ehrlich, machte das, was ich für vernünftig hielt, und besprach das auch mit Herrn Claas. Er hat mich tatsächlich auch machen lassen. Aber nach fünf Jahren verlängerte er meinen Vertrag nicht.

Natürlich war ich selbst nicht ganz unbeteiligt daran. Claas wollte unbedingt erneut einen Fünfjahresvertrag machen. Ich sagte aber: „Daran habe ich kein Interesse, denn wenn Sie mich dann in fünf Jahren rausschmeißen, bin ich 55 und finde keinen Job mehr." Ich bot ihm einen ganz normalen Vertrag mit einem Jahr Kündigungsfrist an. Da wandte er ein, dass ich bei dieser Art von Bindung ja auch jederzeit gehen könne. „Ja, genau", sagte ich. Das waren anscheinend Freiheitsgrade, die ihm nicht gefielen. Zudem gab es eine breite Bewegung von Mitarbeitern, Händlern und Kunden, die unbedingt wollten, dass ich bleibe. Claas, so hieß es, hatte wohl den Verdacht, ich hätte das initiiert, was aber nicht der Fall war.

Die Zeit bei Claas war für mich wertvoll, nicht nur wegen des Geldes. Erstmals steckte ich im Landmaschinenbusiness, einer Branche, die mein Berufsleben mehr als zwei

Jahrzehnte prägen sollte – ich war auf meinem Turf angekommen, was ich 1998 natürlich noch nicht vollständig ahnen konnte. Ich mag diese tonnenschweren Maschinen: Traktoren, Mähdrescher, Feldhäcksler, riesige Kombigeräte mit über zehn Meter breitem Schneidwerk. Landmaschinen sind echt gefährliche Teile, noch gefährlicher als Motorsägen. Sie dienen einem tollen Zweck, nämlich der Ernährung der Welt, aber man muss schon wissen, wie man damit umgeht. Landwirtschaft hat für mich auch ein bisschen was von Heimat. Es hat was vom Bauernhof Litz in Köln-Mülheim, wo ich Autos wusch und später mit meinem Bruder auf diesen großen Hanomag-Traktoren bei der Ernte helfen durfte. Und natürlich vom Bauern Hasen-Willi, der seinen Trecker immer mit laufendem Motor vor der Kneipe neben meinem Reitstall parkte, weil er nur ein Bier trinken wollte, aber dann total besoffen endete. Ich bin ein Traktortyp. Das wurde mir in Harsewinkel endgültig klar.

Die Branche ist extrem eng und damit wettbewerbsintensiv. Drei große internationale Unternehmen kämpfen weltweit um Marktanteile: Das sind John Deere, dann Case New Holland, das heute zu Fiat gehört, und AGCO mit zahlreichen Untermarken wie Fendt und Massey Ferguson. Daneben gibt es eine Reihe von regionalen, sehr soliden Unternehmen. Das größte in dieser Liga ist Claas. Außerdem mischen noch zwei Italiener mit, zwei große Inder sowie zwei große Japaner, die aber ein etwas anderes Produktprogramm haben. Ergänzt wird alles von einigen mittelständischen Unternehmen, die Spezialitäten machen – so wie Krone im Emsland mit seinen Mähwerken und Pressen. Das war es auch schon. Jeder kennt jeden.

Als berufliche Station war Claas auch deshalb prägend, weil die Unternehmenskultur eine ganz besondere war. Ich habe sehr viel über Firmenpolitik und Intrigen gelernt, schon bei Hille & Müller und Schindler, aber ganz besonders bei Claas. Das Führungskonzept war äußerst inhabergeprägt und nicht besonders auf messbare Leistungen bezogen. Darunter habe ich teilweise gelitten, auf der anderen Seite aber auch gelernt, wie so etwas funktioniert. Ich habe das bei Claas dann auch selbst gespielt. Wer in so einem Umfeld aktiv ist, wird ja nicht nur Opfer, sondern auch Täter. Anders lässt sich das nicht überleben. Selbst wer gewisse Vorstellungen zur Managementkultur und zur Führungskultur mitbringt, beobachtet auf einmal, dass er mitten dabei ist. Es bekommt eine falsche Dynamik. Man kann dann entweder sagen, ich gehe, oder, ich will etwas bewegen. Aber sobald man sich dafür entschieden hat, etwas zu bewegen, fängt man unwillkürlich an, auch Politik zu machen, Intrigen zu spinnen.

Geschickt Politik machen – das kann ich sehr gut, habe ich in diesem Unternehmen gelernt. Es entsprach aber überhaupt nicht meiner Vorstellung vom Leben und vom Umgang mit Mitarbeitern und Menschen. Irgendwann saß ich dort und stellte mich infrage. Es war gut, dass ich gerade in der Phase einen sehr guten Personalmann als Sparringspartner hatte. Der kam von außen und half mir, mir mal einen Spiegel vorzuhalten. Wir besprachen die Lage im

Detail. Letztlich hat es dazu geführt, dass ich zu dem Schluss kam: In diesem Umfeld kann man gar nicht anders sein – also habe ich das Unternehmen mit einer gewissen Erleichterung verlassen.

Bis zuletzt habe ich mich aber mit der Firma identifiziert. Wenn mir bestimmte Dinge nicht besonders gefielen, habe ich immer versucht, sie zu verändern. Aber genau da war bei Claas der Rahmen sehr eng gesteckt.

Helmut Claas war lange als geschäftsführender Gesellschafter aktiv, hatte sich aber wenige Jahre vor meinem Kommen auf den Vorsitz des Aufsichtsrats und des Gesellschafterausschusses zurückgezogen. Er operierte mit vier Geschäftsführern. Seltsam daran war, dass das Unternehmen zu der Zeit nie einen echten Vorsitzenden hatte. Einer der vier Geschäftsführer hieß zwar „Sprecher der Geschäftsführung", aber trotzdem berichteten die anderen drei nicht an den Sprecher, sondern fleißig an Helmut Claas persönlich. Somit war das von Anfang an hochpolitisch, und es gab unterschiedliche Wege, damit umzugehen. Manch einer machte da Riesenpolitik, weil er selbst Sprecher werden wollte, und haute beim Herrn Claas die anderen in die Pfanne.

Als ich einstieg, war Eckart Kottkamp der Sprecher, ein ehemaliger Bosch- und Jungheinrich-Mann. Als ich feststellte, was im Hintergrund alles an informeller Berichterstattung ablief, habe ich ihm das mal beschrieben. Er konnte es erst gar nicht glauben, von dieser Parallelwelt hatte er nichts mitbekommen. Ich schlug mich auf seine

Seite und sagte. „Herr Professor Kottkamp, wir machen das so. Ich gehe nie von mir aus zu Herrn Claas. Wenn ich aber von Claas zum Gespräch gebeten werde, kann ich mich nicht verweigern, lasse Sie das aber wissen. Sie können mir auch sagen, ob ich da irgendetwas platzieren soll. Und wenn ich zurückkomme, erzähle ich Ihnen eins zu eins, was besprochen worden ist." Natürlich führte diese Offenheit dazu, dass ich ein super Verhältnis zu diesem Mann hatte.

Der Eckart Kottkamp schrieb permanent immer alles mit, und zwar in Kladden. Irgendwann fragte ich ihn mal, warum er das eigentlich mache. Er sagte, er wolle alles dokumentieren – angeblich für ein Buch, das eines fernen Tages entstehen sollte. Ich glaube, ein Grund war auch, dass er sich absichern wollte, falls später einmal Vorwürfe oder Nachfragen wegen irgendetwas gekommen wären. Er hatte meterweise Aufzeichnungen, schon sein ganzes Leben hatte er mitgeschrieben. Ich glaube, das Buch wird es nie geben. Es ist noch nicht lange her, dass ich ihn getroffen habe, und da fragte ich nach dem Buch – war aber immer noch nichts. Ich selbst bin kein Mitschreiber. Der Nachteil ist klar: Wenn man die ganze Zeit pinselt, ist man kein so guter Gesprächspartner, meine ich jedenfalls. Ich bin auch niemand, der sich ein Erlebnis dadurch versaut, dass er die ganze Zeit am Fotoapparat oder Handy hängt, um es zu dokumentieren. Mein Schwiegervater war anders, der hinterließ uns Zigtausende von Dias. Aus meiner Jugend in Paris habe ich auch noch viele Dias, aber dann im Laufe meines Lebens lernte ich, dass es besser ist, voll dabei zu sein.

Manchmal helfen auch Zufälle und Verbindungen. Einmal, als ich noch frisch bei Claas war, hatten wir uns in Berlin zum Strategiemeeting verabredet. Es muss das Jahr 2000 gewesen sein. Nach dem Motto: „Wenn das Jahr gut läuft, machen wir das schön edel im Hotel Adlon." Für mich eine weitere Gelegenheit, die Aufzugzeiger zu justieren. Am Abend saß ich dann mit meinen Topleuten in der Lobby. Das war schon großes Kino für manche, denn sie kamen ja aus Harsewinkel, also nicht direkt vom Nabel der Welt. Ich merkte schon, dass etwas im Anmarsch sein musste, denn da standen einige Bodyguards im oberen Teil. „Es könnte sein, dass da gleich mal Politiker erscheinen", sagte ich. Und tatsächlich: Es kamen Genscher und Gorbatschow und setzten sich in die Sitzgruppe neben uns.

Einer meiner Geschäftsführerkollegen sagte: „Hören Sie mal, Sie haben doch erzählt, Sie kennen den Genscher? Der hat Sie aber nicht begrüßt." Ich sagte, der sei ja jetzt auch mit Gorbatschow beschäftigt, ich wisse nicht, ob der mich überhaupt wahrgenommen habe. In dem Moment guckt der Genscher zu mir rüber, grüßt, bittet mich zu sich und zack, sitze ich bei Genscher und er stellt mich dem Gorbatschow vor. Wir sprachen so eine Viertelstunde. Und das hatte zur Folge, dass wir direkt danach ein Gespräch in Moskau zur Versorgung der Russen mit Mähdreschern bekamen. Das Ganze hat meine Mannschaft zutiefst beeindruckt, es ging durchs ganze Unternehmen, was ich für tolle Kontakte hätte.

Wir verkauften gut im Osten. Auch in die Ukraine habe ich einmal achtzig Mähdrescher abgesetzt. Einziges Problem:

Die Rechnung wurde nicht bezahlt. Und das, obwohl wir als Zahlungssicherung eine Staatsgarantie bekommen hatten. Als ich das wiederum dem Genscher erzählte, sagte er: „Überhaupt kein Problem." Er werde noch in diesem Jahr mit einem der höchsten Preise der Ukraine geehrt, dem Orden des Fürsten Jaroslaw des Weisen. „Da fahren Sie einfach mit, dann machen wir eine kleine Delegation." Es war das Jahr 2001, neun Jahre waren seit seinem Ausscheiden als Außenminister schon vergangen. Das stank dem Botschafter und dem Auswärtigen Amt natürlich, wenn pensionierte Politiker da rumreisten und dann noch Leute mitschleppten.

Als wir in Kiew ankamen, sagte der Botschafter sofort: „Herr Richenhagen, Sie gehören hier nicht mit dazu. Sie müssen sehen, wo Sie bleiben." Es gebe für mich auch kein Zimmer. Genscher hatte mir vorher aber gesagt: „Sie bleiben immer neben mir, immer bei Fuß." Das tat ich – und saß, zack, in der Staatslimousine und, zack, war ich im Gästehaus der Regierung. Abends saß ich, zack, mit Genscher am Tisch des Präsidenten. Und das, was der Genscher dann gemacht hat, werde ich nie vergessen. Er hat dem Präsidenten Leonid Kutschma erklärt, wie in der westlichen Wirtschaft Regeln eingehalten werden. Und Kutschma erwiderte: „Ja, wird morgen überwiesen." Als wir zurückflogen, dachte ich, das kann gar nicht sein. Aber als ich ankam, war das Geld schon da. Das war für mich in der Firma ein sehr großer Erfolg. Genscher hat mir oft geholfen, und immer habe ich gesagt: „Schicken Sie mir bitte eine Rechnung von

Ihrer Anwaltskanzlei." Nie hat er eine geschickt, auch nicht über die Reisekosten. Nichts. Das war immer, man kann fast sagen, aus Freundschaft.

Als ich bei Helmut Claas anfing, bekräftigte der Patriarch und Gesellschafter noch, er wolle jetzt wirklich das Geschäft in die Hände von externen Profis übergeben. Aber faktisch passierte das nicht. In dem Moment, wo Claas den Eindruck hatte, jemand könne die Firma ohne ihn leiten, wurde er misstrauisch. Einer nach dem anderen ging, Kottkamp verließ das Unternehmen im Jahr 2001. Der neue Einfall war nun eine sogenannte kollegiale Geschäftsführung – alle sollten gleich sein. Das Konstrukt war für mich perfekt, denn es bot mir die Chance auszuprobieren, wie es ist, Chef zu sein. Als Vorteil entpuppte sich dabei mein Geschäftsbereich, der ständig wuchs: Erst war ich zuständig für alles Operative außer der Produktion, also Verkauf, Kundendienst, Ersatzteilwesen. Durch die verschiedenen Abgänge hatte ich zwischenzeitlich noch die Verantwortung für Personal geerbt und, nicht zu unterschätzen: Public Relations. Von daher wurde ich automatisch als der Primus inter Pares gesehen, denn ich war in der Außendarstellung sichtbar.

Es ist ganz witzig, wie es zu dem Einfall kam, die Geschäftsführung kollegial aufzustellen. Eines Tages nach Kottkamps Ausscheiden kam Herr Claas zu mir, er wolle mit mir mal sprechen. Es gehe um die Cheffrage. Er hatte seinen Bruder mitgebracht und wie bei Hille & Müller spielte auch da wieder der Alkohol rein. Das angebotene Getränk nannte sich „Stahl und Eisen". Das war Jägermeister und

Korn oder Underberg und Korn. Ekliges Gemisch, serviert in einem Wasserglas, also eine ordentliche Portion. Und dann wurde Tacheles geredet. Claas wollte von mir wissen, wie er das jetzt machen solle. Wer sollte jetzt Chef werden?

Ich schlug vor, erst mal ein Profil zu entwickeln. Was also seine Vorstellungen und Anforderungen an den Leiter seines Unternehmens seien. Auch habe ich ihm gesagt, dass seine Idee mit dem Sprecher scheiße ist. Das fand er natürlich nicht gut. Damit hatte ich mir schon Minuspunkte eingehandelt. Und dann sagte ich nach der Profilentwicklung: „Wer da am besten reinpasst, kann ja ich nicht überlegen, denn ich bin selbst im Kandidatenpool. Das müssen Sie sich überlegen und dann darüber nachdenken, wie die jeweils anderen reagieren."

Drei Kandidaten kamen ernsthaft infrage. Der eine war ein ehemaliger Mann aus der Autoindustrie, bei Claas verantwortlich für die Produktion, schon etwas älter. Der zweite war der CFO, nach meiner Ansicht ein absoluter Karrierist. Und dann ich. Ich machte Claas deutlich, dass er in einer Zwickmühle saß. „Herr Claas, ist doch ganz einfach: Wenn Sie sich für den Finanzchef entscheiden, dann gehe ich. Wenn Sie sich für mich entscheiden, dann geht der Finanzchef." Darauf hatte er den Einfall: „Ja, dann nehmen wir doch den Produktionschef." Ich folgerte: „Dann gehen aber der Finanzchef und ich. Nur der Produktionschef wird immer bleiben, egal wer Chef wird."

Da wurde Claas nachdenklich und wusste nicht vor und zurück. Ein paar Tage später kam er wieder zu mir und sagte: „Herr Richenhagen, ich habe die Lösung. Wir machen jetzt eine kollegiale Geschäftsführung, untereinander klären Sie dann, wie das Unternehmen geführt wird.“ Bei diesem Experiment durfte ich zwei oder drei Jahre lang mitspielen. Für mich war es okay, ich war ja der Undercover-CEO, wenn man so will. Draußen waren viele Leute der Meinung, ich sei der Chef – und drinnen auch.

Dann wurde mein Vertrag nicht mehr verlängert, und nun stand ich mit meinen 50 Jahren wieder auf dem Markt, obwohl die letzten fünf Jahre ganz erfolgreich waren. Bis dahin hatte ich immer in Familienunternehmen gearbeitet. Zwar war Schindler börsennotiert, aber die meisten Anteile gehörten zwei Cousins, es war also auch familiär. Hille & Müller war reiner Mittelstand, Claas auch. Direkt in die Geschäftsführung einer anderen Landmaschinenfirma zu gehen, war mir unmöglich, denn ich hatte das übliche Wettbewerbsverbot als Auflage bekommen. Doch die Branche war mir vertraut – und sie lag mir. Also wurde ich zunächst mal Mitglied im Aufsichtsrat von Fendt in Marktoberdorf im Allgäu und auch bei Krone. Ich wollte auf Tuchfühlung bleiben.

In der Zwischenzeit sprach mich ein Personalberater an, weil die börsennotierte Firma Forbo, ein Schweizer Hersteller von Bodenbelägen, einen Vorstand suchte. Der Kandidat sollte im Konzern den gesamten Fußbodenbereich konsolidieren. Es ging praktisch ums Aufräumen – und das mache ich ja gerne. Da gab es ursprünglich Linoleum, Kunststoff, Parkett und Teppich – und das ging alles im Prinzip durch denselben Vertriebsweg, wurde aber in mehreren Divisionen mit einzelnen Leitern gemanagt. Mit einem Wort: ineffizient. Der Teppichbereich war gerade verkauft worden, aus den anderen Divisionen habe ich dann eine einzige gemacht. Warum haben die mich genommen? Da halfen sicher auch meine alten Schindler-Kontakte in die Schweiz: Der Vorstandsvorsitzende war ein ehemaliger Schindler-Mann, der Produktionschef auch. Für mich war das eine tolle Zeit, ich hatte ein Büro in Zürich und ein Büro in Amsterdam – und ich konnte mein Wettbewerbsverbot überbrücken. Die Familie blieb währenddessen in unserem Haus bei Warendorf.

Und dann gab es eine Verkettung von Dingen, die damit endeten, dass ich Chef von AGCO in den USA wurde – der Mutterfirma von Fendt. Ein trauriger Umstand war ein Flugzeugunglück, das sich im Januar 2002 ereignete: Der Nachfolger von Bob Ratliff als CEO von AGCO, John Shumejda, war in Birmingham beim missglückten Start des Firmenflugzeugs ums Leben gekommen. Mit ihm starben auch der AGCO-Marketingmann Ed Swingle und alle drei Piloten. Zuvor war der Flughafen zunächst wegen schwierigem Wetter geschlossen worden. Die Bombardier Challenger von AGCO war das erste Flugzeug, das wieder starten durfte. Es war aber nicht ordentlich enteist worden, und die Piloten hatten auch ein bisschen Schlafmittel und Restalkohol im Blut, hieß es. Alle Insassen starben.

Ich kannte Shumejda, auch weil ich mit ihm einmal von Fendt zu Claas gefahren war, damals waren wir Wettbewerber.

Ich hatte einen Mercedes-Kombi, die Autobahn war frei, da habe ich mal Gas geben. Er legte seine Hand auf meine Schulter und sagte: „Tu mir einen Gefallen, fahr nicht so schnell. Ich habe Angst." Ich fuhr vielleicht 180. Da sagte ich: „Ich fahre doch gar nicht schnell." Aber gut, dann sind wir eben mit 120 nach Hause getuckert. Das Traurige ist ja wirklich, dass ausgerechnet er im Flugzeug verunglückt ist, wo er immer dermaßen vorsichtig war.

Nach diesem Unglück übernahm der Aufsichtsratsvorsitzende Bob Ratliff, der eigentlich schon auf dem Weg in den Ruhestand war, erneut die Führung des Unternehmens, das zu den 500 größten der USA zählt. Parallel startete er die Suche nach einem Nachfolger. Ratliff hatte schon früher mal zu mir Kontakt aufgenommen, als ich noch bei Claas war. Er war auch derjenige, der mich in den Aufsichtsrat von Fendt geholt hatte. Zu Ratliff hatte ich immer ein super Verhältnis, auch wenn er Wettbewerber war. Er stand für AGCO, ich für Claas. Aber bis heute bin ich der Meinung, dass man im Geschäft zwar knallharter Konkurrent sein muss, aber trotzdem auf der menschlichen Ebene vernünftig miteinander umgehen kann und auch sollte. Ich finde es unsäglich, wenn das in manchen Branchen fast verboten zu sein scheint.

Bei Bob Ratliff war das locker und offen. Ich konnte den in den USA anrufen, wann immer ich wollte. Ich hatte schon Werke von AGCO gesehen, lange bevor ich da war. Und er hatte Werke von uns gesehen. Ich hatte noch in Deutschland die Idee, dass AGCO und Claas sehr gut zusammenpassen könnten, und wir waren fast so weit. Aber das ist immer an Helmut Claas gescheitert.

Nun rief mich Ratliff in der Schweiz an und sagte: „Ich suche einen Nachfolger, intern gibt es niemanden. Kannst du dir vorstellen, auf der Longlist zu stehen?“ Ohne zu zögern, willigte ich ein. „Ja, kein Thema. Das finde ich toll.“ Und dachte: Ich habe da sowieso keine Chance. Es waren sechzehn Kandidaten auf der Liste, fünfzehn Amerikaner von Topfirmen wie Caterpillar und John Deere und anderen international tätigen Konzernen – und ich. Allein in der Auswahlrunde zu sein, schmeichelte mir. Und ich wollte mir diese tolle „learning experience“ eines Jobinterviews in den USA nicht entgehen lassen. Also flog ich zum Vorstellungsgespräch rüber nach Atlanta. Meiner Familie habe ich davon gar nichts erzählt. Sie hatten mehr die Vorstellung, wir würden bald wegen Forbo in die Schweiz umziehen. Das hatte ich mit zwei Skiurlauben auch schon in diese Richtung etwas vorbereitet.

In Atlanta traf ich den etwa zehnköpfigen AGCO-Aufsichtsrat im Ritz-Carlton und hatte etwas überrascht den Eindruck: Oh, das Gespräch läuft aber sehr gut. Es waren ein paar Haudegen dabei, zum Beispiel der ehemalige Chef von Volkswagen do Brasil, Wolfgang Sauer, außerdem Wolfgang Deml, den ich aus der Claas-Zeit sehr gut kannte. Bob Ratliff war dabei und noch Henk Visser, ein holländischer Vorstand der Rabobank. Es ging im Gespräch um Branchenkenntnis, Verständnis für die Produkte, ob ich Brasilien, Japan, China, Russland und so weiter kenne und ob ich bilanzsicher bin. Als ich das Meeting am Ende verließ, kam der Sauer schon hinter mir her und sagte auf dem Flur vertraulich: „Du bist mein Mann, ich heiße Wolfgang." Das Feedback war so positiv, dass ich meinen Vorgänger sicherheitshalber noch einmal ansprach, denn der hatte auch seinen Schwiegersohn mit ins Rennen geschickt. „Bob, du musst mir jetzt noch mal sagen, ob du das wirklich willst. Ich kann auch Nein sagen." Und er antwortete: „Hundert Prozent." So hatte ich den Job mit wenigen Gesprächen.

Dass ich Deutscher war, störte offenbar nicht. AGCO suchte vor allem einen CEO mit internationaler Erfahrung. Deshalb fiel die Wahl auf mich. All die Amerikaner auf der Longlist waren nicht sehr international geprägt, was bei US-Unternehmen häufiger der Fall ist. Mein neuer Titel klang wie ein Furcht einflößendes Triple: Chairman, President & Chief Executive Officer der AGCO Corporation. Mein neuer Dienstort: Duluth, Georgia, USA.

Das notwendige Selbstbewusstsein, was meine Managementqualitäten angeht, brachte ich inzwischen mit: Ich war ja schon immer der Meinung gewesen, besser zu sein als mein Chef – diese Haltung hatte ich mir antrainiert. Nun war ich zum ersten Mal aber selbst der Oberboss und trug die Gesamtverantwortung. Rebellion nach oben war unmöglich. Vorsitzender einer Geschäftsführung oder eines Vorstands war ich bis dahin nie gewesen. Und trotz des Vertrauens in meine Fähigkeiten war mir beim Umzug in die USA klar, dass das möglicherweise in die Hose gehen könnte. Das wird ganz, ganz schwierig, so war mein Gefühl des Aufbruchs. Vor allen Dingen hatte ich einen riesigen Respekt vor der Wall Street, weil ich mit der Börse noch nie etwas zu tun gehabt hatte.

Noch ganz neu im AGCO-Chefsessel war ich zum allerersten Mal in New York an der Wall Street. Der Anlass war ein Treffen mit Analysten, also einer für börsennotierte Unternehmen wichtigen Spezies, denn ihre Prognosen prägen die Kurse mit. Die Analysten bilden sich in solchen Briefinggesprächen mit dem Firmenchef ihre Meinung, was die Chancen des Unternehmens angeht, und geben Kauf- oder Verkaufsempfehlungen für die Aktie. Ich hatte kurz vor meiner Fahrt nach New York meinen letzten Cashbonus von Claas, das waren etwa 500 000 Euro, in Aktien von AGCO investiert. Die kosteten weniger als 15 Dollar pro Aktie. Den Wall-Street-Analysten habe ich die Strategie präsentiert und gesagt: „Weil ich an die Firma glaube, habe ich diese AGCO-Aktien gekauft." Und dann habe ich die Bibel zitiert. „So gehet hin und tuet desgleichen." Wer es gemacht hat, wurde belohnt. Der Kurs ist inzwischen um ein Vielfaches gestiegen.

Ganz oben

Puzzlespiel am AGCO-Chefschreibtisch und ein Tourist auf heißen Kohlen: Aus einem Sammelsurium von Treckermarken wird ein wachstumsstarker Global Player für Landwirtschaftstechnik.

Etwas Gottvertrauen brauchte ich bei dieser Mission. Denn die Firma, eine der 500 größten des Landes, war aus meiner Sicht in einem desaströsen Zustand. Als ich Anfang 2004 bei AGCO loslegte, machte das Unternehmen etwas mehr als 3 Milliarden Dollar Umsatz. Die Firma hatte kein Kreditrating. Es wurde keine Dividende gezahlt, es fehlten wichtige Strukturen. Es gab keine vernünftige Personalabteilung, keine Investor-Relations und keine PR-Funktion, weil mein Vorgänger eigentlich immer der Meinung war, dass er das alles alleine kann. Außerdem hatte er ein paar eigenwillige Ansichten. Bob Ratliffs Prinzip war, kein Geld für Forschung und Entwicklung auszugeben und niemals mit Unternehmensberatern und Personalberatern zusammenzuarbeiten. Er stand auf der Bremse, was Investitionen anging. Bei den Beratern kann man das vielleicht noch nachvollziehen. Beim Rest ist so ein Verhalten unternehmerisch betrachtet nahezu selbstzerstörerisch.

AGCO war im Grunde ein Sammelsurium von zusammengekauften Marken. Ratliff hatte mit vier Kollegen 1990 die Deutz-Allis Corporation zur Gründung seines Unternehmens gekauft – und ging dann richtig auf Shoppingtour. So baute er aus einem kleinen nordamerikanischen Unternehmen einen weltweit agierenden Landtechnikhersteller. Ein paar der Käufe waren echte Paukenschläge: 1994 sicherte sich Ratliff weltweit alle Anteile an Massey Ferguson, 1997 kaufte er das deutsche Unternehmen Fendt. 2002 holte er die Caterpillar-Raupentraktoren und die Marke Challenger in den Verbund, 2004 schloss er noch die Übernahme der finnischen Traktorenmarke Valtra ab.

Bis zu dem Zeitpunkt, als ich ankam, war AGCO durch etwa 25 Akquisitionen gewachsen. Und es gab überhaupt nichts, was man heute Post-Merger-Integration nennt, also eine Zusammenführung von Unternehmensstrukturen und Organisationskulturen. Die fummelten da alle weiter vor sich hin. Viele Firmen waren dabei, denen es zum Zeitpunkt der Übernahme schon sehr schlecht gegangen war. Und es gab 26 verschiedene Marken. Man kann es so zusammenfassen: Als ich anfing, gab es keine Strategie, und im Grunde war mir das bereits im Vorfeld klar. Ich kannte die Firma schon ganz gut von außen. Wir hatten bei Claas immer dagesessen, über den Teich geguckt, den Kopf geschüttelt und gesagt: „So, jetzt gehen sie aber pleite und das wars." Das geschah aber nicht.

An meinem ersten Tag nahm ich Platz im Büro in Duluth und nun muss man sich das so vorstellen: Auf meinem

Schreibtisch lag ein riesiger Haufen Puzzleteile. Ich wusste aber überhaupt nicht, wie das Bild aussehen sollte. Dann habe ich das getan, was ich auch heute noch Leuten empfehle, die neu in ein Unternehmen kommen, nämlich die Ohren auszufahren. Ich habe verschiedenen Mitarbeitern immer wieder die Frage gestellt: „Was erwartet ihr eigentlich von mir?" Das waren junge Leute, alte Leute, Amerikaner, Deutsche, Brasilianer, Finnen, Franzosen. Und der gemeinsame Nenner war eigentlich: Alle erwarteten eine klar kommunizierte Strategie.

Daraufhin habe ich eine Art kleinen Club innerhalb der Firma gebildet, quer durch alle Hierarchien, international gemischt, alterstechnisch sehr diversifiziert. Ich glaube, wir waren acht Leute – und gemeinsam haben wir eine Strategie definiert. Mein Vorteil war, dass ich das vorher schon ein paarmal gemacht hatte und quasi eine Gebrauchsanweisung von Schindler mitbrachte, die schweizerisch gründlich war. Also etwa: Was ist eine Vision? Dann kam die Definition. Warum braucht man eine Vision? Dann kam die Begründung. Und dann kam der Inhalt. Es war also ein recht detaillierter Plan, wie man schrittweise bis zum Kern vordringt.

Ich rief bei Schindler an und fragte geradeheraus: „Ich befinde mich gerade in einer Firma ohne Strategie. Darf ich das Konzept benutzen?" Die waren so freundlich und sahen kein Problem, dass wir uns daran orientierten. Also hatten wir ein Raster, um uns eine Strategie zu erarbeiten: Vision, Mission, Unternehmenswerte und natürlich auch Zielvorstellungen und Maßnahmen. Das ist ja immer die Krux:

Schon gut, wenn man die Idee und die Ziele kennt. Aber natürlich braucht man konkrete Maßnahmen, um das alles hinzubekommen. Deshalb erstellten wir ein Portfolio von siebzig bis achtzig strategischen Initiativen. Nachdem wir alles intern erarbeitet hatten, bin ich damit zum Aufsichtsrat gegangen. Die Mitglieder fanden es alle sehr gut. Ich halte es für wichtig und selbstverständlich, dass die Strategie vom Aufsichtsrat getragen werden muss. Wird aber oft vergessen.

Mein Vorgänger, Bob Ratliff, hatte bei seiner Verabschiedung gesagt: „Martin, ich erwarte von dir, dass du den Umsatz innerhalb von zehn Jahren verdoppelst." Da dachte ich: Was ist das denn für ein bescheuerter Typ? Den fandest du doch immer ganz nett. Jetzt stellt der dir eine Aufgabe, die total unrealistisch ist. Fakt war: Wir haben dafür keine zehn Jahre gebraucht und nicht nur den Umsatz verdoppelt, sondern das Ergebnis versechsfacht. Der Börsenkurs war 2020 schon bei über 90 Dollar. Schon allein auf die Zahlen und die messbaren Ergebnisse bezogen, haben wir da einen ganz vernünftigen Job gemacht.

In der ganzen Zeit habe ich auch versucht, meinen Vorstand zu optimieren. Als ich ankam, waren das überwiegend ganz nette Leute, die aber aus meiner Sicht fast alle keine Ahnung hatten. Durch organische Bewegungen habe ich einen Vorstand geformt, der bekanntermaßen in unserer Industrie als top gilt. Bis auf eine Ausnahme ist das sogar gelungen, ohne Leute rauszuschmeißen. Und wir haben einige Marken zusammengefasst. Es gibt heute im Kerngeschäft

Landmaschinen nur noch vier Marken, in Zukunft vielleicht auch nur noch drei. Das hat also alles sehr gut funktioniert.

Im Rückblick lässt sich das natürlich leicht sagen und alles wirkt mit Abstand betrachtet wie gemalt. Seien wir aber ehrlich: Ganz so einfach und eindeutig war es nicht. Ich empfand es im Frühjahr 2004 schon als Sprung ins kalte Wasser. Und ich wusste nicht mal, ob ich schwimmen konnte. Ich hatte keine großartige Begleitung oder eine Übergangsphase. Im Prinzip bin ich einfach losgeschickt worden. Das Erste, was ich operativ gemacht habe, war eine Roadshow mit der Investmentbank Morgan Stanley, wo wir Aktien verkauft haben, um einen Unternehmenszukauf zu finanzieren.

Ich war nie der Meinung, dass ich alles weiß oder kann. Ich habe immer schnell gelernt, auch weil ich frei heraus erklärt habe, wovon ich keine Ahnung habe oder was ich nicht beherrsche. Vermutlich hat mich das so weit getragen. Mich hat immer interessiert, wie etwas genau funktioniert. Manche Leute, die hören irgendwas, haben absolut keine Ahnung – aber trauen sich dann nicht zu fragen: „Was heißt das eigentlich?“ Dieses Problem habe ich nie gehabt.

Meine anfängliche Unsicherheit erkennt man vielleicht am besten an dem Umstand, dass ich meine Familie erst mal schön in Deutschland gelassen habe. Natürlich habe ich auch überlegt: Was machst du eigentlich, wenn du auf die Schnauze fällst? Meine heimliche Hintertür war Schindler. Ich hatte ein gutes Einvernehmen mit denen, mir wurde zum Abschied gesagt: „Wenn das in die Hose geht, kommen Sie wieder zurück zu uns." Es war gut, das zu hören. Es gab mir erstens ein bisschen das Gefühl, bei Schindler einen ordentlichen Job gemacht zu haben, und zweitens, dass ich nicht total auf der Straße sitzen würde, falls etwas schiefläuft.

Als ich bei AGCO zum Dienst antrat, zog ich zunächst ins Hilton Garden Inn. Das ist ein billiges Hotel gleich um die Ecke vom Firmensitz. Da lebte ich drei Monate lang in einem normalen Hotelzimmer. Aus Kostengründen wurden die Rezeption und der Frühstücksraum von einer einzigen Person gemanagt, das war eine sehr sympathische Schwarze, die immer Späße machte: „Es ist ein wunderschöner Morgen. Möchten Sie Rührei oder Rührei?" Das Frühstücksangebot war extrem beschränkt. Es gab vielleicht noch einen Bagel mit „cream cheese", das wars. Aber ich war schnell in der Firma und ich habe ohnehin fast nur gearbeitet. Normalerweise so von morgens sieben bis abends um zehn und ich bin auch unglaublich viel durch die Weltgeschichte gereist. Schließlich wollte ich alle Standorte sehen, mir ein ganz präzises Bild machen und so viele Leute wie möglich kennenlernen. An vielen Standorten war es das erste Mal, dass der CEO überhaupt vorbeischaute. Die hatten meinen Vorgänger nie gesehen.

Nach einem Vierteljahr im Hotel nahm ich mir ein kleines möbliertes Apartment, auch um die Ecke. Es hatte einen Wohnraum mit Kochnische und zwei Schlafzimmer. Als Erste zog dann meine Tochter Mechthild hier mit ein, denn sie begann ihr Studium in Atlanta. Wir hatten also eine Vater-Tochter-WG. Ich habe regelmäßig gekocht. Es gab unter anderem die am längsten gebratene Entenbrust aller Zeiten. Sie war nicht zart, da dachte ich, wenn man sie noch länger brät, würde sie zarter werden. Hat aber nicht ganz funktioniert. Meine Frau kam in den Ferien zu Besuch. Sie war ja noch Lehrerin an der Hauptschule in Warendorf und fuhr dann hier in der Gegend herum und sah sich Häuser an. Der Plan stand also: Meine Familie würde nachkommen.

Etwas Passendes zu finden, war jedoch ein Problem. Entweder gefiel Brigitte das Haus nicht, oder das Haus gefiel ihr, aber nicht der Anstrich, die Fliesen, der Teppich, das Parkett. Ich habe mich ziemlich zurückgehalten und vorgeschlagen: „Jetzt suchst du dir zuerst mal eine Gegend aus, die dir gefällt. Und dann gucken wir, ob wir da ein Grundstück kaufen können. Und wenn wir das Grundstück haben, dann suchst du dir ein Haus, das dir von der Art gefällt. Dann versuchen wir rauszukriegen, wer das gebaut hat, und dann bauen wir das auch. Und zwar so, dass wir uns alles – von den Armaturen über die Fliesen, die Farbe und bis zum Teppich – aussuchen können." So haben wir das schließlich gemacht. Ich war sozusagen der ferngesteuerte Bauleiter, meine Frau dirigierte aus Warendorf. Bei Farbe und Fußboden bekamen wir Muster. Bei den Armaturen und Küchengeräten zum Beispiel sind wir auf die Homepages deutscher Hersteller gegangen und haben uns etwas von Grohe und Miele zusammengestellt. So kam ein gewisser deutscher Touch in unser Haus.

Nach ungefähr einem Jahr war das Haus fertig und meine Frau zog dann auch hier rüber. Mit fast zwei Jahren

Verspätung zwar, aber in ein neues Haus, das ihren Vorstellungen entsprach. Wir haben unser altes Haus im Kreis Warendorf behalten, sind aber eher selten dort. Es dient vor allem als Lager für unsere alten Möbel, denn wir haben kaum etwas mitgenommen. In amerikanischen Häusern ist der Bedarf an eigenen Möbeln relativ gering. Da gibt es keine Kleiderschränke, dafür ein „closet", einen begehbaren Schrank. Man braucht Betten, aber da kann man die europäischen vergessen, weil die amerikanischen Betten zehnmal bequemer sind. Und im Wohnzimmer sind die Regale schon alle eingebaut. Also braucht man nur wenige Dekorationsmöbel, hier ein kleines Tischchen, da eine Sitzecke. Das war es dann schon.

Ein dringendes Problem war zu Beginn noch zu lösen. Eingereist war ich als Tourist. Aber ich brauchte ja ein Visum oder eine Arbeitserlaubnis. Als ich Bob Ratliff zuvor einmal darauf angesprochen hatte, sagte er: „Hör mal, was meinst du eigentlich, wer wir hier sind? Das ist doch ein Klacks. Komm erst mal rüber." Als ich ihn nun daran erinnerte, meinte er: „Jaja, da müssen wir uns jetzt mal drum kümmern." Wie sich herausstellte, war seit meiner ersten Frage aber noch gar nichts in die Wege geleitet worden. Und die Greencards, die über die jährliche Lotterie zur Verfügung standen, waren alle schon vergeben. Was nun? Ein Tourist leitete ein Fortune-500-Unternehmen.

Mein erster Vertrag lief nominell über den englischen Standort – das Konstrukt funktionierte als Notlösung recht gut. Ich reiste immer wieder rein und raus und war nie wirklich an der Grenze der drei Monate, die ich am Stück in den USA bleiben durfte. Unsere Anwälte kamen als Nächstes auf die Idee, dass auch ein sogenanntes O-1-Visum funktionieren könnte, also eine Aufenthaltsgenehmigung für „Personen mit außergewöhnlichen Fähigkeiten", wie es offiziell heißt. Das Visum ist für besondere Leistungsträger oder auch wissenschaftliche Talente gedacht, die etwas machen, was Amerika unbedingt braucht, aber nicht hat. Solche Leute wie Herbert von Karajan oder Steffi Graf hätten das bekommen können. Jetzt ist es natürlich ein bisschen unwahrscheinlich, dass Amerika unbedingt einen deutschen Manager braucht, weil es hier in Amerika zu wenige gibt. Trotzdem haben sie das gemacht und die Schreiben habe ich noch.

Um für O-1 infrage zu kommen, muss man Referenzen vorweisen. Professor Horst Wildemann von der TU München schrieb mir eine Empfehlung. Auf Genscher kam ich natürlich sofort und der stellte mir dann praktisch ein Einserzeugnis mit Sternchen aus. Wenn man es liest, muss man denken, dass ich der Größte bin. Dazu kam Henry Kissinger, der frühere US-Außenminister. Ihn hatte Genscher ins Spiel gebracht. Jimmy Carter, der 39. Präsident der Vereinigten Staaten, empfahl mich obendrein auch noch, er kam aus dem Netzwerk von Ratliff. Ich hatte wie aus dem Nichts super Referenzen und bekam dieses O-1-Visum. Ab dem Moment hatte ich quasi VIP-Status. Schnell beantragte ich die Greencard, also die zeitlich unbeschränkte Arbeits- und Aufenthaltserlaubnis. Weil ich so eine Art „privileged O-1 man" war, bekam ich sie tatsächlich relativ schnell.

Der nächste Schritt war die Einbürgerung. Da muss man eigentlich nichts anderes machen, als fünf Jahre und drei Monate – eine mir unerklärlich krumme Zahl – in Amerika zu leben, zu arbeiten, Steuern zu zahlen und sich nichts zuschulden kommen zu lassen. Das konnte ich schließlich alles vorweisen und konnte ganz unbürokratisch die amerikanische Staatsbürgerschaft beantragen. Dann kam der Tag, an dem ich Amerikaner wurde. Ich wurde in ein vergammeltes Lagerhaus in Duluth eingeladen, weil es offenbar am kostengünstigsten war. Man wird dann auf die amerikanische Verfassung eingeschworen – zusammen mit ein paar Hundert anderen Leuten. Nachdem ich den Eid geleistet hatte, tranken wir ein Gläschen. Es gab noch einen Sprachtest, aber ganz simpel. Die Frau, die ihn mir abgenommen hatte, fragte mich, wie ich mich nun fühlte. Ich sagte: „Ein bisschen enttäuscht. Ich dachte, nachdem ich vereidigt bin, hätte ich nun auch diesen schönen ‚Southern accent'."

Viel, viel bürokratischer war es, die deutsche Staatsbürgerschaft zu behalten. Was ich dafür alles besorgen musste, ist unglaublich – und man fragt sich auch: Warum? Von der Taufurkunde über alle Zeugnisse der Grundschule bis hin zu allen möglichen aktuellen Unterlagen musste ich einen unglaublichen Haufen Kram zusammensammeln. Zudem musste jedes Familienmitglied eine in Prosa verfasste Begründung abliefern, warum man A) amerikanischer Staatsbürger werden will, und in einem zweiten Aufsatz erläutern, warum man B) deutscher Staatsbürger bleiben möchte. Da haben wir mithilfe von Anwälten Storys zusammengestrickt, es ging nicht ohne. Bei mir war das noch recht einfach, es ließ sich schnell begründen: Familie in Deutschland, Arbeit bei AGCO. Aber schon bei meinem Jüngsten, Martin, wurde es schwierig. Der musste ja erst noch Abi machen. Da haben wir zu Protokoll gegeben, dass er in Amerika studieren und auch bei seinen Eltern leben möchte. Aber dass er gleichzeitig gerne seinen Wehrdienst bei der Bundeswehr in Deutschland ableisten möchte. Heute besitzen wir alle einen deutschen und einen amerikanischen Pass und dürfen in beiden Ländern an der Wahl teilnehmen.

Diese Einwanderungsgeschichte hat in unserer Familie noch mehr Verständnis für Immigranten und auch Asylsuchende erzeugt. Unser Ältester, Stefan, studierte zu der Zeit noch Agrarwissenschaften in Bonn, er war aber schon über 21 Jahre und durfte deshalb nicht mitkommen. Nur Familienmitgliedern unter 21 Jahren war es erlaubt, mit nach Amerika einzuwandern. Heute ist er auch hier, hat seine Greencard und arbeitet am Einbürgerungsantrag. Noch hat er eine etwas irre Familiensituation: Sein Bruder, seine Schwester und seine Eltern sind Amerikaner – und zwei seiner drei Kinder ebenfalls. Er selbst aber nicht.

Dass es von Anfang an für mich als Deutschen in den USA gut funktioniert hat, lag auch an Kleinigkeiten. Zum Beispiel habe ich im Englischen einen hörbar deutschen Akzent, anders als im Französischen. In der englischen Grammatik bin ich zwar sattelfest, aber trotzdem dachte ich: Wenn du mit dieser Aussprache zur Wall Street gehst, finden sie das bestimmt blöd. Ich ging ja ohnehin davon aus, dass sie mich an der Börse schön auseinandernehmen würden. Es kam anders: Es wurde zu meinem Differenzierungsmerkmal, ich war für die „the German tractor guy“. An der Wall Street sind ja über 2000 Firmen gelistet, täglich laufen da Dutzende CEOs rum und versuchen, ihre Message zu verkaufen. Beim ersten Mal haben Sie mich gefragt: „Oh, wo kommst du her?“ Und beim zweiten Mal erinnerten sie sich schon an mich. Ach, da kommt wieder der deutsche Traktormann. So einen Akzent finden Amerikaner ganz spannend.

Man muss allerdings dazusagen, dass mich einige Mitarbeiter am Anfang gar nicht so richtig verstanden haben. Wenn man in Amerika mit Akzent redet, kann man genau erkennen: Sind das Leute, die es gewohnt sind, mit anderen Kulturen zu kommunizieren, oder sind das Hardcore-Amerikaner? Ich erinnere mich an eine Begebenheit nach einem Wochenende, wo ich sagte: „I walked my dog.“ Wenn man das ein bisschen falsch ausspricht und das g nicht weich genug macht, klingt das für Amerikaner wie „duck“, also Ente. „Was, du bist mit deiner Ente spazieren gegangen?“ Das musste ich tatsächlich fünfmal wiederholen, bis die Erlösung kam: „Ach ja, jetzt habe ich es verstanden: Hund.“ Da wundert man sich schon: Können die überhaupt nicht abstrahieren und mitdenken? Stellen sie sich wirklich vor, dass ich mit meinen Kindern und einer Ente an der Leine spazieren gehe? Das sind so Dinge, wo man sich anpassen muss. Intern in der Firma war das nach einer Weile kein Thema mehr. Aber am Anfang, weil man bei AGCO überwiegend auf Hardcore-Amerikaner traf, wurde sicherlich hier und da gedacht: Wer ist das denn?

Aber ich war ja nicht angetreten, um einen möglichst gefälligen Eindruck zu machen. Es gab viel zu tun – und ein paar Dinge habe ich mit extrem hohem Risiko umgesetzt. Ein Beispiel betrifft Fendt in Bayern. Da haben wir von 2009 bis 2012 rund 500 Millionen Euro in die Ausweitung der Produktion investiert – zu einer Zeit, in der der Markt rückläufig war. Mein Aufsichtsrat fand den Plan eher nicht so toll. Die Amerikaner hatten zwar Fendt 1997 hinzugekauft, aber sie kannten Deutschland noch immer nicht so richtig. Vor allem hatten sie große Angst vor der deutschen Mitbestimmung, vor den Betriebsräten, vor der IG Metall. Ich musste im Aufsichtsrat erklären, warum ich mit Fendt nicht nach Tschechien oder Polen auswandern werde, was zur Debatte stand. Das war so rund um die Jahre 2007 und 2008, die Diskussion zog sich. Wenn mein Entschluss für Deutschland in die Hose gegangen wäre, hätte man mich definitiv rausgeworfen. Es ist aber nicht in die Hose gegangen und da gilt wohl dieser berühmte Spruch: Nichts ist erfolgreicher als der Erfolg. Also, wenn man riskante Entscheidungen trifft, sollten sie besser funktionieren – vor allen Dingen, wenn man keine breite Mehrheit hinter sich hat. Mein Vorteil nach diesem Alleingang: Der Aufsichtsrat hatte gelernt, mir zu vertrauen.

Dennoch muss man immer wieder für seine Überzeugungen kämpfen. Bei der Übernahme des Getreidesiloherstellers GSI im Jahr 2011 war der Aufsichtsrat skeptisch und auch die Analysten an der Börse fanden meine Idee nicht so gut, weil es nicht unser Kerngeschäft war. Doch genau um diesen Ausbruch aus den bisherigen Bahnen ging es mir: Weil unsere Industrie sehr konsolidiert ist, war im Kerngeschäft Landmaschinen nur noch mit großer Mühe weiteres Wachstum möglich. Hinzu kam unser altes Problem, dass wir im Heimatmarkt Amerika nicht stark genug waren und auch zu wenig Ergebnis generierten, was heute teilweise immer noch so ist. Ich wollte also in den USA stärker dastehen und in der Lage sein, unseren Aktionären ordentliche Dividenden zu zahlen. Also machte ich mich stark für den Kauf von GSI – das Unternehmen baut Silos und Anlagen für die Getreidetrocknung, aber stellt auch Proteinfutter sowie Stallsysteme für Hühner und Schweine her. Für uns Neuland – aber mit der Aussicht auf hohe Margen. 80 Prozent des Geschäfts machte GSI in Amerika, und es waren oft dieselben Kunden, die auch unsere Landmaschinen kauften. Ich sah also jede Menge Synergien. Das war auch so etwas, was hätte schiefgehen können. Immerhin betrug der Kaufpreis rund 930 Millionen Dollar. Am Ende war es ein großer Erfolg, GSI hat uns super ergänzt.

Das war für mich in den USA auch eine neue Erfahrung, was die Ansprüche an einen Wirtschaftskapitän angeht: Meiner Meinung nach erwartet man bei größeren amerikanischen Unternehmen wie Caterpillar oder John Deere, die ich beide gut kenne, vom CEO vor allem eines: Ruhe. Niemand fordert von ihm, dass er wirklich irgendetwas bewegt. Bei Caterpillar kommt alle drei bis fünf Jahre ein neuer CEO, der sich meist in zwanzig- bis dreißigjähriger

Firmenzugehörigkeit hochgedient hat. Und zur Belohnung wird er zum Schluss Chef. Die Unternehmen sind wie Flugzeugträger. Der CEO wird ausgewählt, um das Ding auf Kurs zu halten. Er soll möglichst nicht auf die Idee kommen, schnell mal abzubiegen.

Dazu muss ich sagen, dass AGCO für dieses „Weiter so!" nicht das richtige Unternehmen war. Wir hatten so viele Dinge aufzuarbeiten, Baustellen, wohin man blickte: Da waren über sechzig verschiedene Softwareprogramme im Einsatz, wir hatten keine funktionierende Personalabteilung. Bezeichnend war ein frühes Treffen mit unserem Personalmann, einem gelernten Vertriebsmanager, der ins Personalwesen strafversetzt worden war – und davon gar keine Ahnung hatte. Mit ihm habe ich mich zusammengesetzt und gesagt, dass wir mal über die Personalphilosophie hier nachdenken müssten. Meine Idee war: „We go for excellence." Lass uns nur die besten Leute der Branche anheuern, riet ich ihm. Da sagte er: „Das ist alles Quatsch. Da kann ich überhaupt nicht zustimmen. Die kommen ja sowieso nicht zu uns." Was auch richtig war. Am Anfang war AGCO ein Laden mit einem ziemlich schlechten Image, als Arbeitgebermarke eine Katastrophe. Heute rennen sie uns die Bude ein.

Es lag ja auf der Hand: Wenn man exzellente Leute haben will, muss man natürlich auch ein exzellentes Unternehmen sein. Das Tolle am schlechten Zustand war, dass es mir einen Riesenspaß gemacht hat, da unternehmerisch etwas zu bewegen. Wenn ich mir so eine „Auf Kurs bleiben"-Führungsposition vorstelle – da hätte ich auch Lehrer bleiben können.

Es dauerte eine Weile, aber dann passierte etwas: Langsam kam das Puzzle zusammen. Und wie immer beim Puzzeln beschleunigt sich der Prozess gegen Ende – und genau das haben wir hier bei AGCO auch gesehen.

2020 war natürlich ein spezielles Jahr. Nicht nur für mich persönlich, weil es mein letztes Jahr an der Spitze von AGCO und im aktiven Berufsleben war. Wir waren fast am Ziel, sozusagen, als uns Corona noch mal reingespuckt hat. Eine vergleichsweise kleine Krise war zuvor durch die China-Sanktionen verursacht worden – als Donald Trump mit seinem Handelskrieg den Bauern und damit auch uns mehr Schaden zugefügt hat als jeder andere Präsident zuvor. Denn mit Chinas Gegenmaßnahmen fiel ein riesiger Absatzmarkt weg. Aber wie gut wir eigentlich unterwegs waren, sieht man am ersten Quartal 2020. Das war besser als Vorjahr, besser als die Guidance – das ist das, was man den Analysten erzählt. Und auch besser als Consensus – das ist das, was die Analysten über uns denken. Wir sind ein viel besseres Unternehmen geworden. Rund um die US-Wahl 2020 haben wir unser Allzeithoch am Aktienmarkt erreicht. Ich hatte hier eine tolle Chance und es hat mir Riesenspaß gemacht. Eine ganz neue Erfahrung im Vergleich zu meinen früheren Stationen: Ich konnte einfach machen, was ich wollte.

The Renaissance man

Breite Bildung zahlt sich aus. Kontaktpflege in der Burgerbude, Benimmkurs für die Vorstandskollegen und warum Intuition und Menschenkenntnis in den USA so wichtig sind.

Ich hatte nie den Plan, CEO zu werden. Manchmal stelle ich mir die Frage, wie ich mich wohl entwickelt hätte, wenn ich tatsächlich eine Lehre bei der Deutschen Bank gemacht hätte, dann ein BWL-Studium, ein paar Jahre bei McKinsey gearbeitet hätte und von da aus in die Wirtschaft gegangen wäre. Obwohl ich anfangs beim Stahlhersteller Hille & Müller mit meinem Religionsstudium gehadert habe, sage ich heute: Im Rückblick hätte es nicht viel besser laufen können. Von der Bildung her etwas breiter aufgestellt zu sein, habe ich in Amerika immer als Vorteil empfunden. Griechisch, Latein und Hebräisch zu können, sich in der Geschichte, in der Kunst und in der Musik ein bisschen auszukennen: All das hilft mir, Kulturbrüche als solche zu erkennen und auf internationalem Parkett meinen eigenen Weg zu finden.

Hugh Grant, der CEO von Monsanto, nennt mich immer „the Renaissance man". Auch ein paar andere Vorstandschefs verwenden den Ausdruck. Erst dachte ich, die wollen mich verarschen. Doch es ist wohl weniger Spott als Respekt dabei – sie sehen mich als Generalisten. In der Renaissance galt es als Ideal, am besten so ziemlich alles zu wissen – und nicht nur in einzelnen Disziplinen stark zu sein. Zum Allgemeinwissen gehören für mich auch lebenspraktische Dinge. Ich kann beim VW einen Motor auswechseln, ich kann anstreichen und Fliesen legen. Und ich kann sehr gut schlecht Geige spielen.

Das klingt nach Angeberei, und ich weiß, dass man das vorsichtig dosieren muss. Latein zum Beispiel spielt ja in Amerika überhaupt keine Rolle. Wenn man aber mal jemandem richtig einen pinnen will, kann man dieses Spartenwissen auspacken. Bei Donald Trump habe ich einmal im Gespräch ein schönes lateinisches Zitat angebracht, weil ich wusste, der steht jetzt auf dem Schlauch. So war es dann auch. Er antwortete nach dem Motto: „Jetzt wollen wir nicht Deutsch reden, sondern Englisch." Als ehemaliger Pädagoge muss man natürlich immer aufpassen, dass man nicht in die Rolle des Oberlehrers verfällt.

Mir kommt es darauf an, stets unvoreingenommen zu sein. Jeder hat seine Stärken, man muss sie wecken und bestmöglich einsetzen, davon bin ich überzeugt. Ich erkenne sehr schnell, ob Leute Talent haben – und Spaß am Arbeiten. Ihre Vorgeschichte ist mir im Grunde völlig egal. Wenn ich hin und wieder an Unis bin und interessante Studenten aus dem letzten Semester vor mir habe, lade ich sie nach meiner Vorlesung ein: „Wenn Sie sich für AGCO interessieren, melden Sie sich bei mir." Einmal hat mich auch eine supermotivierte Kellnerin in Atlanta im Restaurant beeindruckt. „Sie machen hier aber einen ganz guten Job, scheint Ihnen Spaß zu machen", sagte ich. „Jaja", antwortete sie, das Kellnern sei aber nur Hobby, sie mache gerade ihr Examen in Betriebswirtschaft. Diese junge Frau habe ich vom Tisch weg engagiert und sie hat sich bei AGCO ordentlich entwickelt.

Manchmal wildere ich sogar in völlig fremden Gefilden. Mein erstes Firmenauto in Atlanta war ein VW Phaeton, Zwölfzylinder. Ein unglaublich tolles Auto, es wirkte gar nicht protzig, sondern galt als bescheiden. Die beste Klimaanlage, die ich je hatte, niedrigster Geräuschpegel, toll zu fahren. Ich war einer der wenigen, die in Amerika überhaupt einen Phaeton fuhren, es sind nur gut 2000 Stück verkauft worden. An der Tankstelle sprachen mich die Leute an: „Oh, what a nice VW!" Und dann wollten sie wissen, wie viel der kostet und schätzten so 40 000. „Na ja, ein bisschen mehr", sagte ich immer. Das Problem war dieses Markenimage. Kein Amerikaner wollte für einen VW über 100 000 Dollar hinblättern und dann noch zu Unrecht mit jemandem verwechselt werden, der sich die S-Klasse nicht leisten kann.

Einmal würde ich ja schon ganz gerne Gas geben, dachte ich. In Georgia liegt die Höchstgeschwindigkeit auf Autobahnen bei 70 „miles per hour", also nur knapp über 110

Stundenkilometern. Ich fragte meine Kollegen nach einem Tipp. Sie nannten mir eine bestimmte Autobahn Richtung Norden, dort könnte ich sonntagmorgens mal ganz früh rausfahren und genau gucken, ob man Polizei sieht. Wenn nach zwanzig, dreißig Kilometern alles im grünen Bereich sei, könne man relativ gefahrlos wenden und einmal richtig Gas geben. So habe ich das gemacht. Und sah sogleich einen Polizeiwagen mit Blaulicht im Rückspiegel.

Kurz überlegte ich: Haue ich jetzt ab? Der hätte mich niemals eingeholt. Aber ich fuhr rechts ran. Ein baumlanger, sehr netter Polizist wollte meine Papiere sehen. Man darf mit Polizisten in Amerika nicht verhandeln und nicht mal reden. Dann ermahnen die einen nach dem Motto: „Noch ein Wort und Sie werden verhaftet." Ich wusste schon, wie man das macht. Als er sah, dass ich Deutscher war, begann er ein Gespräch zur Geschichte des Zweiten Weltkriegs. Wie sich herausstellte, sein Hobby. Er kannte jede Schlacht und jeden General und weiß der Teufel was alles. Und wo ich herkomme, Köln? Ja, da wäre auch das und jenes passiert. Das dauerte schon eine Viertelstunde. Und dann wollte ich wissen: „Waren Sie denn schon einmal in Deutschland?" „Nein, noch nie." Er würde aber mal gerne hin, die Deutschen wären ja so toll. Und dass die Deutschen auf ihren Autobahnen immer so rasen würden – und das sei jetzt das Thema, das er mit mir auch mal besprechen wolle.

„War ich denn schnell?", fragte ich scheinheilig. Umgerechnet 225 Stundenkilometer, taxierte er. Natürlich hatte er recht, ich war rund doppelt so schnell gewesen wie erlaubt. „Officer, das kann ja gar nicht sein“, meinte ich. „Was glauben Sie denn, was das für ein Auto ist?“ Er sagte: „Good point. Is it a Passat?“ In Amerika war ich mir nicht so sicher, was passiert, wenn man einen Polizisten belügt. Ich wollte keinen Fehler machen und formulierte: „Kind of a Passat.“ Also: So eine Art Passat. Dann ging er ums Heck rum und bestätigte: „Yeah, kind of a Passat.“ Ich fragte ihn, ob es denn überhaupt einen Passat gebe, der so schnell fahren könne? Er kam ins Grübeln, funkte seine Wache an und kam mit der Bestätigung zurück, dass ein Passat wirklich gar nicht so schnell sein kann. Er zeigte auf seine Radarpistole. „Guck mal, dieses Scheißding hat nicht funktioniert. Sorry.“ Und dann hat er mich fahren lassen.

Am folgenden Montag saß ich im Büro, da besucht mich der Polizeichef. Sein Antrittsbesuch. Wir sind hier ein großer Player in Duluth, da passiert es in regelmäßigen Abständen, dass die Bürgermeisterin oder auch der Polizeichef mal vorbeischauen. Dem erzählte ich die Story vom Vortag ungeschminkt und er amüsierte sich köstlich darüber. Ich nannte keinen Namen, sagte auch nicht, wo das war, weil ich niemanden in die Bredouille bringen wollte. Zwei Tage später auf dem Weg zur Arbeit kam so ein Harley-Davidson-Polizist, fuhr neben mich, guckte mich so an, setzte sich dann vor meinen Phaeton, schaltete sein Blaulicht an und winkte mich raus. Kurz wähnte ich mich in *Versteckte Kamera*, weil er plötzlich in perfektem Deutsch mit mir sprach. Er sah aus wie ein richtiger Redneck-Amerikaner. Es war ein gewisser Ralf Wessel aus Mettmann. Er hatte diese

Story gehört und wollte mich auf jeden Fall mal kennenlernen. Denn ich müsse ja ein superlustiger Mensch sein. Bei der Unterhaltung stellte sich raus, dass er sich seinen Lebenstraum erfüllt hatte, Motorradpolizist in Amerika zu werden.

Wessel und seine Harley-Kollegen traf ich häufig in einer Hamburgerbude. Da machten die immer ihre Mittagspause, und wir gingen dort auch öfter hin, was nicht von Nachteil war. So wie die amerikanische Polizei manchmal mit ihren Bürgern umgeht, ist es nicht schlecht, sich ein bisschen zu kennen. Besonders im Süden tut man alles, um Fehler im Beisein der Polizei zu vermeiden. Also, ich dachte immer: Den netten Ralf möchtest du nicht unbedingt treffen, nachdem du bei Rot über die Ampel gefahren bist.

Eines Tages kam dieser Deutsche und sagte, er habe jetzt bei der Polizei die Schnauze voll. „Aber das war doch Ihr Lebenstraum?“, meinte ich. Er erklärte mir, dass er es leid sei, ständig die Leute abzukassieren. Es führt so eine sechsspurige Straße bei AGCO vorbei, das war schon immer die Haupteinnahmequelle der lokalen Polizei. Jetzt wurde aber wohl regelrecht ein Bonussystem für das Knöllchenausstellen eingeführt – und Ralf Wessel reichte es. „Meinen Auftrag als Polizist sehe ich nicht darin, für die Stadt Duluth oder die Polizei das Geld zu erwirtschaften“, klagte er. „Wenn Sie mal eine Idee haben, würde ich gerne bei AGCO arbeiten.“ Die hatte ich. Seit etwa fünfzehn Jahren ist er bei uns für die Firmenautos verantwortlich, kümmert sich um das Facility-Management und auch um Sicherheitsthemen.

Natürlich ist diese Form des Seiteneinstiegs nicht der Normalfall, aber auch keine völlige Ausnahme. Unseren späteren Afrikachef lernte ich auf dem Parkplatz kennen. Damals war ich noch bei Forbo in der Schweiz tätig und hatte in Amsterdam ein Zeitungsinterview gegeben, in dem ich sinngemäß sagte: „Gute Leute kann ich immer gebrauchen.“ Wir waren sehr schnell gewachsen und wollten Personal aufbauen. Eines Morgens war ich sehr früh auf dem Firmenparkplatz und stieg aus meinem roten Opel Omega. Da wartete ein junger Mann, der sich auffällig für mich interessierte. Auch ich musterte ihn, leicht irritiert. Hoffentlich will er mir nichts Böses, dachte ich, und dann kam er auch schon rüber. „Ich habe in der Zeitung gelesen, Sie suchen Leute“, sagte er. „Hier bin ich.“

Ich war erleichtert. „Hier haben Sie meine Karte, schicken Sie mir Ihr CV, ich kümmere mich darum, dass Sie ein Jobinterview bekommen“, sagte ich. Es war aber in den letzten Tagen, bevor ich nach Amerika ging. Nach ein paar Monaten meldete sich dieser Mann, ein Somalier mit holländischem Pass, ziemlich enttäuscht bei mir. Das versprochene Vorstellungsgespräch habe nie stattgefunden. Da habe ich gesagt: „Der Grund ist wahrscheinlich, dass ich nicht mehr da bin, und bei Forbo hat sich niemand sonst dafür interessiert. Sie machen stattdessen ein Interview bei AGCO.“ Wir haben ihn angestellt, zuerst bei der Marke Massey Ferguson in England. Später, als ich die Idee hatte, dass Afrika ein Zukunftsmarkt für uns sein könnte, holte ich ihn als meinen Assistenten nach Atlanta. Nuradin

Osman hat eine wirklich erfolgreiche Laufbahn bei AGCO gemacht. Das zeigt einmal mehr: Man muss nur offen sein.

Es gibt viele Klischees, wie ein Manager zu sein hat – meist geht es in die Richtung eines allwissenden, durchsetzungsstarken Selbstdarstellers. Dieses Rollenbild führt im Gegenzug auch zu einer Haltung der Angestellten, die wohl am freundlichsten mit „Anbiederei" umschrieben ist. Meine Mitarbeiter wissen, dass ich das absolut hasse, wenn mir Leute in den Hintern kriechen. Das anbiedernde Verhalten ist aber sehr amerikanisch. Und das habe ich meinen Leuten regelrecht abtrainiert.

Anfangs ließ ich schon mal so Testballons steigen: Da habe ich bewusst andere Meinungen vertreten und auf diese Art geübt, dass mir zum Beispiel die Führungskräfte nicht mehr einfach immer unreflektiert zustimmen, sondern sich mit der Thematik sachlich vernünftig auseinandersetzen. Das war ein Lernprozess, und es hat eine Zeit lang gedauert, bis es ankam. Geholfen hat, dass unser Team internationaler wurde. Wir hatten einen deutschen Produktionschef, einen Brasilianer für Südamerika, einen Engländer für Recht und einen Deutsch-Kroaten als Verantwortlichen für den Einkauf. Das globalere Team spiegelte auch besser den internationalen Fußabdruck der Firma wider.

Insgesamt sind die amerikanischen Chefs eher pragmatisch und wenig eingebildet. Sie wissen: Es kommt nur auf die Zahlen an, nicht auf heiße Luft. Das bedeutet, in dem Moment, wo irgendwas passiert oder in die falsche

Richtung läuft, fliegt man raus. Das ist ein unbarmherziger Prozess – und vielleicht auch der Grund, warum man hier ein bisschen besser bezahlt wird. Das Risiko liegt hier automatisch beim Chef. Man kann nicht herumeiern, Schuld von sich weisen oder sagen: „Da haben wir Pech gehabt." Es gibt auch in Amerika niemanden im Aufsichtsrat, der dann noch mal ein Auge zudrücken würde.

Selbstherrliche Vorgesetzte sind mir am häufigsten in Deutschland begegnet. In diesem Zusammenhang fällt mir immer Kajo Neukirchen ein. Denn mit ihm und auch mit Köln hat AGCO eine ganze Menge zu tun: Im rechtsrheinischen Köln war einst der riesige Technikkonzern Klöckner-Humboldt-Deutz beheimatet, im Grunde die Geburtsstätte des Ottomotors. Ich habe als Student bei KHD einmal für drei Monate in Köln-Deutz am Band gearbeitet – in den alten Backsteinhallen des Motorenwerks, wo heute Künstler und Gründer zugange sind. 1985 traf KHD eine folgenschwere Fehlentscheidung. Die Deutschen wollten in der Agrartechnik den Schritt nach Amerika wagen und der damalige Vorstandsvorsitzende Kajo Neukirchen kaufte die Landmaschinensparte des Traktorherstellers Allis-Chalmers aus Wisconsin. Das Unternehmen wurde in Deutz-Allis umbenannt und floppte fulminant. Die Integration ging schief und fuhr Hunderte Millionen Minus ein. 1990 dann die Notbremsung: Deutz-Allis wurde in einem Management-Buy-out an die Allis-Gleaner Corporation verkauft, kurz AGCO. Auf Käuferseite geschah das unter der Federführung von Bob Ratliff. Damit stand AGCO in den Startlöchern.

Ich habe die bittere KHD-Episode immer als Beispiel für seltsames Managen betrachtet – und an der Person Kajo Neukirchen festgemacht. Dem Mann war Anfang der 2000er-Jahre von der Wirtschaftspresse das Attribut des „härtesten Managers Deutschlands“ und eines Topsanierers angeheftet worden. Es klang ehrfürchtig. Ich habe nichts gegen ihn. Aber wenn man mich fragt, hat er erst Klöckner-Humboldt-Deutz in den Graben gefahren und dann den Stahlkonzern Hoesch. Die Neukirchen-Fehlschläge habe ich bei Vorträgen gerne als schmückende Storys eingebracht, so auch einmal an der TU München bei Professor Wildemann. Und zu meinem großen Erschrecken stellte ich dann fest: In der vierten Reihe saß Kajo Neukirchen. So eine Scheiße, dachte ich, der wird sauer sein. Nach dem Vortrag kam er zu mir. „Herr Richenhagen, was Sie da gesagt haben, hatte Hand und Fuß. Gott sei Dank wissen Sie nicht alles. Sonst wäre es für mich noch peinlich geworden.“ Also, er hat das sportlich genommen.

Ein Hauptproblem beim Kauf von Allis-Chalmers war nach meiner Einschätzung, dass die Kölner wohl wenig Verständnis für die unterschiedlichen Kulturen hatten. Das Erste, was sie gemacht haben: Sie schafften die Marke ab und benannten sie um. Und das, obwohl Allis-Chalmers so etwas wie Mercedes für Traktoren in Amerika war. Deutz kann der Amerikaner kaum aussprechen, bis heute sagen die noch „Dutz“ oder so was. Dann ist die Farbe für Landmaschinen ein ganz wichtiges Identifikationsmerkmal. Die US-Dinger waren traditionell orange, die Kölner Trecker knallgrün – und man hat in Amerika auf Deutz-Grün umgestellt. Sehr unsensibel.

Auch technisch haben sie einen Riesenfehler gemacht: Deutz war einer der wenigen Traktorenhersteller, die damals noch auf luftgekühlte Motoren setzten. Sie haben die technische Plattform von Allis-Chalmers verschrottet, um alles auf Deutz-Technologie umzustellen. Dabei war der luftgekühlte Motor bei den klimatischen Verhältnissen, zum Beispiel in Texas, total überfordert. Kurze Zeit nach der Übernahme machte das Unternehmen nur noch 250 Millionen Umsatz und genauso viel Verlust. Dann kamen sie auf die Idee, Bob Ratliff als CEO anzustellen. Er kam aber aus dem Lkw-Bereich und hatte von Landmaschinen überhaupt keine Ahnung. Ratliff konnte das Problem also auch nicht lösen. Dann wurde er gebeten, die Firma abzustoßen, sozusagen als Notverkauf. Es gab aber keinen Interessenten. Daher haben sie mit dem Management-Buy-out angefangen. Für Neukirchen echt kein Ruhmesblatt.

Persönlich habe ich Neukirchen 1990 oder 1991 in Verhandlungen kennengelernt, als er relativ frisch Chef bei Hoesch war. Ich war bei Hille & Müller tätig – und sein Kunde. Hoesch hatte in Hohenlimburg ein kleines Spezialstahlwerk, das ziemlich schmalen warmgewalzten Bandstahl produzierte, nur 650 Millimeter breit. Deren Dickentoleranzen waren wirklich toll für Warmband. Wir hingegen waren der einzige Hersteller von plattiertem Stahl. Das muss man sich so vorstellen: Da wird auf so ein Warmband mit hohem Druck auf beide Seiten eine Kupfer- oder

Messing- oder Aluminiumfolie aufgewalzt. Durch den Druck hält das. Und diese kupfer- und messingplattierten Stähle wurden damals für den Pfennig und den Groschen benutzt. Wir lieferten an die staatliche Münzprägeanstalt – ein sehr attraktives Geschäft. Neukirchen war also neu bei Hoesch und hat da rationalisiert wie der Teufel.

Als er zu mir kam, wollte er gleich über die Preise verhandeln. Sein Auftreten wirkte auf mich arrogant, er veränderte bestehende Bedingungen nach dem Motto: „Friss oder stirb." Er verlangte eine Preiserhöhung von, ich glaube, 25 Prozent. Was ihm offenbar nicht bewusst war: Wir waren weltweit der einzige Hersteller dieses plattierten Stahls und Neukirchens größter Kunde. Wir kauften ungefähr die Hälfte der Produktion. Ich erwiderte nur: „Okay, ich habe das verstanden, dann müssen wir uns umorientieren." Kaum waren die weg, rief mich schon der Verkaufsleiter an und sagte, es wäre alles nicht so gemeint gewesen. Herr Neukirchen habe das nur mal so gesagt und der würde sich ja noch nicht so auskennen und so weiter. Beim nächsten Besuch legte ich Wert darauf, dass erstens die Preise noch einmal verhandelt wurden. Und dass er sich zweitens entschuldigte. Das hat er tatsächlich getan. Wir sind dann mit einer Preissenkung von 7 oder 7,5 Prozent da rausgegangen.

Ich habe schon den einen oder anderen schillernden Manager kennengelernt – und konnte mich selbst durch solche Seitenblicke ständig neu justieren. Wir reden als Chefs immer von unternehmerischer Verantwortung, und das erfordert nicht nur große Claims und Mission-Statements auf

Als 10-Jähriger im elterlichen Garten in Köln

Die Marktanalysen im Ausland waren immer spannend, hier in Rumänien

© Stephan Pick

© Stephan Pick

In der Atacama-Wüste in Chile habe ich Kleinbauern getroffen und ihren Alltag kennengelernt.

Frida (rechts) und ihr Chef im Central Park 2015. In ihrem Namen habe ich Rundmails an meine Mitarbeiter verfasst.

Mit meiner Frau auf der Farm in Alpharetta, Georgia

In meinem geliebten
Woody Bj 1942

Bei einem Empfang bei der
Bundeskanzlerin Angela Merkel
am 3. Juli 2019

Im Rahmen des Antrittsbesuchs des Business Council im Weißen Haus habe ich 2009 Präsident Obama kennengelernt.

Mit unserem Mitarbeiter Nuradin Osman (links), der für uns in Afrika tätig war, und Gary Collar (Vorstand in Afrika und Asien) bei der Eröffnung der Future Farm in Sambia

2008 beim Gewinn der Mannschafts-
Goldmedaille in Hongkong

Mit meiner Studienfreundin
Dr. Barbara Rauch in Wyk auf Föhr

Mit dem AGCO-Aufsichtsrat an der Wall Street

Während einer Rede über die zukünftige Strategie von Massey Ferguson bei einer Kundenveranstaltung in Beauvais

der Unternehmenshomepage, sondern das muss sich messen lassen an täglichen Entscheidungen. Und ganz markant: am fairen und vernünftigen Umgang miteinander.

Als ich 2004 in die USA kam, hieß es immer, dass ich der erste deutsche CEO eines Fortune-500-Unternehmens sei. Das habe ich nie überprüft, aber ich glaube, es stimmt. Ansonsten hätte schon mal einer widersprochen. Ich bin mit Sicherheit der dienstälteste deutsche CEO in Amerika, aber nicht der einzige. Zwischenzeitlich kamen immer mal wieder Führungsspitzen aus Deutschland dazu. In Kanada hatte Blackberry kurze Zeit einen deutschen CEO, Thorsten Heins. Auch der große amerikanische Haushaltsgeräteproduzent Whirlpool wird von einem Deutschen geleitet, Marc Bitzer. Der kommt aus der eigenen Organisation.

Und dann schlug hier der frühere Siemens-Chef Klaus Kleinfeld auf, zu dem ich ein ordentliches Verhältnis habe. Bei ihm lief es nicht so doll, in Amerika hat er keinen Eindruck hinterlassen. Ich habe ihn persönlich länger nicht mehr getroffen und kann mir kaum vorstellen, dass er dieses unglückliche Ding da mit Paul Singer, dem Gründer des aktivistischen Hedgefonds Elliott, wirklich so machen wollte. Auch wir hatten bei AGCO zwei- oder dreimal Aktivisten an Bord. Aber so, wie Kleinfeld das mit dem zweideutigen Brief an Singer gemacht hat, in dem er ihn mit ein paar Andeutungen an dessen privates Auftreten bei der Fußball-WM erinnerte, war es fast schon wie ein Selbstmord. Bei seiner jetzigen Aufgabe als Berater des Kronprinzen in Saudi-Arabien kann man sich natürlich auch die Frage stellen: Was hat man eigentlich für ethische Vorstellungen, dass man da so einen in meinen Augen kriminellen Diktator berät?

Ich bin einmal gefragt worden, ob ich Mitglied des Aufsichtsrats der Waffenschmiede Heckler & Koch werden möchte. Die haben aus meiner Sicht schon ein zweifelhaftes Image. In solchen Fällen sage ich trotzdem nicht unbedingt sofort Nein, sondern gucke mir das erst mal in Ruhe an. Nach Überprüfung habe ich festgestellt: „Das mache ich nicht." Da bräuchte man schon eine dicke ethische Hornhaut, wenn man sich in dem Bereich betätigen will, sei es als Investor oder Aufseher. Es ist schon ein Unterschied, ob ich mich in einer Kanonenfabrik engagiere oder in einer Firma, die Windmühlen macht. Diese Sinnfragen sind mir wichtig. Man kann vielleicht sagen: zunehmend wichtig.

Was den Wert der unternehmerischen Verantwortung angeht, hat sich in den USA und auch in Deutschland zuletzt viel getan. Wenn man auch genau hinschauen muss: Was ist Lippenbekenntnis oder das Mitschwimmen im neuen „Purpose"-Trend? Was ist wirklich nachhaltig und ernst gemeint? Ganz interessant ist, dass sich eine Reihe von Unternehmern im August 2019 öffentlichkeitswirksam dazu bekannten, ihre bisherige Shareholder-Orientierung, also den einseitigen Blick auf den Kapitalmarkt, aufzugeben. Stattdessen wollen sie künftig ihre Unternehmen im Sinne aller Interessenvertreter führen: der Kunden, Mitarbeiter, Lieferanten und Anteilseigner. Soziale und ökologische Aspekte sollen langfristig berücksichtigt werden. Annähernd

200 US-Unternehmen hätten nun ihre Denkweise und Art zu wirtschaften geändert, konnte man lesen. Organisiert hat dieses Massenbekenntnis der Business Roundtable, ein Club, den man als Lobbyveranstaltung in Richtung Washington verstehen kann.

Chef des Business Roundtable und oberster Absender der Botschaft war Jamie Dimon, der CEO von JPMorgan Chase, was für einen Investmentbanker vielleicht etwas verwundert. Ich kenne Jamie Dimon ganz gut, er ist ein super PR-Mann, ein Milliardär und genau genommen der Shareholder-Value-Mann schlechthin, quasi das fleischgewordene Profitstreben. Aber fairerweise muss man sagen: Da ändert sich tatsächlich gerade massiv etwas in der Denkweise der US-Wirtschaftsbosse. Nachhaltigkeit wird in Unternehmen künftig denselben hohen Stellenwert haben wie finanzieller Erfolg, davon bin ich überzeugt. Natürlich hängt das am Ende auch wieder mit dem Kapitalmarkt zusammen. Denn die modernen jungen Investoren wollen nicht nur eine ordentliche Dividende sehen, sondern auch einen vernünftigen gesellschaftlichen Beitrag. Sie möchten Aktionär eines Unternehmens sein, das auch umweltbewusst und ethisch korrekt wirtschaftet. Kurzum: Ich hätte die Erklärung des Business Roundtable auch unterschrieben, wenn ich noch dabei gewesen wäre. Aber ich hatte den Roundtable in der Finanzkrise verlassen, um AGCO die teure Mitgliedschaft zu ersparen. Zumal ich ja auch beim Business Council mitmischte, der ähnliche Interessen vertritt.

Der verstärkte Blick auf unternehmerische Verantwortung – auch aus dem Kapitalmarkt heraus – wuchs nach meiner Wahrnehmung zuerst in bestimmten Ballungsgebieten und Clustern. An der Westküste und in New York zum Beispiel. Angefangen hat es mit Pensionsfonds, die ihr Anlagevermögen auch vernünftig investieren wollten. Scherzhalber sage ich immer: Vorreiter waren die Pensionsfonds der katholischen Nonnen von San Francisco Süd oder die Lehrer von Los Angeles, die Müllarbeiter von New York oder auch die Polizisten oder Feuerwehrmänner. Sie haben gesagt: „Nee, wir wollen jetzt auch, dass die Unternehmen, die mit unserem Pensionsvermögen wirtschaften, mit dem Wasser, der Umwelt und der Luft vernünftig umgehen." Mittlerweile haben die großen Investoren dieselben Vorstellungen entwickelt. Es ist eben nicht mehr völlig egal, was das Unternehmen herstellt und mit welchen Methoden. Ich halte das für eine gute und vernünftige Entwicklung, die sich ja auch für den Arbeitsmarkt als immer wichtigeres Kriterium erweist: Viele Leute schließen es einfach für sich aus, in einem bestimmten Bereich oder Unternehmen zu arbeiten. Ich finde, das ist ein sehr positiver Trend.

Natürlich habe ich auch schon Geschäfte und Menschen falsch eingeschätzt. Dieser etwas schillernde Unternehmer Lars Windhorst etwa kam vor einigen Jahren auf die Idee eines Neubeginns. Er hatte ja schon in jungen Jahren Insolvenzen und auch Veruntreuungsfälle hinter sich. Ein Top-Personalberater, den ich sehr gut kenne, fragte mich, ob ich mir vorstellen könne, im Beirat von Windhorsts

Investmentfirma Sapinda tätig zu werden. Ich nahm zur allerersten Unterhaltung mit Windhorst meine Frau mit, die sehr skeptisch war. Ich kündigte Windhorst an: „Ich werde begleitet von einer Ihrer Kritikerinnen." Die Kurzfassung: Er vermittelte mir den Eindruck, er hätte alle früheren Probleme und Fehler eingesehen – als würde ihm das alles leidtun und er jetzt alles besser und korrekt machen wollen. Das war so rund um das Jahr 2012.

Sein Beirat war super besetzt, unter anderem mit Roland Berger und dem Air-Berlin-Gründer Joachim Hunold sowie einem Topanwalt. Windhorst wollte in Sambia im großen Stil Landwirtschaft betreiben, was für mich interessant klang. Es ging aber, wie ich schnell merkte, eher um Spekulation: Billig kaufen und dann teuer verkaufen – die bekannten Namen im Beirat sollten dazu eigentlich nur missbraucht werden, schien mir. Wir haben uns ernsthaft Mühe gegeben, Windhorst zu beraten. Aber man konnte nach kurzer Zeit feststellen, dass alles in die falsche Richtung lief. Als ich gemerkt habe, welche Prinzipien er verfolgte, habe ich mich verabschiedet. Kurze Zeit später ist diese Firma auch wieder vom Netz gegangen. Ich hätte gleich auf meine Frau hören sollen.

Wenn es um die Beurteilung von Leuten geht, war Brigitte mir oft eine Hilfe, etwa bei der Besetzung von Vorstandsposten. Ich selbst gucke mir die Kandidaten zuerst gerne „jungfräulich" an, wie ich es nenne. Also ohne ein Foto, Zeugnis oder einen Lebenslauf gesehen zu haben. Normalerweise weiß ich im Gespräch innerhalb von zehn

Minuten, spätestens nach einer Viertelstunde: passt oder passt nicht. Danach erst lese ich mir die Unterlagen durch. Ich hatte eine sehr geringe Fehlerrate.

In der wirklich spannenden Bewerbungsphase lade ich die Aspiranten mit Begleitung zum Essen ein. Da nehme ich Brigitte immer mit. Man erfährt interessante Dinge: Wie geht jemand eigentlich mit seinem Partner um? Sind die verheiratet? Haben die Kinder? Wie steht es um die Tischmanieren? Welche Kleidung wurde für den Anlass gewählt? So bekommt man ein viel runderes Bild. Manche erkennen während des Essens, dass sie gerade auf dem heißen Stuhl sitzen, andere nicht – was nicht gerade für sie spricht. Das ist ja dann auch eine Frage der sozialen Kompetenz.

Wir haben auch regelmäßig eine Sitzung mit den Vorständen und ihren Ehepartnern gemacht. Natürlich scheitern auch mal Ehen, dann kommen Leute auf einmal als Single oder bringen plötzlich jemand anderes mit. Das ist heute nicht mehr so wie früher. Als ich bei der Stahlfirma in Düsseldorf angefangen habe, war die Karriere eigentlich am Ende, wenn sich da einer scheiden ließ. Dass man heute viel offener und moderner darüber denkt, halte ich nur für richtig. Das Private ist das Private, und das Berufliche ist das Berufliche. Aber wenn man sich von einem Menschen ein Bild machen möchte, ist es ebenso wichtig, dass man ihn nicht nur in einem Vorstellungstermin wahrnimmt.

Nun könnte man fragen, wie viele Kandidaten an meiner Frau gescheitert sind. Es waren nur wenige. Die Leute, die im Finale waren, waren meist schon so gut, dass wir sie dann auch genommen haben. Bis auf zwei Ausnahmen bestand der AGCO-Vorstand im Jahr 2020 aus Leuten, die ich gefunden und ausgesucht habe. Natürlich treffe ich die Entscheidungen selbstbestimmt, meine Frau führt da nicht heimlich Regie. Dennoch hatte Brigitte Einblicke in die Firma, die vielleicht ungewöhnlich erscheinen. Und das kommt so: Früher hatte sich meine Frau immer beklagt, dass ich so wenig von der Arbeit erzählen würde. Andererseits: So bin ich eben. Ich habe nie gerne im privaten Umfeld über meinen Job geredet. Ich lade auch wirklich ungern Leute aus dem geschäftlichen Kontext nach Hause ein. Der ganz große Vorteil ist, man kommt nach Hause – und kann abschalten.

Das war meiner Frau gegenüber auch nicht böse gemeint, aber sie hat sich schon ein bisschen beklagt, sie wisse nie, was los ist und wo ich sei. Es gab eine sehr einfache Lösung: Meine Frau hat schon vor vielen Jahren ein AGCO-Smartphone bekommen, seitdem kann sie meine sämtlichen E-Mails sehen. Sie weiß immer, was ich mache. Damit war und bin ich also immer sehr transparent. Und Brigitte interessiert sich natürlich auch für Dinge bei AGCO, zumal in der Zwischenzeit auch zwei unserer Kinder in der Firma arbeiten.

Meine Söhne haben beide ihre Karrieren bei Unternehmensberatungen gestartet. Martin war erst bei A.T. Kearney und kümmert sich heute bei Porsche im US-Headquarter in Atlanta um Strategie und Marketing. Er ist damit das einzige Kind, das nicht bei AGCO arbeitet. Stefan hat erst bei Arthur D. Little und der Versicherung Zurich gearbeitet, wollte aber unbedingt in unseren Bereich, weil er Landwirtschaft studiert hat. Anfangs habe ich es ihm immer ausgeredet, bis er ein Angebot von John Deere bekam. Das war der Moment, wo ich ihm gesagt habe: „Fang bei uns an.“ Wäre er beim Wettbewerber gelandet, hätten wir uns ja nicht mehr unterhalten können. Er ist im Vorstand zuständig für die Getreide- und Proteinsparte. Und meine Tochter Mechthild führt die Stiftung, die wir 2018 gegründet haben: Die AGCO Agriculture Foundation (AAF) kümmert sich global um Themen der Corporate Social Responsibility. Also: Ich habe AGCO in ein Familienunternehmen umgewandelt, könnte man scherzen. Natürlich alles abgesegnet vom Aufsichtsrat.

Meine Familie hat im Bereich Tierhaltung und Ernährung ihre Prinzipien. Gesund und bio – damit kam man allerdings lange Zeit in den USA nicht weit, auch wenn der Trend jetzt Fahrt aufnimmt. Michelle Obama hat sich mit ihrem Engagement für gesunde Schulverpflegung verdient gemacht. Bei Donald Trump spielte das keine Rolle mehr, er kennt nur ein Getränk, und das ist Coca-Cola. Am liebsten isst er bei McDonald's.

Was das Essen angeht, limitieren sich viele Amerikaner selbst. Mein Vorgänger war sehr empfindlich, er aß nur weißes Fleisch, also Chicken, oder Steak oder Shrimpcocktail. Als ich in der AGCO-Welt herumgereist bin, fiel mir auf, dass ich überall immer dasselbe Essen bekam. Und irgendwann fragte ich: „Was ist das denn hier, warum kriege ich überall nur Shrimpcocktail, Caesar-Salad und Steak?" Da stellte sich heraus: Das war noch die Order von früher. Wenn der Chef kommt, gibt es das und nichts anderes. Ich habe gebeten: „Ich möchte überall etwas Landestypisches kriegen. Es muss nichts Besonderes sein. Aber in China will ich kein Steak haben."

Ein Vorstandskollege, typischer Amerikaner, war entsprechend konditioniert. Schnitzel war gerade noch für ihn okay, wobei er gar nicht den Unterschied zwischen Schweineschnitzel und Kalbsschnitzel erkennen konnte. Und dann sind wir irgendwo in so einem feineren Restaurant gewesen. Da war nichts auf der Karte, was ich ihm empfehlen konnte. Aber es gab Wachtel. Und dann habe ich dem das verkauft. „Hier, die haben Babychicken, wirst du mögen, das ist knusprig lecker." Der hat das mit Vergnügen gegessen und dann sind wir zum Hotel zurückgefahren. Im Auto hat ein Kollege das Geheimnis verraten. Ich musste rechts ranfahren und er hat sich übergeben.

Was Tischsitten angeht, haben meine Frau und ich uns in Amerika erst einmal groß angeschaut. Sie sind ein Desaster. Ganz typisch für die Amerikaner ist ja, dass sie gerne erst alles schneiden und dann nur noch einhändig mit der Gabel essen. Die andere Hand lagert unter dem Tisch. Das sieht man quer durch alle Schichten und Positionen bis zum Vorstand. Unser Running Gag dazu ist: Im Wilden Westen hatten sie immer Angst, jemand könnte ihnen blöd kommen und in die Eier treten. Man kann also recht genau erkennen, ob man mit einem kultivierten Amerikaner isst oder mit einem eher typischen Amerikaner, der noch nicht viel in der Welt herumgekommen ist.

Bei unseren landesweiten Händlermeetings gibt es nach der Präsentation ein Essen mit Buffet. Üblicherweise schaufeln die Leute sich Vorspeise, Nachspeise, Hauptgericht alles auf einmal auf ihren Teller, fertig. Und dann hauen die sich das rein. Es steckt kulturell so drin und hat fast spieltheoretische Dimension: Wenn man sich erst eine Vorspeise holt, sie verspeist und dann für das Hauptgericht wiederkommt, ist die Wahrscheinlichkeit hoch, dass alle Schüsseln schon ausgekratzt sind.

Man darf nun nicht den Fehler machen, die Leute, wie in Europa, aufgrund solcher Äußerlichkeiten zu schnell zu beurteilen. Dennoch: Wenn man das als Deutscher in Amerika über die Jahre so miterlebt hat, kommt schon der Impuls, da mal erzieherisch einzugreifen. Der Vater meiner Frau war Oberstleutnant, da wurde zu Hause immer auf Tischmanieren geachtet. Und selbst bei mir im Vorstand dachte ich: Eigentlich kann man die Kollegen so ja nirgendwo hinschicken. Wir haben also einmal eine englische Spezialistin eingeladen, die uns einen Tag lang im Rahmen einer Vorstandssitzung Tischsitten beigebracht hat. Die Gepflogenheiten variieren natürlich auch international, entsprechend wurde den Vorständen also erläutert, was man in Deutschland, Frankreich oder in Amerika besonders beachten sollte, wenn man nicht anecken will. Abends gab es dann ein

Essen, Learning by Doing, bei dem uns die Trainerin kritisiert und zurechtgewiesen hat.

Noch so eine Benimmregel kommt bei der Begrüßung zum Tragen. Wenn sich Amerikaner bei irgendeiner privaten oder geschäftlichen Veranstaltung treffen, kommt meist der Mann auf den anderen Mann zu und gibt ihm die Hand. Die Frauen stehen daneben. Für mich ist das noch immer total ungewöhnlich und ich sage: „Moment mal", und begrüße dann erst die Frau. Oft überspielen sie das dann etwas pikiert mit einem Witz: „Ach ja, die Deutschen. Tun immer so, als wären sie so nett. In Wirklichkeit haben sie zwei Weltkriege angezettelt."

Es lebe die Internationalität

Warum mit der Flughöhe im Idealfall auch der Durchblick steigt, was ein Kapitalist im Ostallgäu so anrichtet – und warum man französische Praktikanten nie unterschätzen sollte.

Ich empfinde es als ein extremes Privileg, so etwas wie ein Weltbürger sein zu dürfen. Heute in Atlanta, morgen in São Paulo, übermorgen in Helsinki oder in München. Das ist für mich schon eine tolle Situation – und es hat mir extrem geholfen, ein Gefühl für die unterschiedlichen Länder zu entwickeln, auch über Amerika und Deutschland hinaus. Internationalität ist für mich ein hohes Gut – und die simple Basis für Erfolg.

Als Weltbürger bin ich auch Vielflieger. Wenn ich mir über meinen „carbon footprint“ Gedanken mache, bin ich sicherlich kein tolles Vorbild. Meinen allerersten Flug habe ich in Leverkusen gemacht. Damals, als der Rhein noch wie ein Chemielabor roch. Wir sind als Jungs mit dem Fahrrad über die Felder zum Segelflughafen hingefahren. Und nachdem wir hundertmal zugeguckt hatten, durften wir irgendwann einmal mitfliegen. Also, mein erstes Flugerlebnis war als Passagier in einem Bayer-Segelflugzeug. Es war sensationell, die Bruder-Klaus-Siedlung von oben zu sehen.

Auch an meinen ersten Flug nach Amerika kann ich mich gut erinnern: Das war die Geschäftsreise 1985 im Auftrag von Hille & Müller. Ich flog über New York nach Pittsburgh. Dann ging es mit dem Auto weiter nach Warren, Ohio, zu unserem Werk. Ich war aufgeregt, wollte mir aber nichts anmerken lassen. Natürlich tat ich so, als wäre ich „frequent flyer“ und würde das alles aus dem Effeff kennen. In Wirklichkeit hatte ich keinen Schimmer, wie das läuft. Dieses an Bord überreichte Fluggastformular mit den bizarren Fragen, ob man zum Beispiel schon einmal als Terrorist tätig war, füllte ich zum ersten Mal aus. Ich wusste überhaupt nichts und musste immer schön aufpassen, alles richtig zu machen. Ein Überflieger sieht anders aus. Herr Thumann wies mich zurecht, dass ich mich mit meinen Slippern und weißen Tennissocken in Amerika lächerlich machen würde. Selbst in einem Kaff wie Warren, Ohio, würde ich damit als absoluter Hinterwäldler gelten. Ich weiß noch, wie ich abends empört aus dem Hotelzimmer mit meiner Frau telefonierte, um mir noch mal bestätigen zu lassen, dass meine Socken prima waren. Trotzdem bin ich in eine Mall gegangen, um mir ein Paar vernünftige Anzugsocken der Marke Gold Toe zu kaufen.

Als ich bei AGCO anfing, gab es hier zwei Firmenflugzeuge, das ist in Amerika normal. Das eine war eine Bombardier Challenger, die man nach dem Absturz von Birmingham nachgekauft hatte, und das andere ein Learjet. Der Learjet war früher für die Vorstände reserviert, die Challenger für den CEO. Das fand ich unnötig teuer. Ich verkaufte den Learjet, und so gab es nun ein Flugzeug, das benutzt werden konnte. Ich hatte allerdings Priorität. Wenn also einer damit nach New York fliegen wollte, ich aber nach Washington, dann konnte ich sagen: „Tut mir leid, kannst nicht fliegen, musst umplanen."

Die Bombardier Challenger kann zehn Stunden am Stück fliegen. Nach Europa kommt man damit nonstop fast überall hin – und zwar so schnell und sicher wie mit einem Linienflugzeug. Wir reisten im Himmel in der obersten Etage – oberhalb der Commercial Airlines, die sich den Luftraum darunter teilen. Aus Sicherheitsgründen ist es ja so, dass die Linienmaschinen alle zu einer gewissen Uhrzeit von Europa in die USA fliegen. Und dann auf den vorgeschriebenen Routen wieder zurück. Wir jedoch konnten jederzeit einfach darüber hinwegfliegen.

Es gibt zwei große Vorteile eines solchen Firmenfliegers: Erstens sind Direktverbindungen in die Pampa möglich. Ob ich nach Suolahti in Finnland musste oder nach Beauvais in Frankreich, das ging ohne Umsteigen in Helsinki oder Paris. In der Nähe der AGCO-Werke gibt es meist einen kleinen Dorfflughafen, das spart sehr viel Zeit. Der zweite große Vorteil: Ich hatte kaum Wartezeiten an irgendwelchen Terminals. Der Jet stand hier um die Ecke am kleinen umzäunten Flughafen bei Duluth, da fuhr ich mit dem Auto hin, gab meinen Code ein, fuhr zum Flugzeug, stieg ein – und konnte fünf Minuten später in der Luft sein. Es gibt keine Sicherheitskontrolle, keine Passkontrolle, nix. Was natürlich zu gewissen Nachlässigkeiten führt. Ich habe auch schon mal jemanden mitgenommen, der in der Luft sagte: „Mist, meinen Pass habe ich zu Hause liegen gelassen." Und dann kommt das Wunder der Technik: Wir sind nach Memmingen geflogen, wo wir wegen der Nähe zu Fendt im Allgäu öfter landeten. Parallel kam der Pass mit UPS angeflogen und auf einmal war alles wieder in Ordnung. Man muss auch nicht lange mit dem Zoll rumeiern, wenn man privat fliegt. Der kommt direkt zu einem ans Flugzeug, sobald man irgendwo landet.

Normalerweise läuft das Fliegen so: Ich steige ein, lege mich hin, penne. Oder ich lese ein Buch durch. Meist flogen wir über Nacht nach Europa, morgens hieß es rasieren, Zähne putzen, anziehen und los gehts. Natürlich kann man fragen, ob sich das für die Firma lohnt. Ich denke schon. Es ist effizient, extrem praktisch, extrem schnell. Eine Flugstunde kostet etwa 5000 Dollar, alles inklusive. Und jetzt kommt es darauf an: Wenn ich mit fünf Leuten in weniger als zwei Stunden nach New York fliege, also für 10 000 Dollar, ist das eigentlich vernünftig. Wenn ich aber alleine nach Brasilien fliege, zehn Stunden, dann wäre es natürlich wesentlich billiger, ich würde mir irgendwo ein Ticket kaufen. Wir haben schon mal ein Modell wie das von Netjets dagegengerechnet, also das flexible Mieten von Geschäftsjets. Wir kämen mit denen ungefähr 20 bis 30 Prozent teurer weg, ergab unsere Analyse.

Die deutschen Chefs sind immer ganz stolz, wenn sie einen Fahrer haben. AGCO hat vier Piloten. Beim *Welt*-European Summit des Springer-Verlags zum Beispiel gibt sich der Veranstalter ja große Mühe, eine Mehrklassengesellschaft zu etablieren. Da wird unterschieden zwischen den CEOs und den sogenannten Sherpas, was mir von der Wortwahl her schon nicht besonders gefällt. Mein Kommunikationschef zählte zum Beispiel als Sherpa und musste in einem anderen Raum zuhören. Was ich lustig finde: Die amerikanischen CEOs sind sehr stolz darauf, wenn sie selbst am Steuer sitzen. Die deutschen Unternehmenslenker lassen sich chauffieren, ein Statussymbol eben. Hier in Amerika gilt dagegen: Wenn ein Unternehmen kein Flugzeug hätte, würden die Leute sagen: „Was ist das denn für eine komische Firma?"

Viel umherzureisen und Menschen zu begegnen, hat mich immer interessiert und weitergebracht. Es ist ganz einfach: Man trifft sich, lernt einander kennen, spricht Klartext und kommt zu Ergebnissen. In der Wirtschaft ist das der allerbeste und simpelste Weg. Und ich bin überzeugt, dass es in der Politik nicht anders funktioniert. Auch wenn man in einem Land wie China oder Russland aktiv ist: Man muss einfach miteinander sprechen. Dann kann man auf der ganz unaufgeregten Ebene einiges anstoßen und erreichen – auch wenn es langen Atem braucht.

Ein kleines Beispiel: Die Japaner sind ja mehr oder weniger die Letzten auf der Welt – mit ein paar kleinen Ausnahmen –, die noch Walfische killen. Dagegen etwas zu tun, ist meiner Frau ein großes Anliegen. Beim Business Council traf ich ein nettes japanisches Ehepaar, er ist der CEO des größten japanischen Schnapsherstellers, Suntory. Die haben auch in Amerika groß investiert. Als wir zusammensaßen, sprach ich das Thema Walfang und das Essen von Walfleisch an, gerade ältere, traditionsbewusste Japaner machen das noch. Takeshi Niinami stritt das ab: „Das gibts überhaupt nicht, Quatsch. Ich kenne keine Japaner, die Wal essen. Aber ich höre mich mal um." Er ist super vernetzt, kennt den Premier. Beim nächsten Meeting kam er auf mich zu und sagte: „Ich habe das überprüft und Sie haben recht." Ich fragte: „Und was machen wir jetzt?" Er sagte: „Ich werde mich mal kümmern und ein bisschen Meinungsmache betreiben." Ein japanischer CEO, der sich gegen Walfang einsetzt – steter Tropfen höhlt den Stein.

Das Schöne ist: Als Chef eines Landmaschinenherstellers ist man durchaus gefragt, denn Ernährung liegt im vitalen Interesse jedes Staats- und Regierungschefs. So habe ich auch interessante Gespräche mit Cristina Kirchner geführt, der früheren Präsidentin von Argentinien. Frau Kirchner hatte bestimmte Vorstellungen zur Wirtschaft, die nicht funktionieren konnten. Sie regulierte die Lebensmittelpreise für die armen Argentinier dadurch, dass sie Landwirtschaftsexporte mit hohen Steuern belegte. Dadurch sollten die Produkte im Land bezahlbar bleiben, so war die Idee. Argentinien war das einzige Land der Welt, in dem man als Bauer auf Sojabohnen oder Mais oder Rindfleisch damals 25 Prozent Exportzoll bezahlen musste. Heute liegen deren

Exportabgaben auf Soja sogar noch höher. Dass die Bauern trotzdem noch wettbewerbsfähig sind, zeigt nur, wie professionell die dort arbeiten. Ich dachte immer: Irgendwann hast du bestimmt mal die Möglichkeit, Frau Kirchner zu sagen, wie kontraproduktiv du ihre Handelspolitik findest.

Und so kam es. 2013 hatten wir in Argentinien ein neues Traktorenwerk gebaut. Dann die Nachricht: Frau Kirchner kommt zur Eröffnung. Das Werk steht in einem Vorort von Buenos Aires namens General Rodríguez. Schon auf der Autofahrt zum Gelände wunderte ich mich, was auf den Straßen ringsum los war. Etwa 2500 Kirchner-Fans sind mit Bussen zu uns gekarrt worden. Das waren im Wesentlichen organisierte Arbeiter und Gewerkschafter. Frau Kirchner kam dann mit einem Helikopter eingeflogen, die Presse und TV-Teams im Schlepptau, alles sensationell.

Diese Werkseröffnung hatte ein kleines, interessantes Vorspiel: Kirchner hatte zugesagt, das Werk zu eröffnen, wollte aber den Termin bestimmen. Das passte mir nicht und ich entgegnete: „Tut mir leid, da kann ich nicht." Und ich beharrte auf meinem Termin. Meine Leute meinten, unter diesen Umständen komme sie eh nicht. Nun hatte sie meinen Termin doch akzeptiert, sich aber in einer etwas perfiden Art gerächt. Ihr Stab hatte abgefragt, ob ich denn Spanisch spreche. Ich verneinte und bot an, meine Rede wahlweise auf Deutsch, Englisch oder Französisch zu halten. Darauf bekam ich ein offizielles Schreiben, in dem es hieß, es werde erwartet, dass ich auf Spanisch rede. Nun gut.

Wir hatten zu der Zeit eine junge Deutsche bei uns im Traineeprogramm, ihr Vater war Italiener, ihre Mutter Spanierin. Manuela Monaco, sie sollte mich trainieren. Ich gab ihr meine Rede zur Übersetzung und nahm Monaco mit nach Buenos Aires. Während der acht, neun Stunden Flugzeit übten wir diese Rede. Ich habe sie vorwärts, rückwärts, seitwärts gelesen, bis ich sie vernünftig konnte.

Ich war der Erste, der in dem voll besetzten Saal reden musste. Die Präsidentin sprach nach mir. Wir saßen vorne auf dem Podium. Meine Rede begann ich mit: „Guten Tag, ich bin Martin Richenhagen und ich spreche kein Spanisch." Dann schob ich auf Spanisch nach: „Ich versuchs mal. Wenn ich jetzt aber Probleme bekomme, müsst ihr mir helfen." Das wurde großartig, denn wann immer ich ins Stottern kam, hatte ich einen großen Chor von Flüsterern. Da hat mir die ganze Truppe geholfen. Das hat die Kirchner-Claqueure und auch die Präsidentin extrem begeistert, meine Rede wurde super aufgenommen, ich war sozusagen der Tollste. Und Frau Kirchner, die Peronistin, lud mich daraufhin zu einem exklusiven Dinner in die Casa Rosada ein, ihren Präsidentenpalast. Das ist quasi das Weiße Haus, nur dass es in Argentinien rosa ist.

Dort fuhr ich kurz darauf mit meinem Südamerikachef hin, einem Brasilianer. Wir aßen gemeinsam mit Frau Kirchner in kleinem Kreis. Das Treffen habe ich zum Anlass genommen und versucht zu erklären, wie ich es mit der Landwirtschaftspolitik und den Zöllen machen würde. Nämlich: die Zölle abschaffen. Im Falle steigender Lebensmittelpreise im Inland hätte ich lieber die einkommensschwachen Argentinier direkt in ihrer Grundversorgung bezuschusst. Kirchner hat sich das genau angehört, dachte auch darüber nach. Ich wurde in einen Beraterstab berufen und sollte die Präsidentin bei der Modernisierung Argentiniens unterstützen. Aber dann ist sie 2015 nicht wiedergewählt worden. Mir hat es dennoch gezeigt: Manchmal kann man allein schon etwas bewegen, indem man vernünftig miteinander redet.

Es ist erstaunlich, wie nahe manchmal die Lösung liegt – und wie konsequent sie dennoch übersehen wird. Als ich einmal den spanischen Landwirtschaftsminister Miguel Arias Cañete sprach, es muss 2013 gewesen sein, da wollte er wissen, wie er die Landwirtschaft des Landes nach vorne bringen könnte. „Die Idee finden Sie eigentlich gleich in der Nachbarschaft – in Italien", sagte ich. In Italien gab es ein „scrapping law", angelehnt an die Abwrackprämie aus dem Automobilbereich. Die Idee: Der Bauer verschrottet eine Landmaschine und bekommt für die Ersatzinvestition eine Subvention oder einen besonders guten Kredit. Er hat sich das alles angehört und gesagt, er wolle mal mit dem italienischen Kollegen reden. Kurze Zeit später gab es eine Art „scrapping law" auch in Spanien, was natürlich nebenbei für uns Hersteller super war. Oft wundere ich mich, wie wenig auch miteinander verbundene Länder politisch voneinander lernen.

Der Kontakt zu Politikern ist mir als Wirtschaftsmann mehr so zugefallen. An diesem Austausch hatte ich meist

Spaß, aber ich bin Politikern nie hinterhergelaufen. Das würde sich, ehrlich gesagt, auch nicht lohnen, denn deren Verfallszeit ist meist sehr kurz. Oft trifft man einen Minister und schon beim nächsten Mal ist er nicht mehr im Amt. Man muss immer wissen, wie schnell sich die Dinge verändern können – und Gelegenheiten ergreifen. Es gibt natürlich Länder, in denen die Politiker einem helfen können. Das ist in allen afrikanischen Ländern der Fall. Will man dort erfolgreich sein, schadet es nicht, den Präsidenten zu kennen. Besser noch: Man kennt auch den Landwirtschaftsminister.

Manchmal läuft es auch andersherum: Man kennt jemanden, aus dem später etwas wird. Das war bei Emmanuel Macron der Fall. Er war Anfang der 2000er-Jahre Praktikant – bei Massey Ferguson im französischen Werk in Beauvais. Ich war noch ganz am Anfang meiner Tätigkeit bei AGCO und das Werk befand sich im Streik. Und ich dachte: Da fährst du selbst hin und regelst das. Das ist mir auch gelungen.

Daran erinnern wir uns beide. Zu einem Wiedersehen kam es Anfang 2020, als ich die große Ehre hatte, zu einem Essen in den Spiegelsaal des Schlosses Versailles eingeladen zu sein. Dort, in der Galerie des Glaces, macht Macron immer ein Meeting mit wunderbarem Dinner. Das Event dient der Investitionsförderung. Er hielt zuerst eine super Rede, sehr europäisch. Nicht Frankreich und auch nicht Macron standen im Mittelpunkt, sondern es ging um Europa. Das fand ich sehr beeindruckend. Danach gab es eine der klassischen Frage-und-Antwort-Runden mit den anwesenden CEOs. Meist läuft es bei solchen Runden ja so: Zuerst kommt Lobhudelei. Dann erzählt der Frager, was er selbst für ein toller Typ ist. Und dann kommt eine ganz kleine Frage. Wie immer habe ich mich daran nicht beteiligt.

Schließlich sollten drei letzte Fragen gestellt werden und da passierte nichts mehr. Macron zeigte auf mich, so nach dem Motto: „Jetzt kannst du ja, stell doch auch mal eine Frage." Und ich hatte mir den ganzen Abend schon überlegt, ob ich mir mal den Gag erlauben dürfte, den Präsidenten zu fragen, was denn seine Lieblingstraktorenmarke sei. Doch ich sagte mir: Das ist halbseiden. Mach das mal lieber nicht. Als ich dann aber aufgefordert wurde, war ich der Mittlere der letzten drei Fragesteller und meinte: „Herr Präsident. Was ist Ihre Lieblingstraktorenmarke?" Die drei Fragen wollte er en bloc beantworten und sagte: „Ich fange mit der zweiten Frage an. Nicht weil Herr Richenhagen wirklich an der Antwort interessiert wäre. Die kennt er sowieso: Die Antwort ist Massey Ferguson."

Und das war natürlich ein super Gag, auch weil neben mir Anand Mahindra saß, der Chairman des großen indischen Traktorherstellers Mahindra. Er guckte mich an und fragte: „Wie kommt das denn, dass du den kennst? Und wie kommt das, dass du so was fragen kannst?"

Wir haben ja Werke in aller Welt. Da kamen mir auch meine deutsche Herkunft und mein Erfahrungshorizont zugute, um Interessenkonflikte zu moderieren. Meine amerikanischen Kollegen hatten zum Beispiel wenig bis keine Ahnung, wie man mit der Arbeitnehmerseite umgeht, wenn sie organisiert ist. In Amerika haben wir bis heute keine organisierten Betriebsräte, die Gewerkschaften haben auch kein gutes Image, denn durch überzogene Forderungen haben sie auch schon zum Untergang ganzer Industrien beigetragen. Wenn man das vernünftig macht, so das Credo in amerikanischen Chefetagen, kann man mit seinen Mitarbeitern auch direkt verhandeln und braucht keine Gewerkschaften. Mit dieser Einstellung stößt man freilich in anderen Ländern an Grenzen: In Brasilien wird alles sehr stark staatlich gelenkt, die Politik redet immer mit rein. In Deutschland geht ohne Gewerkschaften fast nichts, und sie sind nach Industriebereichen organisiert, eben IG Metall oder Verdi. In Frankreich dagegen sind die Gewerkschaften auch stark, aber nach Weltanschauung oder politischer Gesinnung organisiert. International gibt es also zahlreiche Unterschiede und Befindlichkeiten, sodass die Ansprache überall anders sein muss.

Im Werk Beauvais, gelegen auf dem platten Land im Norden Frankreichs, gibt es zum Beispiel eine katholische Gewerkschaft, eine kommunistische, eine sozialistische und eine gaullistische, also konservative. Einerseits werden dadurch die Verhandlungen wesentlich komplexer. Andererseits hat man in Frankreich aber die Möglichkeit, die eine Gewerkschaft gegen die andere ein bisschen auszuspielen. Die Aufgabe ist ja, diese Leute so unter einen Hut zu kriegen, dass es zu einem Deal kommt. Das verlangt in Frankreich wesentlich mehr Fingerspitzengefühl als in Deutschland, aber birgt hier und da auch Chancen. Der typische Amerikaner hat eine Riesenangst vor Frankreich, geradezu eine Allergie. AGCO ist dort aber sehr erfolgreich, wir haben sogar das Headquarter von Massey Ferguson dahin verlagert. Ich finde, es kommt immer darauf an, dass man versteht, wo man tätig ist. Dann kann man ordentlich managen, auch in unterschiedlichen Umfeldern.

Natürlich unterlaufen Fehler, auch strategischer Natur. So ging es mir in Brasilien – und das fast mit Ansage. Wir sind dort Marktführer, haben große Fabriken und ein tolles Image. Wolfgang Sauer, unser Aufsichtsratsmitglied aus frühen Tagen, ist Deutsch-Brasilianer. Er schwärmte immer von Volkswagen do Brasil, wo er Chef war. Dabei enthielt die Geschichte von Volkswagen in Brasilien einen echten Warnhinweis. Die hatten lange einen Marktanteil von etwa 90 Prozent, im Wesentlichen mit nur zwei Modellen – dem VW Käfer und einem VW Bus, dem T1. Für den Markt waren das ideale Fahrzeuge, da einfach zu reparieren, preiswert und zuverlässig. Die brasilianische Gesetzgebung zwingt einen zur lokalen Fertigung: Man darf dort nur verkaufen, wenn man vor Ort produziert, auch die Komponenten. Lange Zeit hatte VW den Markt ziemlich gut im Griff. Doch dann kamen neuere Technologien, das Internet, die Brasilianer fingen an, auch mal in der Welt herumzureisen und sich umzuschauen. Als eines Tages Ford und Renault und andere Automobilhersteller nach Brasilien kamen, hatte VW nix in der Pipeline. Sie verloren massiv Marktanteile und mussten sich mühsam davon erholen.

Dieses VW-Beispiel vor Augen, habe ich unseren Leuten immer gepredigt: „Wir müssen aufpassen, dass uns nicht dasselbe passiert." Wir waren sehr gut bei den einfachen, soliden Treckern für den normalen Landwirt, also den VW Käfern unter den Traktoren. Und unser brasilianisches Management hat mir immer entgegnet: „Ja, mehr brauchen wir hier auch nicht." Und ich? Ich habe dem zu lange Glauben geschenkt. Ich dachte immer, die wissen es natürlich besser, denn sie reden ja mit den Händlern und mit den Landwirten.

Doch dann konterte John Deere uns aus: Die waren bis dahin praktisch gar nicht in Brasilien präsent, vollzogen dann aber einen cleveren Strategieschwenk. Anstatt uns in dem Geschäft mit einfachen Traktoren anzugreifen, schlugen die in Brasilien plötzlich mit ganz großen Maschinen auf. Zu der Zeit entwickelte sich die Erschließung von Mato Grosso, jenem großen, dünn besiedelten Bundesstaat, in dem jedes Jahr auch durch Rodung landwirtschaftliche Flächen neu entstehen. Dafür waren diese Maschinen natürlich super geeignet. AGCO konnte in dieser neuen Marktlage leider mit keinem passenden Angebot aufwarten – das alte VW-Versäumnis. Es war ein Fehler, den ich sozusagen sehenden Auges gemacht habe. Ich hätte unsere Leute im Land überstimmen müssen. „Jetzt hört alles auf mein Kommando, so machen wir das." Habe ich aber nicht getan.

Grundsätzlich hängt in einem amerikanischen Unternehmen schon sehr viel am Chef. Kulturfragen und strategische Entscheidungen: Alles läuft „top-down", daher lassen sich Dinge schnell umsetzen. Die Deutschen sind ja stolz darauf, eine Streitkultur zu haben. Bei großen Konzernen führt das oft dazu, dass die Vorstände zerstritten sind und sich unterschiedlich äußern, in der Öffentlichkeit oder auch den Mitarbeitern gegenüber. Das gibt es in Amerika nicht. Da ist der CEO der Käpt'n. Guido Westerwelle hat mal gesagt: „Auf jedem Schiff, das dampft und segelt, gibts einen, der die Sache regelt." Er bezog das auf sich selbst, es trifft aber genauso auf einen amerikanischen Konzern zu: Wenn man Chairman und CEO ist, hat man einen sehr konstruktiven Vorstand. Da kommt keiner und sagt: „Hören Sie mal hier, das ist aber scheiße und ich rede jetzt mal mit den Aktionären oder ich gehe an die Presse." Das gibt es in Amerika nicht.

Mit der Marke Fendt in Marktoberdorf hat AGCO quasi noch ein bisschen „German Mittelstand" innerhalb des US-Konzerns. Wenn man feststellt, dass lokal eine intakte, gute Unternehmenskultur existiert, darf man sie nicht einem 08/15-Schema unterwerfen und kaputt machen. Für Massey Ferguson im französischen Beauvais gilt das fast noch mehr: Es wäre töricht, alles durch amerikanische Konzerndenke ersetzen zu wollen. Viele bekannte Großfusionen sind genau daran gescheitert, Daimler-Chrysler lässt grüßen. Wenn wir also traditionelle Familienunternehmen übernommen haben, guckten wir uns genau an, wie deren Zustand war – und versuchten dann, so viel wie möglich davon zu erhalten.

Bei Fendt war es so: In den 80er-Jahren wurde das Unternehmen von zwei Brüdern geleitet, die sich in einem

Büroraum gegenübersaßen. Das Szenario habe ich noch im Originalzustand erlebt, denn ich lernte die beiden in meinen Claas-Zeiten kennen. An der kurzen Seite der Schreibtische saß die jeweilige Sekretärin. Die nachfolgende Generation verkaufte dann dieses Familienunternehmen an AGCO. Für viele in der Firma war die Übernahme durch die Amis ein Schock, doch es hat unterm Strich supergut funktioniert. Einer der Fendt-Enkel schrieb später sogar ein kleines Buch darüber, warum es gut war, dass AGCO die Firma übernommen hat. Für die Leute bei Fendt war es in einer gewissen Weise ein Glücksfall, dass sie bei AGCO mit mir schließlich einen Chef bekamen, der Deutschland versteht. Sonst hätte schon die Gefahr bestanden, dass man alles komplett integriert oder auch Investitionen in Deutschland gescheut hätte. Die Tendenz war ja naheliegend: „Nee, Deutschland, Kosten, IG Metall und so weiter. Lasst uns lieber woanders hingehen."

Dass ich mich in der US-Zentrale für den Standort Deutschland starkgemacht habe, ist den Fendt-Leuten, speziell dem Betriebsrat und den IG-Metall-Vertretern, natürlich nicht entgangen. Im paritätisch mitbestimmten Aufsichtsrat bei Fendt habe ich gesagt: „Wir wollen hier jetzt Millionen Euro investieren, aber ihr müsst mir dabei helfen. Denn mein Aufsichtsrat möchte lieber, dass wir nach Polen oder Ungarn oder Tschechien gehen." Ich aber wollte das in Bayern machen, denn wir hatten eine tolle, motivierte Truppe, die gute Qualität ablieferte. Ich brauchte aber ein Entgegenkommen der Arbeitnehmervertreter, damit der Standort wettbewerbsfähiger wurde. Also habe ich gefordert: 40 Stunden ohne Lohnausgleich, also 5 Stunden mehr Arbeit pro Woche als bisher. Das gab natürlich Aufregung.

Ich hielt es für einen normalen Vorgang, dass daraufhin Gewerkschaften und Betriebsrat alle Mittel genutzt haben, die ihnen im Rahmen der Mitbestimmung zustehen. Dazu zählte, dass sie die *Augsburger Allgemeine* bespielt haben. Nach dem Motto: „Was will der amerikanische Kapitalist hier?“ Ich konnte ja entsprechend mit der Abwanderungsdrohung gegenhalten. Und dann haben wir uns auf 37,5 Stunden geeinigt. Das empfand ich als großen Erfolg. Ich hatte gedacht: Bestenfalls kriegst du da eine Stunde rausverhandelt, und dann waren es zweieinhalb. Den Erfolg habe ich aber nicht zelebriert, sondern das Jubeln habe ich den Gewerkschaftern überlassen. Die mussten das ja auch der Belegschaft gegenüber verkaufen. Es war unter dem Strich ein vernünftiger Deal, denn da waren auch fünf Jahre Arbeitsplatzgarantie eingeschlossen und eine neue Kantine. Ein richtiges Paket haben wir gemacht – eine echte Win-win-Situation.

Einmal scherzte ich, nun würde ich sicher bald Ehrenmitglied der IG Metall werden. Da entgegneten sie: „Bevor man Ehrenmitglied wird, sollte man erst mal Mitglied werden.“ Jetzt im Ruhestand kann ich mir das ja mal überlegen. Wir hatten ein sehr konstruktives Verhältnis zur IG Metall und zu unserem Betriebsrat. Was nicht heißt, dass man nicht hart verhandelt oder sich auch mal streitet.

Wichtig in Verhandlungen ist immer, dass man nicht mit hundert Prozent reingeht, sondern Spielraum bewahrt, noch Luft hat. Ganz gleich, ob es um Verkäufe geht oder um Tariffragen: Man darf nie der Meinung sein, dass man alles, was man fordert, auch bekommt. Selbstverständlich wollen auch die Verhandlungspartner leben und sie wollen wiedergewählt werden, müssen also ihr Gesicht wahren.

Manchmal machte ich auch Dinge mit den Gewerkschaften zusammen. Zum Beispiel lief die Umstellung unserer Kabinenfertigung sehr reibungslos. In Europa hat AGCO drei Traktorenwerke und eines für Mähdrescher. Jedes hatte seine Kabinen, also die Fahrgastzelle, entweder selbst gefertigt oder von einem Zulieferer bezogen. Dabei besaß Fendt ein eigenes Kabinenwerk in Asbach-Bäumenheim. Die hatten einen sehr vernünftigen Betriebsratsvorsitzenden, mittlerweile im Ruhestand, mit dem man immer gut kooperieren konnte. Er war am unternehmerischen Wachstum interessiert und fragte nach Expansionsmöglichkeiten für den Standort. Ich sagte: „Ja, ich hätte eine Idee, wenn wir da eine vernünftige Lösung finden können." Die haben sich dann in Bezug auf die Flexibilität der Arbeitszeit konstruktiv verhalten. Und so beschlossen wir, alle Kabinen, ob für Fendt, Massey Ferguson oder Valtra, im Bäumenheim-Werk fertigen zu lassen. Das hat ein paar Jahre gedauert, aber zwischenzeitlich hat sich dort die Kapazität verdreifacht, es ist wirklich ein Kompetenzzentrum für Kabinen geworden.

Fendt stellte im Jahr 2020 doppelt so viele Einheiten her wie vor unserem Engagement, und das mit weniger Leuten.

Das zeigt, wie effizient die geworden sind und wie intelligent die Fertigungslogistik ist. Fendt ist unser bestes Pferd im Stall, sagte ich immer. Unsere erfolgreichste Marke, unsere erfolgreichste Fabrik. Also alles perfekt.

Manchmal muss man nur die Antennen ausfahren und ungewöhnliche Chancen wahrnehmen. Beim Umbau des Fendt-Werkes wollten wir die Metallfertigung auslagern. Es ging um einfache gestanzte Me-too-Teile, weder besonders hochwertig noch technologisch attraktiv. Also war die Idee, das in den Ostblock zu verlagern. Dann bekam ich einen Anruf von einem Konkursverwalter aus dem Rheinland, er kümmere sich gerade um einen Pleitefall in Sachsen-Anhalt – und ob wir uns mal darüber unterhalten könnten.

Das war eine typisch deutsche Geschichte: Ein ehemaliges Reparaturwerk der Volksarmee in Hohenmölsen war an die Bundeswehr übertragen worden. Die Kaserne war picobello von der Bundeswehr renoviert und restauriert worden: die Kasernengebäude, die Kantine, es gab eine olympische Sporthalle, einen Fußballplatz. Die Straßen waren, weil da dicke Panzer herumfahren mussten, für schwere Fahrzeuge ausgelegt, außen rum ein 2,50 Meter hoher Edelstahlzaun, alles vom Feinsten. Und als das fertig war, stellte man fest, dass man das Werk nicht brauchte und machte es dicht. Es wurde für einen Eierpreis an einen Stahlhändler aus dem Rheinland verkauft. Der hatte einen Kunden übernommen, der dann in dieser ehemaligen Kaserne kleine Anbaugeräte für Traktoren herstellte, also etwa Pflüge – das Unterfangen ist aber schiefgegangen.

Ich habe es mir angeguckt und gesagt: „Okay, das ist vielleicht eine Möglichkeit, nicht nach Polen gehen zu müssen, sondern sehr kosteneffizient in Deutschland fertigen zu können." 2009 haben wir die Kaserne übernommen, für unsere Zwecke ausgestattet, und konnten aus der Beschäftigungsgesellschaft passend zum Wachstum die Mitarbeiter übernehmen. Heute arbeiten da mehr Leute, als in der Beschäftigungsgesellschaft waren. Und zwischenzeitlich fertigen wir dort nicht nur einfache Teile, sondern auch Sondermaschinen. So haben wir da also etwas Gutes für Land und Leute gemacht.

AGCO besaß nun also auch mehrere Kasernengebäude in sehr gutem Zustand mit neuer Heizung, und zwar für etwa 800 Soldaten, also 400 Zimmer. Die standen leer. Wir konnten damit nichts anfangen, aber so etwas lässt sich auch schwer verkaufen. Also haben wir während der Flüchtlingskrise in Deutschland der Stadt angeboten, diese Immobilie kostenlos zu nutzen.

Heute wohnen da einige Hundert Asylbewerber. Keine 800, denn so viele wollte die Stadt nicht. Einige der Geflüchteten beschäftigen wir auch. Wir haben uns sehr stark dafür eingesetzt, dass das möglich sein sollte. Früher durfte man ja einen Asylbewerber nicht beschäftigen, bis der Antrag beantwortet war. Da habe ich gesagt: „Das ergibt doch überhaupt keinen Sinn. Wir brauchen Arbeitskräfte, die wohnen hier, warum dürfen sie nicht bei uns arbeiten?" Inzwischen klappt das. Man ist in Deutschland klüger geworden.

Als ich bei AGCO angetreten bin, gab es keine besonders gute Unternehmenskultur. Es war eine sehr autokratische

Führungsstruktur. Mein Vorgänger Bob Ratliff, der hat gesagt: „Meine Tür steht immer offen.“ Das stimmte auch, physisch war die Tür offen. Wenn aber mal ein Mitarbeiter reinkam, flog der nach kurzer Zeit hochkant wieder raus. Bob war ein schlechter Zuhörer. Er hatte ganz starke Ideen, die er aber meist durchgezwungen hat. Unsere heutige Unternehmenskultur bei AGCO wird, glaube ich, als sehr positiv wahrgenommen. Darauf bin ich sehr stolz, weil ich sie mit meinen Leuten gemeinsam geschaffen habe.

Es gibt ja viele CEOs, die es sich wie einen Orden an die Brust hängen und sagen: „Ich habe jetzt wieder so viele Leute entlassen.“ Ich halte Stellenabbau für eine absolut einfallslose Managementmaßnahme. Also, den Umsatz zu verdreifachen und 10 000 neue Arbeitsplätze zu schaffen, fand ich wesentlich interessanter, als die Belegschaft zu halbieren. Meistens begibt man sich so auch in eine Negativspirale, die häufig für alle Beteiligten sehr böse endet. Hinzu kommt: Wer immer wild um sich schießt, erwirbt sich keinen Respekt. Das sah man nicht zuletzt bei Trump.

Im Management wird ja oft die klassische Frage gestellt, wenn man neu in einer Firma ist: „Wie viele Leute haben Sie schon rausgeschmissen?“ Ich habe das Kriterium nie verstanden. Die bessere Frage wäre: „Wie viele Menschen haben Sie in welche Positionen entwickelt?“ Mich macht es stolz, dass drei Leute aus meiner Truppe Vorstandsvorsitzende bei unterschiedlichen Unternehmen geworden sind, auch bei großen. Das finde ich relevanter als die Frage: „Wen haben Sie erschossen?“

Pferdeflüsterei

Führung lernen im Dressurviereck – als Reiter, Trainer und Richter, von der Faszination des Balletts zu Pferde und ein überraschender Goldmedaillengewinn bei Olympia.

Hätte mir in jungen Jahren jemand gesagt, dass mich meine Leidenschaft für das Reiten einmal zu Olympia bringen würde, ich hätte vermutlich gelacht. Aber es ist tatsächlich so gekommen. Pferde sind extrem wichtig für mein Leben. Irgendwann hat mich dieses Pferdefieber gepackt. Ich bin überzeugt, dass ich von diesen sensiblen Tieren auch wahnsinnig viel über den Umgang mit Menschen gelernt habe. Ohne das Reiten wäre ich wohl ein anderer Chef geworden. Vielleicht sogar gar keiner.

Manchmal frage ich mich, ob sich die Leidenschaft für das Reiten einfach so entwickelt hätte – weil sie schon in meinen Genen steckt. Oder ob es dafür jene Zufälle brauchte, die mich in der Kindheit Pferden näherbrachten. So geschah es bei meinem Onkel Jakob, der nicht weit entfernt von uns in Köln-Höhenhaus lebte. Auch er war Lehrer, Rektor an der Sonderschule, die man damals noch Hilfsschule nannte. Er war auch Patenonkel einer meiner Schwestern und ein begeisterter Reiter. Im Garten hatte er einen Mecklenburger stehen. Das Pferd hatte er aus der DDR importiert, weil es preisgünstig war. Nachdem wir beim benachbarten Bauern Litz schon mal auf einem Pferd hatten sitzen dürfen, bekamen wir bei meinem Onkel die nächste Chance dazu. Aber das reichte uns bald auch nicht mehr. Gemeinsam mit unserem Jugendfreund Raphael Wunsch beschlossen Reinhard und ich: „Wir wollen jetzt richtig reiten lernen." Wir waren so vierzehn oder fünfzehn. Also fuhren wir zu einem nahe gelegenen Reitstall und hatten eine Riesenangst, dass man uns dort sofort wieder zurückschicken würde. Unsere Taktik, um das zu verhindern: Wir behaupteten einfach, erfahrene Reiter zu sein. Was aber zur Folge hatte, dass wir zu Beginn total überfordert waren und immer wieder von den Pferden runterfielen. Learning by Doing auf die harte Tour.

Weil wir nicht aufgaben, bekamen wir schließlich Reitstunden. Vielleicht aus einer Mischung aus Mitleid und Anerkennung. Die kosteten damals 12 D-Mark, was wir uns natürlich nicht leisten konnten. Wir mussten das abarbeiten: Für zehn Stunden Ausmisten gab es einmal Unterricht. Am Ende hat sich das ausgezahlt, der Reitsport wurde später meine Einnahmequelle. Als Student habe ich täglich Reitunterricht erteilt und junge Pferde beritten. Dass ich damals noch kein eigenes Pferd hatte, war nicht schlimm. Im Gegenteil: Der häufige Wechsel war eine gute Schule für die internationalen Hochschulreitturniere, an denen ich teilnahm. Die Pferde wurden zugelost, anschließend ritt man in einer Art K.-o.-System gegeneinander. Das habe ich ganz gut hinbekommen. Einmal wurde ich deutscher Vizemeister der Studentenreiter und war auch Mitglied des deutschen Teams.

Richtig reiten zu lernen, dauert Jahre. Selbst wenn man einen guten Trainer hat. Begabung hilft natürlich, aber es ist vor allem eine Frage der Intensität, also wie oft man reitet. Man kann auf schlechten Pferden auch sehr viel lernen. Bei mir hat diese Grundausbildung mindestens fünf Jahre gedauert – bis zum zwanzigsten Lebensjahr. Ich habe mich langsam hochgearbeitet, immer wieder an Lehrgängen teilgenommen. Viel von dem Geld, das ich verdiente, habe ich wieder in meine sportliche Weiterbildung investiert. Angefangen habe ich eigentlich mit dem Vielseitigkeitsreiten, Military, und ich war auch Springreiter, bevor ich den eindeutigen Schwerpunkt auf die Dressur legte.

Mein erster richtig guter Lehrer war Albert Brandl an der rheinischen Landes-Reit- und Fahrschule in Wülfrath. Tragischerweise ist er im Oktober 1977 kurz vor seinem fünfzigsten Geburtstag bei einem Reitunfall tödlich verunglückt. Das war für uns alle damals ein großer Schock und führte uns vor Augen, dass der Pferdesport auch für den versiertesten Reiter sehr gefährlich sein kann. Ganz wesentlich für meine Ausbildung war schließlich der Kölner Grand-Prix-Dressurreiter Wolfgang Winkelhues. Außerdem habe ich regelmäßig Lehrgänge mitmachen dürfen, zum Beispiel bei Harry Boldt, dem damaligen Bundestrainer.

Ich gebe hier und da immer noch einen Lehrgang. Vor allem aber unterrichtet heute meine Frau. Ich kümmere mich auf unserer Farm Hidden Pines nördlich von Atlanta mehr im Hintergrund um unsere Pferde. Da leben nicht nur vier Pferde, zwei Esel, ein Shetlandpony und ein American Miniature Horse, sondern auch zwei Katzen, zwei Hunde und Bienen in sechs Bienenstöcken. Nicht zu vergessen die angestammten Bewohner der Farm: Schlangen, Opossums, Adler, Eulen, Schildkröten, Füchse, Kojoten und sogar Weißwedelhirsche. Im Umgang mit Tieren, Pferden insbesondere, habe ich viel von meiner Frau gelernt, ich konnte mir einiges abschauen. Sie ist Tierschützerin aus tiefster Überzeugung. Ich war nie gewalttätig oder grob, aber mir fehlte lange so ein bisschen die Antenne. Nach und nach habe ich gemerkt, dass man bei Pferden oder auch bei Hunden viel mehr erreichen kann, wenn man sie für sich gewinnt und nicht zu bestimmten Dingen zwingen will.

Auch wenn viele das nicht wissen oder nicht glauben wollen: Die Idee hinter dem Dressurreiten ist eine sehr tierfreundliche. Pferde sind ja heute quasi Haustiere. Es gibt zwar noch ein paar Wildpferde, aber generell haben sie keinen ursprünglichen Lebensraum mehr. Und wenn Pferde, die früher in der Landwirtschaft oder im Militär eine Aufgabe hatten, heute nur noch im Hobbybereich eingesetzt werden, dann muss man sehen, dass sie in guter Verfassung bleiben. In der Landwirtschaft war das kein Problem. Da gingen die Tiere zehn Stunden vor dem Pflug oder vor dem Wagen. Dadurch blieben sie fit. Beim Militär wurden riesige Strecken zurückgelegt, selbst im Zweiten Weltkrieg immer noch oft zu Pferd. Bei der Dressur geht es darum, mit den Pferden Bewegungen zu erarbeiten, zu verfeinern, die sie auch in der freien Wildbahn, in der Natur oder auf der Weide machen würden. Sie so zu trainieren, dass sie diese Bewegungen während des Reitens quasi auf Knopfdruck machen. Das führt dazu, dass die Pferde gut bemuskelt sind. Sie sind gesund, fühlen sich ausgelastet und wohl. Je nach Fähigkeit der Pferde und Reiter sind dann die tollsten Dinge möglich. Ich nenne das immer „harmony in motion". Es sind ja zwei Körper, die ganz unterschiedlich gebaut sind und ganz unterschiedlich funktionieren. Und wenn die dann auf einmal zusammen Lektionen machen können, ist es schon ein fantastisches Gefühl. Es ist wie Wedeln beim Skifahren.

Dressur ist ja eigentlich Ballett zu Pferde. Es ist eher zwischen Kunst und Sport anzusiedeln. Ich versuche immer wieder, das auch Laien nahezubringen. Aber ähnlich wie das Eiskunstlaufen oder Tanzen ist Dressur ein Sport, bei dem man die Feinheiten verstehen muss. Nur dann lässt sich beurteilen: Wer ist gut und wer weniger gut? Viele Laien haben deshalb genug, wenn sie eine halbe Stunde zugesehen haben. Ursprünglich war Dressur auch kein Wettbewerb, sondern eine Kunstform, Turniere gibt es noch gar nicht so lange. Es wurde an den Höfen praktiziert, zur Freude der Zuschauer und zur Erbauung der Fürsten. Und dann verlagerte sich das an die Universitäten. Eine Universität, die etwas auf sich hielt, hatte einen Reitstall. Dort lehrte man nicht nur Geistes- und Naturwissenschaften, sondern auch Fechten und Reiten.

Längst nicht jedes Pferd eignet sich für die Dressur. Das Tier muss den richtigen Körperbau haben und zu leichten und elastischen Bewegungen fähig sein. Ebenso wichtig ist seine Psyche. Das Pferd muss dazu bereit sein, mitzumachen und die Dressurbewegungen zu lernen. Es gibt Pferde, die lernen gerne. Andere möchten überhaupt nicht lernen.

Beim Reiter ist der sogenannte Sitz das Allerwichtigste und die absolute Basis. Das Pferd wird ja dann doch nicht per Knopfdruck gesteuert. Der berühmte Ausbilder Eduard Gustav Steinbrecht hat gesagt: „Der Sitz des Reiters formt das Pferd.“ Die Position der Wirbelsäule, die Schenkel und die Hand – das sind die Werkzeuge, mit denen ein Reiter das Pferd bedienen kann. Und das muss vorsichtig passieren. Landet eine Fliege auf einem Pferd, dann sieht man, dass die Haut, das Fell, zuckt. Pferde sind sehr empfindlich. Früher hieß es, so im Sinne des ostpreußischen Trakehner-Militärreitens: „Warum hat das Pferd eine Haut?“ Antwort: „Weil man da draufhaut.“ Das ist natürlich totaler Quatsch. Je feiner man mit dem Pferd umgeht, seinen Charakter versteht, umso sensibler bleibt es. Wichtig ist die konstante Motivation, die Balance, das Pferd weder zu überfordern noch zu unterfordern, es auf dem passenden Niveau zu fordern. Ich habe festgestellt, dass die positive Verstärkung durch Loben, durch Klopfen wesentlich besser funktioniert als die Strafe. Ein intelligenter Reiter hört mit der Trainingseinheit dann auf, wenn das Pferd etwas gut gemacht hat. Er beendet die Lektion mit etwas Positivem für das Pferd.

Einmal kam die Frau eines AGCO-Mitarbeiters mit einem jungen Pferd zu uns. Sie war ganz unglücklich. Man sah sofort, dass da viele Dinge nicht funktionierten. Eigentlich war sie eine ganz gute Reiterin. Aber das Pferd war falsch gefüttert, falsch gehalten, falsch geritten – alles lief falsch. Wir haben ihr geholfen, alles aufeinander abzustimmen. Das Pferd brachte nur recht durchschnittliche Voraussetzungen mit, erreichte aber durch die richtige Förderung schließlich Grand-Prix-Niveau. Auch mit normalen Pferden kann man viel erreichen, wenn man ihr Potenzial erkennt. Ist das ein Springpferd, ein Dressurpferd und am Ende sogar ein Spitzendressurpferd? Das kostet Zeit und Geduld. Meine gute Freundin Isabell Werth, die erfolgreichste Dressurreiterin überhaupt, besitzt dieses Talent: Sie kann aus normalen Pferden Olympiapferde machen.

Es gibt Seminare für Wirtschaftsbosse, die noch nie ein Pferd gesehen haben. Sie bekommen ein Pferd am Zügel und müssen sich auf das Tier einlassen, um gemeinsam voranzukommen. Wenn man das Pferd kennengelernt hat, muss man sich weitere Ziele setzen. Mit meinem Vorstand habe ich das einmal gemacht – ein Besuch im Reitstall zum Teambuilding, aber auch zur Horizonterweiterung. Das wäre auch für Lehrer oder für Eltern nicht schlecht. Besser noch macht man das mit einem Esel, denn die sind noch viel schwerer zu bewegen als Pferde.

Man kann das Ganze ins Wirtschaftliche übersetzen, in die AGCO-Welt. Ich glaube sehr stark an „management by objectives", also Führung durch Zielesetzen. Die Ziele müssen ehrgeizig, aber realistisch sein. Und sie müssen vereinbart werden, beide Seiten müssen einverstanden sein. Wie wichtig Ziele sind, sieht man beim Reiten genau. Wenn man ein Pferd überfordert, führt das zum Scheitern von Reiter und Pferd, beide sind unzufrieden. Wenn man ein Pferd unterfordert, hat der Reiter keinen richtigen Spaß. Das Pferd langweilt sich zu Tode und macht Blödsinn. Im Grunde kann man das eins zu eins auf die Unternehmensführung übertragen.

Pferde auszubilden, ist eine intensive Übungsarbeit. Traditionell wird ein Pferd mit drei Jahren angeritten. Wir machen das nicht, sondern fangen erst mit vier Jahren an. Wir geben dem Pferd sozusagen ein Jahr mehr Kindergartenzeit. Es turnt länger auf der Wiese herum und ist danach ausgereifter. Dann erst beginnt man in kleinen Schritten, sich die einzelnen Lektionen zu erarbeiten. Das Erste ist, dass das Pferd lernt, geradeaus zu gehen und Schritt, Trab und Galopp zu halten. Anschließend arbeitet man sich in Richtung Dressur vor. Und wenn man Glück hat, beherrscht das Pferd im Alter von ungefähr zehn Jahren das olympische Programm. Es gibt auch mal Frühreife oder Spätzünder, aber das ist so der Richtwert.

Die Ausbildung von Pferden kann ein gutes Geschäft sein. Zu meinen Freunden zählen zwei der bekanntesten Pferdehändler der Welt. Der eine ist Paul Schockemöhle, der auch großer Fendt-Kunde ist. Auf seinem Gestüt in Mühlen befasst er sich mehr mit jungen Pferden und mit Springpferden. Der zweite ist Ulli Kasselmann aus Hagen am Teutoburger Wald, der sich eher um Dressurpferde kümmert. Deren Geschäft besteht darin, Pferde zu finden, auszubilden und vorzubereiten, um sie später mit Gewinn zu verkaufen. Mit dem reinen Pferdehandel habe auch ich als Student und später als Lehrer noch einiges verdient. Dabei ist die Kunst, ein Pferd zu finden, das sehr gut zu einem bestimmten Reiter passt. Das zu erfüllen, war mir immer sehr wichtig. Es sprach sich rum, dass alle zufrieden mit meiner Auswahl waren, und so kamen immer neue Kunden nach. Für mich war das erfüllend und lukrativ, ein relativ ordentlicher Gewinn in überschaubarer Zeit: Damals behielt man meist 20 Prozent des Preises als Provision. Ein gutes Pferd kostete mehrere Tausend D-Mark. Heute fängt ein Olympiapferd bei einer Million Euro an.

Unsere Pferde hier in den USA sind alle aus eigener Zucht. Sie stehen nach der Geburt zunächst bei einem Züchter im Alten Land, im nördlichen Niedersachsen kurz vor der Elbmündung: Johannes von der Decken, ehemaliger Besitzer eines John-Deere-Traktors, mittlerweile überzeugter Fendt-Fahrer. Unsere Fohlen bleiben vier Jahre lang bei ihm, bis mein Bruder Reinhard sie nach Köln holt und dort anreitet. Sobald wir einschätzen können, ob das Pferd Potenzial für eine Turnierlaufbahn mitbringt, fliegen wir die Pferde ein. In unserem Reitstall bilden meine Frau und ich sie aus. Gerne redet man sich dabei ein, dass alles prima läuft – auch als Fachmann. Ich muss zugeben, dass dabei manchmal der Wunsch der Vater des Gedankens ist. Nicht jede frühe Talenthoffnung erfüllt sich im späteren Trainingsverlauf.

Mein Lieblingspferd ist eine Stute namens Lauries Landliebe, wir nennen sie Liebchen. Ihre Mutter ist Pasadena, die am Anfang unserer kleinen Pferdezucht stand, damals noch in Deutschland. Sie kommt von Ulli Kasselmann, meine Tochter hat sie geritten. Als Mechthild in die USA zog, brachten wir Pasadena als Zuchtpferd ins Alte Land, wo sie sieben Fohlen bekam.

Ihre Tochter Liebchen mag ich gerade deshalb, weil sie so schwierig ist. Ihr Vater ist ein englischer Vollblüter namens Lauries Cruisador, Pasadena ist ein Warmblut. Die erste Generation von Halbblütern ist sehr empfindlich, da muss man mit viel Gefühl rangehen, mit einem feinen Händchen. Wenn man da als Hauruckreiter ankommt, funktioniert nichts. Ich habe einen guten Draht zu Liebchen, wir können gemeinsam eine Menge veranstalten. Ich habe sie als Trainer und als Reiter ganz alleine so weit gebracht, dass sie Prüfungen der schweren Klasse gewonnen hat.

Neben Liebchen bekam Pasadena noch ein zweites Stutfohlen namens Tendresse. Und das hat eine besondere Geschichte. Nachdem Paul Schockemöhle den superteuren Hengst Totilas für kolportierte 10 Millionen Euro gekauft hatte, haben wir gesagt: „So, jetzt lassen wir mal unsere Stute Pasadena von dem decken. Und falls das Fohlen weiblich ist, soll das unsere neue Zuchtstute im Alten Land werden“ –

und so kam es. Wir tauften sie Tendresse. Weil der Vater Totilas war, musste der Name der Tochter mit T beginnen. Wer sein Pferd von Totilas decken lassen wollte, musste damals 8000 Euro bezahlen. Das war extrem teuer im Jahr 2010. Ein teurer Hengst kostet heute im Warmblutzuchtsport vielleicht gerade einmal 1000 Euro Decktaxe.

Der Paul Schockemöhle ist kein Mann der vielen Worte. So ein zurückhaltender Südoldenburger. Er hat mich am Anfang nie gegrüßt. Jahre vor der Aktion mit Totilas war ich zum Richten auf einem Turnier von Ulli Kasselmann und habe gesagt: „Da kommt der Paul Schockemöhle, der grüßt mich nie, aber das ändern wir jetzt." Und dann bin ich zu ihm hingegangen und habe ihn freundlich begrüßt: „Herr Winkler, das ist aber eine Ehre, dass Sie hier sind." Er war sofort sauer, klar: Hans Günter Winkler war ja einer seiner größten Konkurrenten. „Ich weiß ja, wer Sie sind", sagte ich, „aber Sie grüßen mich nie. Da kann ich schon mal den Namen verwechseln." Da musste er doch lachen und seitdem hat sich ein gutes Verhältnis zwischen uns entwickelt. Schockemöhle ist Multimillionär, er hat aber bis vor wenigen Jahren immer zur Miete gewohnt, aus Sparsamkeit. Der fährt bis heute sehr alte, gebrauchte Autos und ist ganz stolz, wenn er einen 7er BMW preiswert kauft – zwölf Jahre alt, mit 180 000 Kilometern drauf. Den fährt er dann noch zehn Jahre weiter.

Nachdem wir die Stute für 8000 Euro bei ihm decken ließen, trafen wir uns noch mal. Ich glaube, das war 2010 bei den Weltreiterspielen in Lexington, Kentucky. Schockemöhle und ich gingen vom Restaurant zurück zum Hotel. Er war ganz guter Dinge und erklärte mir frei heraus seine Vermögenslage. Ein Thema, über das er sonst nie sprach. Und dann sagte er, ohne dass ich gefragt hätte: „Ich hatte mir ja überlegt, ob ich dir bei der Decktaxe von Totilas entgegenkomme. Aber dann bin ich zu der Einsicht gekommen, du brauchst das ja gar nicht."

Dazu muss man wissen: Paul Schockemöhle rief tatsächlich jedes Mal bei mir an, wenn er einen Traktor kaufen wollte, und fragte nach einem Rabatt. Oder er sagte: „Wir kaufen jetzt zwei große Traktoren. Dafür müsst ihr aber dann dieses Turnier mit so und so viel Geld sponsern." Darum antwortete ich ihm an dem Abend: „Paul, das finde ich gut. Das sollte aber auf Gegenseitigkeit beruhen. Dann brauchst du mich auch nicht mehr anzurufen, wenn es um Traktoren geht." Und jetzt muss man sagen: Ein Mann, ein Wort. Das hat er ab diesem Tag nie mehr getan. Nach wie vor kauft er ausschließlich Fendt, gestand mir aber später einmal: „Martin, weißt du was? Das war einer meiner größten Fehler. Ich hätte dir lieber bei der Decktaxe von Totilas ein paar Tausend Euro nachlassen sollen."

Inzwischen geht es mir nicht mehr darum, mit Pferden Geld zu verdienen. Das Gegenteil ist der Fall. Meine Frau rechnet das immer schön: Wir haben Pferde, die wir selbst gezüchtet haben. Wenn die drei, vier Jahre alt sind, haben sie uns 8000 bis 10 000 Euro gekostet. Der Transport in die USA kostet noch mal 4000 bis 5000 Euro, wenn sie mit der Lufthansa oder mit KLM nach New York fliegen. Also kennen wir recht genau den Einstandspreis. Wenn ich meiner Frau sage, was das für ein Verlustgeschäft ist, dann hält sie dagegen: „Ja, aber zum Beispiel der Leibniz ist einer, der kann jetzt M-Dressur gehen." M bedeutet mittelschwer. „Damit ist er jetzt 80 000 Euro wert oder vielleicht sogar 100 000." Aber all das, auch diese Rechnerei, ist nur eine theoretische Betrachtung, weil wir nie ein Pferd verkaufen. Wenn sie den Höhepunkt überschritten haben, geht es mit ihrem Wert rapide bergab. Was uns natürlich auch herzlich egal ist.

Ein gutes Beispiel für unser sentimentales Herangehen ist unser Pony namens Ping Pong Power. Mit diesem Pony hatte meine Tochter einigen Erfolg: Sie wurde Vizemeisterin in Berlin-Brandenburg und schaffte eine Platzierung bei den westfälischen Meisterschaften. Das Pony hatte ich ungeritten für 7500 D-Mark gekauft. Und dann kam dieses Angebot von einem Profi, der für eine Schülerin auf der Suche war und für Ping Pong Power 80 000 D-Mark anbot. Eigentlich verlockend. Das Pferd wurde zu diesem Zeitpunkt gar nicht mehr von uns geritten. Aber meine Tochter hing natürlich an ihrer ersten Pferdeliebe, auch wenn sie längst auf ein großes Pferd umgestiegen war. Was also tun?

Ich suchte Rat bei meinem guten Freund Martin Spoo. Vor seinem Ruhestand war er Geschäftsführer des rheinländischen Pferdezuchtverbandes, das ist ein Verein namens Rheinisches Pferdestammbuch. Er ist einer von den dreien, die mit hinter der Theke standen, als ich meine Frau kennenlernte. Seine Frau hatte einen Reitstall, und wenn es ein gutes Geschäft gab, dann wurden bei denen die Pferde eben ohne Rücksicht auf Gefühle verkauft. Ich dachte: Da lade ich die beiden doch mal zum Abendessen ein und bringe das Gespräch auf dieses Thema. Martin Spoo kann meiner Frau und meiner Tochter mal genau erklären, wie sie das so machen – und dann wird auch Ping Pong Power verkauft. Als wir auf das Thema kamen, sagte aber ausgerechnet Martin Spoo: „Wenn du doch keine Geldsorgen hast, warum willst du dann euer treues Familienpony verkaufen?“ Die beiden fanden den zuvor nie so doll, weil er Pferdehändler war. Doch plötzlich war Martin Spoo der Hero: Ping Pong Power blieb auf seinen Rat hin bei uns.

Vor zwei, drei Jahren haben wir doch mal ein Pferd verkauft, weil wir einfach zu viele hatten. Aber im Prinzip behalten wir die Pferde. Wir haben eine virtuelle Wertsteigerung, gefolgt von einem realen Wertverlust – und sehr viel Freude dabei. Im Grunde ist das romantisch. Ich nenne unseren kleinen Reitstall unser „loss center“. Wir wissen ja genau, was das pro Jahr kostet. Am Ende könnte aber doch noch ein Gewinn dabei rausspringen. Unser Stall steht auf einem super Stück Land am Stadtrand von Alpharetta. Und Alpharetta wächst. Das Grundstück nimmt also jedes Jahr an Wert zu – vielleicht sogar um einen höheren Betrag als unsere Ausgaben. Rein theoretisch könnten wir also irgendwann sagen: „Jetzt sind wir zu alt für die Pferde, nun kommen hier zwanzig, dreißig schöne Häuser hin.“ So könnten wir vielleicht doch noch mit unserem „loss center“ viel Geld verdienen.

Zu unserer Familie gehören auch zwei Hunde, ein Jack Russell Terrier und ein Labrador. Mit unseren Hunden gehen wir mindestens eine Stunde am Tag spazieren. Wenn wir uns auf der Farm aufhalten, laufen sie natürlich die ganze Zeit frei herum. Es ist wie bei uns Menschen: Wer sich physisch wohlfühlt, ist auch klar in der Birne. Frida, unser kleiner Jack Russell, ist sehr sensibel und ein ganz freundlicher Hund. Die Leute sind immer begeistert, wie offen sie auf andere zugeht. Die Rasse gilt mitunter als schwer erziehbar, aber Frida sitzt in AGCO-Aufsichtsratssitzungen mit am Tisch. Das liegt natürlich nicht nur an ihrer guten Erziehung, sondern auch daran, dass in solchen Runden naturgemäß wenige Eichhörnchen rumflitzen, denen sie nachstellen kann.

Witzig ist auch, wie Frida zusammen mit dem älteren Labrador ein Team bildet. Sie hält sich manchmal selbst für einen Labrador, glaube ich. Den Labrador hatte unsere Tochter 2009 an einer Autobahn gefunden, total gestört, weil er anscheinend gequält worden ist. Wir tauften ihn Richi. Er hatte seinen Schwanz verloren, seine Hüfte war zerschmettert. Nicht akut, aber als kleiner Hund musste er schon irgendwo ein böses Erlebnis gehabt haben. Um den Hals klaffte eine eitrige Wunde, wohl weil er Kettenhund war. Er hatte eine Riesenangst vor Wasser und vor Berührungen, seine Pfoten waren für uns tabu. Er war anfangs total überdreht und rannte wie verrückt bei uns in der Bude rum, bis das ganze Parkett ruiniert war.

Da sagten wir unserer Tochter: „Nimm den Hund und bring ihn ins Tierheim, wir können ihm nicht helfen." Meine

Tochter hat ihn erst in ihre Studentenbude mitgenommen. Sie durfte dort aber gar keine Hunde halten und musste ihn letztlich doch ins Tierheim bringen. Was ich nicht wusste: In Amerika werden die Hunde eingeschläfert, wenn sich einen Monat lang niemand findet, der sie adoptiert. Meine Tochter wusste das und hat Richi einen Tag vor Ablauf der Frist doch noch aus dem Heim geholt. Seine Halswunde war etwas verheilt und er war geimpft. Aber anfassen ließ er sich noch immer nicht.

Am Ende tat er uns allen natürlich leid. Ich nahm mir also vor, ihn wieder hinzubekommen. Labradore sind eigentlich leicht zu trainieren, aber hier ging es erst mal darum, dem traumatisierten Tier überhaupt näher kommen zu dürfen. Es gibt eine Sendung, die verfolge ich bis heute mit großem Interesse. Cesar Millan heißt der Mann, er nennt sich „dog whisperer", der Hundeflüsterer. Er befasst sich im Fernsehen damit, Problemhunden zu helfen. Einige von Millans Vorstellungen und Methoden habe ich benutzt, um unseren Labrador wieder hinzukriegen. Auch wenn ich weiß, dass er umstritten ist.

Millans Grundannahme ist, dass die Hunde „calm submissive" sein müssen, also ruhig und unterwürfig. Man denkt natürlich: Was ist das denn für eine Vorstellung, dass der Hund sich unterwerfen soll? Es geht eher darum, dass sich die Hunde in eine Rangordnung einfügen – so wie Wölfe in ihrem Rudel. Wenn ein Mensch konsequent die Aufgabe des Rudelführers übernimmt, erkennt der Hund das an und er wird ruhig und ausgeglichen. Richi ist heute ein ganz toller, gut erzogener Hund geworden.

Inzwischen reisen unsere Hunde schon mal mit mir durch die Gegend. Ich musste in der Weihnachtszeit immer zu mehreren Meetings nach New York und dann wohnten die Hunde mit mir im Four Seasons an der Ecke Madison Avenue. Zur Weihnachtszeit ist in New York viel los. Trotzdem kann ich mit den beiden Hunden ohne Leine über die Fifth Avenue gehen. Darf man eigentlich gar nicht, normalerweise muss man in Manhattan Hunde an der Leine führen. Aber die beiden bleiben immer bei Fuß, immer in derselben Reihenfolge. Ich gehe rechts, dann kommt der Kleine und dann als Außenschutz der Labrador. Die Leute sind total begeistert. Auch Polizisten, die uns entgegenkommen, machen den Daumen hoch. Ich kann sie bei Tiffany's vor der Tür hinsetzen, wo sie eine halbe Stunde auf meine Frau und mich warten, ohne sich vom Fleck zu rühren. Also, da bin ich ein bisschen stolz drauf.

Bei Pferden ist es ähnlich: Mit Strafen kommt man nicht weit. „Ein Ruck ins Maul, schon steht der Gaul." Dieser Spruch ist ebenso berühmt wie idiotisch, denn das Maul ist super empfindlich. Auch mit Sporen und Gerte kann man sehr viel kaputt machen. Der wichtigste Grundsatz ist: Die Korrektur muss in dem Moment kommen, in dem das Tier etwas falsch gemacht hat. Es muss das unmittelbar nachvollziehen können. Außerdem muss man unterscheiden, warum das Pferd einen Fehler macht: Ist es von der Aufgabe noch überfordert, hat es nicht aufgepasst oder will es wirklich nicht? Oder war es sogar der eigene Fehler? Denn man muss für die Tiere unbedingt berechenbar sein, sie müssen verlässlich wissen, was sie als Nächstes von einem zu erwarten haben.

Beim Reiten hat sich vieles im Sinne des Tierschutzes entwickelt. Es wird heute nicht mehr gebarrt oder gedopt. Die gewachsene Sorgfalt ist gut. Die Reiter werden genau beobachtet, auch das Regelwerk ist strenger geworden. Ich bin auch ein starker Verfechter der Idee, dass man die Gerte ganz verbieten sollte. Bei den internationalen Grand-Prix-Turnieren darf im Dressursport keine Gerte mehr benutzt werden. Am Anfang gab es einen Aufschrei. Nun stellt man fest: Es geht wunderbar. Der nächste Schritt wäre, die Gerte auch auf dem Abreiteplatz zu verbieten.

Parallel zum Reiten habe ich schon ganz jung die Dressurrichterausbildung bis zum höchsten Level durchlaufen. Ich war seit 1978 national und seit 1999 auf höchstem internationalen Level tätig. Ich wurde bei Bundeschampionaten eingesetzt und habe auch seit 2006 die Olympiaqualifikation in Deutschland richten dürfen. Eines Tages sprach mich Holger Schmezer an, der damalige Bundestrainer. „Wir suchen einen Equipe-Chef für die Olympischen Spiele 2008", sagte er. Der Reitsportteil fand aus Quarantänegründen nicht in Peking statt, sondern in Hongkong – im berühmten Hong Kong Jockey Club. Schmezer fragte, ob ich mir vorstellen könnte, das zu machen.

Ich fühlte ich mich sehr geehrt. Besonders deshalb, weil ich offenbar der Wunschkandidat der Reiter war, wie Schmezer sagte. Sie suchten damals zum ersten Mal überhaupt einen Richter als „chef d'équipe" aus und ich empfand ihre Wahl als eine tolle Bestätigung. Als Equipe-Chef ist man Mädchen für alles und managt sozusagen die Mannschaft. Natürlich konnte ich nicht spontan zusagen, sondern musste mit meinem Aufsichtsrat und mit meinen Kollegen bei AGCO reden. Kurzum: Ich schlug ein. Schon ein paar Wochen vor Beginn der Spiele lebte ich mit dem Team in Hongkong. Dank der Zeitverschiebung konnte ich in Hongkong eine Art Olympiaoffice machen und war dadurch bei AGCO nicht völlig raus.

Wir sind da mit einer Mannschaft hingefahren, über die die Leute sagten: „Zum ersten Mal gibt es wohl jetzt in der Dressur keine Medaille für Deutschland." Holland war der hohe Favorit. Das hat unseren Ehrgeiz erst recht geweckt. Ich gab die Parole aus: „Wir wollen uns die Mannschaftsgoldmedaille holen" – und das war auch realistisch. So war das Ziel definiert, jedenfalls intern.

Wir waren ein paar Wochen vorher schon vor Ort, alle zusammen wie in einem Bootcamp. Dressurreiter können ja wirklich divenhaft sein. Wir haben experimentiert, um voranzukommen. Der Trainer von Isabell Werth kümmerte sich etwa parallel noch um Nadine Capellmann. Heike Kemmer hatte ein tolles Pferd und natürlich war sie eine gute Reiterin, bei ihr ging immer alles über den Kopf. Darum hatten wir ihr auch einen Trainer zur Seite gestellt, der sie intellektuell abholte. In dieser individuellen Weise stellten wir das gesamte Team auf und trainierten entschlossen. Ich konnte sehen, wie es immer besser wurde.

Und dann habe ich noch etwas gemacht. Immer wenn die Holländer ein Pferd auf dem Viereck hatten, stellte ich mich neben den holländischen Trainer Sjef Janssen. Dessen Frau, Anky van Grunsven, hatte meiner Meinung nach das beste Pferd und wurde als Favoritin gehandelt. Ich stand nur da und grüßte ihn freundlich. Beim Training wird ja auch schon mal mit ein bisschen unsauberen Methoden gearbeitet, die nicht gerade tierfreundlich sind. Aber neben mir traute Janssen sich natürlich nicht mehr, irgendwelche Tricks anzuwenden. Am Abend konnte ich bei den Richtern, die im Einsatz waren, im Hotel etwas Marketing machen und zum Beispiel mal darauf hinweisen, wie gut wir in Form sind. Das waren ja meine Kollegen. Vielleicht auch nicht ganz sauber.

Jedenfalls sind die Holländer in die Falle gegangen. Ich glaube, sie waren so selbstbewusst und fest davon überzeugt, dass sie gewinnen würden, dass ihnen ein wenig die Selbstkritik fehlte. Die hatten zum Beispiel in einem tollen Hotel bereits einen großen Saal für die Siegesfeier gemietet. Wir haben dagegen gesagt: „Lasst uns mal schön unseren Job machen, und wenn wir dann wirklich gewinnen sollten, wird uns schon was einfallen."

Und so haben wir vor den Holländern und Dänen die Mannschaftsgoldmedaille gewonnen. Und dann sind wir mit den Dänen zur Fete ins holländische Hotel gefahren und haben zur Silbermedaille gratuliert. Die waren natürlich angefressen. Das Verhältnis zwischen Deutschen und Holländern ist ja speziell, aber bei den Reitern noch spezieller.

Auf der Bühne des Saals spielte eine chinesische Popband, und die Holländer guckten von oben zu, fast versteckten die sich. Da bin ich raufgegangen und habe den Trainer und seine Frau überredet, doch runterzukommen und mit uns zusammen zu feiern, sportlich fair. Die Holländer haben unglaubliche Schlachtenbummler und ein tolles Liedgut für Feiern, so Ballermann-Lieder, könnte man fast sagen, aber alles auf Holländisch. Schließlich haben wir sie alle runtergeholt und dann kam einer von ihnen und sagte: „Wir könnten hier noch viel mehr Stimmung machen, wenn wir denn nur dürften." Also haben wir mit der Band gesprochen und denen quasi die Bühne samt Instrumenten abgekauft. Dann haben die Holländer übernommen und die ganze Chose zum Wackeln gebracht. Der Höhepunkt war, dass Anky van Grunsven mit einer deutschen Fahne links von mir und Isabell Werth mit einer holländischen Fahne rechts von mir auf der Bühne standen und dort mit den anderen Trainern und Reitern richtig gefeiert haben. Das ist bei allen sehr gut angekommen. Ich habe bis heute ein gutes Verhältnis zu Sjef Janssen, dem holländischen Trainer. Seine Frau Anky hat später noch Einzelgold geholt, so waren sie auch zufrieden. Wir gewannen mit Silber und Bronze in der Einzelwertung sogar noch die beiden anderen Medaillen.

Und das war schon der Höhepunkt dieses Hobbys. Ich war zwar auch anschließend mit, bei Olympia in Rio und bei den Weltreiterspielen. Aber diesen vollen Einsatz als „chef d'équipe", das kann man nicht oft machen. Oder man muss einen anderen Beruf haben.

Unter dem Strich war es sehr erfolgreich, nicht nur im sportlichen Sinne. Es sind viele Freundschaften entstanden und schöne Erinnerungen geblieben. Ich habe sogar eine Goldmedaille bekommen. Es ist nicht die originale Athletengoldmedaille, sondern das Ehrenzeichen mit Lorbeer und olympischen Ringen der Deutschen Reiterlichen Vereinigung, kurz FN (von Fédération Équestre Nationale). Wir haben hier bei uns am Stall ein kleines Häuschen mit Wohnzimmer. Dort stehen die Trophäen. Im Wesentlichen sind das die Schleifen, die meine Tochter gewonnen hat und die von unseren erfolgreichen Pferden. Von meinen Auszeichnungen ist neben der Olympiamedaille leider nicht viel übrig. Das Reiterkreuz in Silber der FN gibt es noch, das ich 2010 unter anderem für mein langjähriges ehrenamtliches Engagement vor allem im Studentenreitsport bekommen habe. Meine Kiste mit dem Großteil der Schleifen und den Pokalen ist bei einem unserer Umzüge leider verschollen. Ein kleiner Trost: Im Herbst 2020 kam noch das Reiterkreuz in Gold dazu.

Vom Luxus der eigenen Meinung

Glaube, Prinzipien, Engagement: Religionen sind auch in der heutigen Zeit unverzichtbar. Und warum es den lieben Gott so nicht gibt – und irgendwie doch.

Ein Geistlicher in einem Luxusschlitten wäre in Deutschland eine höchst anstößige Sache. Hier in Amerika ist es das nicht – ganz im Gegenteil. In unserer direkten Nachbarschaft lebt ein Bischof, der gerne in seinem ziemlich beeindruckenden Ornat herumläuft. Er ist Bischof seiner eigenen Kirche und er fährt bei uns in der Gegend im Rolls-Royce rum. Ich weiß nicht, wo genau das Geld dafür herkommt, aber ich vermute mal stark, von seinen Anhängern. Der Bischof hat eine Kirche gebaut, die ihm selbst gehört. Der hat ein paar Angestellte, wir würden sie Priester oder Pfarrer nennen. Ich habe ihn mal getroffen, ein ganz sympathischer Typ, rhetorisch extrem gut drauf. Ich fragte ihn: „Herr Bischof, was sagen denn Ihre Gläubigen zu dem Auto und zu Ihrem Haus?“ Der hat nämlich neben dem Rolls-Royce auch eine Riesenvilla. „Die sind stolz auf mich“, antwortete er. „Dass unsere kleine Kirche sich das leisten kann.“

Nun könnte man das ablehnen oder sich darüber lustig machen. Aber das tue ich nicht. Denn ich glaube schon, dass es für die Menschen wichtig ist, dass sie mit verbindlichen Werten groß werden und dass sie sich nach einem stabilen Wertesystem richten können. Auch der Rolls-Royce-Bischof aus der Nachbarschaft wird seinen Gemeindemitgliedern etwas zurückgeben, etwa indem er ihnen den Wert der Zehn Gebote vermittelt. Anders als in Deutschland gibt es keine Steuerfinanzierung für die Kirche. Daher ist es eher wie in der Wirtschaft: Es muss auch bei Kirchen etwas fürs Geld geleistet werden. Hier in Amerika gibt es nicht diese hoch formelle Zugehörigkeit zu einer Kirche wie in Deutschland. Man geht hin oder auch nicht. Und wenn man hingeht, leistet man auch einen finanziellen Beitrag. Aber freiwillig.

Ich selbst war immer gläubig und das bin ich auch heute noch. Zwar nicht sehr fromm und auch kirchlich nicht besonders aktiv. Das kann daran liegen, dass ich als Kind religiös vollkommen überdosiert wurde. Es war Pflicht, jeden Samstag oder Sonntag mit der Familie zur Messe zu gehen. Zusätzlich gab es sonntagmittags die Christenlehre, eine Art Katechismusunterricht. Da musste ich auch noch hin. Mir wurde das alles zunehmend peinlich. Mein Vater hatte eine gute Stimme, da stand er immer in der Kirche in der ersten Reihe und sang am lautesten. Das Maximale an Befreiung, das wir uns leisten konnten: Wir saßen nachher in der letzten Reihe, blieben auch bei der Wandlung sitzen, anstatt zu knien, und falteten nicht die Hände, sondern verschränkten die Arme. Aber wir marschierten trotzdem alle zur Kommunion. Die meiste Zeit meiner Kindheit musste ich außerdem regelmäßig zur Beichte gehen. Der Kaplan sagte dann immer: „Ach, Martin, schon wieder du? Du hast doch nichts. Was willst du denn schon wieder hier?“ Da hatte er recht: Es gab nichts groß zu beichten.

Ansonsten empfinde ich einiges an der Kirche als nicht ganz so vernünftig. Gerade das Kirchenrecht ist teilweise schwachsinnig. Das zeigt sich schon daran, dass ich aus dessen Sicht im Konkubinat lebe. Schließlich habe ich eine geschiedene Frau geheiratet und unsere Ehe existiert für die Kirche gar nicht. Wenn ich mich jetzt scheiden lassen würde, könnte ich wieder kirchlich heiraten. Als Ehemann einer geschiedenen Frau dürfte ich auch nicht zur Kommunion gehen. Das habe ich auch eine Weile nicht gemacht. Da kam einmal ein Freund aus meinem Theologiestudium, bei dem wir in der Messe waren, und sagte zu mir: „Pass mal auf, Martin, du bist Manager in der Wirtschaft. Ich bin Manager in der Kirche. Du hast ein paar Tausend Mitarbeiter. Ich habe ein paar Tausend Seelen, meine Mitarbeiter, wenn du so willst. Ich mache einmal in der Woche ein Geschäftsessen. Und ich finde es nicht besonders höflich, wenn du daran teilnimmst, aber nicht mitisst.“ Recht hatte er. Wenn ich heute einen Gottesdienst besuche, gehe ich auch zur Kommunion. Beichten aber tue ich nicht mehr, obwohl ich heute vielleicht mehr Grund dazu hätte.

Den Glauben jener Sorte, wie ihn die katholische Kirche verbreitet und wie er mir als Kind eingehämmert wurde, habe ich abgelegt. Das fing kurz vor dem Abitur an und dauerte bis zu den ersten Studienjahren. Es geschah in meiner Sartre-Phase mit schwarzem Rollkragenpullover, schwarzer Hose, Schuhen mit Kreppsohle und einem groben, grauen Jackett. Ich war überzeugter Existenzialist. Und daraus entstand mein heutiger Glaube.

Inzwischen bin ich quasi ein Freidenker, der aber auch an einen Gott glaubt – und zwar aus einem einfachen Gedankengang heraus, der mehr ein Negativbeweis ist. Ich kann mir nicht vorstellen, dass das alles, was wir hier erleben, reiner Zufall ist. Und ich kann mir nicht vorstellen, dass dieses Leben absolut keinen übergeordneten Sinn hat. Die Religionen, jedenfalls das Christentum, das Judentum und der Islam, erschließen sich diesen Sinn durch Gott, Jahwe oder Allah. Im Grunde piepegal. Das ganze Drumherum, das sich im Laufe der Geschichte ergeben hat, ist für mich nicht so wichtig. Mein sehr reduzierter Glaube fußt nur auf einer festen Überzeugung: dass es einen höheren Sinn gibt und geben muss. Und ich hoffe, dass irgendwann ein Zeitpunkt kommt, vielleicht nach dem Tod, an dem sich dieser Sinn erschließt. Hoffentlich auch mir.

Ich meine auch, dass der Glaube gerade für Kinder wichtig ist. Denn er gibt ein bisschen Sicherheit. So habe ich auch versucht, meine Glaubensanschauung an meine Kinder weiterzugeben. Allerdings mit durchwachsenem Erfolg. Die beiden Söhne sind da eher distanziert. Die Gläubigste ist unsere Tochter. Aber sie alle haben sich mit dem christlichen Glauben und den zugrunde liegenden Werten auseinandergesetzt beziehungsweise auseinandersetzen müssen. Als wir im Raum Köln/Düsseldorf gelebt haben, besuchten meine Kinder katholische Privatschulen. Sie mussten also regelmäßig zur Schulmesse. Wir sind auch gemeinsam in die Kirche gegangen, aber nicht so oft, weil wir meistens auf dem Reitplatz waren. Ich bin jedoch überzeugt, dass es enorm wichtig ist, ethische Grundvorstellungen zu haben. Das wird vielleicht sogar immer wichtiger, jetzt, da der Glaube in der Gesellschaft schwindet – zumindest bei den Christen in Deutschland.

In den USA ist die Lage noch stabiler. Wir leben hier in einer Gegend, die man auch den Bible Belt nennt. Am Sonntagmorgen sind die Straßen leer, da gehen die Leute alle in die Kirche und anschließend zum gemeinsamen Mittagessen ins Restaurant. Das gehört hier ganz selbstverständlich zum alltäglichen Leben. Wir haben schon verschiedene Gottesdienste besucht, auf Wunsch meiner Frau auch einen richtigen Gospelgottesdienst. Unser langjähriger AGCO-Aufsichtsrat Herman Cain war im Nebenjob Priester einer Kirche und sagte mir: „Kommt doch mal vorbei." Mein Verhältnis zu Cain war sehr gut. Der hatte eine hohe soziale Kompetenz und hat mich immer bei allem unterstützt, was ich vorhatte. Er war rhetorisch supergut drauf, konnte alles verkaufen, und ab und zu nahm er mich zur Seite. „Wenn du das heute so und so gesagt hättest, wäre es besser angekommen." Ich bekam von ihm immer so Tipps, wie man mit Amerikanern umgehen kann.

Sein Gottesdienst war tatsächlich völlig anders als das, was wir in Europa kennen. Erst mal gibt es in den USA keine schönen alten gotischen oder romanischen Kirchen, wo man reinkommt und sofort ganz andächtig wird. Man trifft sich in einem ganz normalen Raum. Es ist sehr lebhaft, gerade bei den schwarzen Baptisten. Da fängt der Gottesdienst, „service" heißt das hier, eigentlich um zehn Uhr an. Aber keiner ist pünktlich. Die Leute kommen nach und nach reingetrudelt. Es wird sich begrüßt und gequatscht. So gegen halb elf beginnt der Gottesdienst mit Gesang. Wenn dann noch einer reinkommt, unterbricht der Ministrant und ruft: „Hey, Joe, da bist du ja auch endlich, schon wieder zu spät." Alle lachen und es geht weiter. Das hat eine ganz andere Qualität. Die Kirche holt die Leute einfach besser mitten im Leben ab. Nach dem Gottesdienst bleiben die Leute länger zusammen. Hier verbindet die Kirche also noch. Anders als in Deutschland, wo die Zahl der Mitglieder der großen christlichen Konfessionen, Protestanten und Katholiken, sich Jahr für Jahr dramatisch reduziert. Da entsteht ein Vakuum.

Was mit der christlichen Kirche in Westeuropa passiert, ist schon eine wichtige Frage. In Frankreich oder Italien ist das Problem des Mitgliederschwunds noch nicht so ausgeprägt. Das ist besonders ein deutsches, holländisches und skandinavisches Problem. Kirchengemeinden sind aber gerade auch deshalb gut und wichtig, weil sie soziale und kulturelle Angebote für alle Menschen haben, auch für jene, die mit Glauben und Gottesdienst nicht so viel anfangen können. Wie schwer sich die Kirche damit tut, mit der Entwicklung der Gesellschaft Schritt zu halten, zeigt ja schon das Zölibat. Das muss meiner Ansicht nach weg. Auch Frauen sollten Priesterinnen sein können, ganz selbstverständlich und gleichberechtigt. Es gibt viel Arbeit für die Chefs bei den Katholiken. Es geht natürlich auch ohne Gott und die Kirche. Wenn man sich in der ehemaligen DDR bewegt, trifft man auf eine Bevölkerung, die mehrheitlich komplett religionsfrei groß geworden ist. Das wurde ersetzt durch Ideologie. Es ist ja eine Art Glaube. Leider ist nicht jede Religion vernünftig – und natürlich auch nicht jede Ideologie.

Es gibt diese Redensart: Wer als junger Mensch nicht Kommunist ist, der hat kein Herz. Und wer als älterer Mensch immer noch Kommunist ist, der hat keinen Verstand. Da ist was dran. Ich halte das nicht für schlimm, wenn einer in der Jugend in der einen oder anderen Richtung politisch aktiv gewesen ist. Man kann ja im Laufe seines Lebens noch ein bisschen was dazulernen. Aber ich kenne so ein paar beinharte Kommunisten. Meistens sind die sehr intelligent, aber auch schnell verbittert. Ich konnte mich nie wirklich mit der kommunistischen Ideologie identifizieren, aber sie hat mich immer interessiert. Nicht zuletzt findet man in ihr auch etwas Christliches, so etwa in dem berühmten Zitat von Karl Marx: „Jeder nach seinen Fähigkeiten, jedem nach seinen Bedürfnissen." In dieser Schnittmenge habe ich mich als junger Mann geistig bewegt.

In den letzten Schuljahren machte die kommunistische Bewegung auch bei uns in Köln eine große Welle. Da solidarisierten sich Leute mit Mao oder Che Guevara. Ich hatte auch eine Mao-Bibel und bekam immer die Schriften von der chinesischen Botschaft zugeschickt. Man brauchte sich da nur zu melden und kriegte dieses Material frei Haus. Dieses basiskommunistische Konzept fand ich schon interessant. Die Mao-Bibel habe ich immer noch. Ich habe alles gelesen, was ich da in die Finger bekommen konnte. Auch den Koran habe ich gelesen, und die politischen Schriften von Che Guevara.

Als junger Mensch bin ich mit der Katholischen Studentengemeinde Bonn auch zwei-, dreimal auf sogenannten Einkehrtagen in Berlin gewesen. Wir fuhren dann auch rüber nach Ostberlin, einmal sogar am 1. Mai, und haben an Treffen mit so dreißig bis fünfzig Leuten teilgenommen. Das hatte schon was. Die hatten tolle Musik und sie hatten andere Werte. Es ging nicht so sehr um wirtschaftlichen Erfolg wie im Westen. Das fand ich damals spannend. Einer der Vortragenden in Westberlin war Wolfgang Neuss, der Kabarettist. Über ihn bekam ich sogar die große Ehre einer Einladung in die Kommune 1 und sah dann die hübsche Uschi Obermaier. Das hat mich zutiefst beeindruckt.

Ich habe eine gute Bekannte, die studierte damals Romanistik. Sie ist hochintelligent und war sehr aktiv bei den Roten Zellen Romanistik. In Bonn steht ein schönes Rathaus am Marktplatz. Davor gab es im April 1973 eine Demonstration von Vietnamkriegsgegnern. Ihr Protest richtete sich gegen den Besuch des südvietnamesischen Präsidenten im besagten Rathaus. Aus Solidarität mit den Kämpfern des vietnamesischen Volkes stürmten zig Aktivisten das Gebäude. Vorneweg liefen die KPD und die Liga gegen den Imperialismus. Ich habe mit einigen anderen unten gestanden, und wir haben geguckt, was die Kommilitonen da so machten. Ich schoss ein Foto, als meine Bekannte vom Büro des Bürgermeisters eine IBM-Kugelkopf-Schreibmaschine aus dem Fenster warf. Da sieht man sie, ihre Hände und die Schreibmaschine in der Luft. Heute ist das alles längst verjährt. Aber das war zu einer Zeit, als es noch den sogenannten Radikalenerlass gab. Bewerber für den öffentlichen Dienst wurden auf ihre Verfassungstreue hin geprüft – und da hätte ein Schreibmaschinenwurf aus dem Rathaus sicher gegen eine Einstellung gesprochen. Meine Bekannte wurde später Studiendirektorin an einem großen Gymnasium. Zu ihrer Ernennung habe ich ihr das Foto und das Negativ geschickt. Hat sie sich sehr drüber gefreut.

Radikal, aber aus einer ganz anderen Richtung, so trumpfen hier in den USA zunehmend die evangelikalen Protestanten auf. Diese Glaubensgemeinschaft stellt in Amerika inzwischen einen gesellschaftspolitischen Faktor dar, den man nicht unterschätzen darf. Einer von ihnen ist Trumps Vizepräsident Mike Pence. Ein aalglatter Typ, im Bible Belt geboren, der zur radikalen christlichen Rechten zählt. Er bekämpft alles, was die moderne Gesellschaft tolerant macht. Aber sind die Evangelikalen deshalb insgesamt gefährlich?

So einfach kann man das nicht sehen. Der gefährliche Teil ist aus meiner Sicht: Es gibt Prediger unter den Evangelikalen, die die Massen begeistern können, und das alles gegen Kohle. Da beginnt die Verblendung, aber im Wesentlichen ist es ein Geschäft.

Andererseits ist deren Glaube einfach nur naiv – und viele Anhänger meinen es überhaupt nicht böse. Evangelikale heißen so, weil sie eins zu eins an das Evangelium glauben, Schöpfungsgeschichte und sämtliche Wunder inklusive. Über diese Naivität kann man schon ins Staunen kommen, gerade wenn man Theologie studiert hat und ein bisschen versteht, wie die Bibel entstanden ist. Als Theologe weiß man, wie man die Bibel interpretieren sollte, aber das blenden diese Leute aus. Die Evangelikalen finden ihre Einfachversion der Bibel super. Auch in Südamerika werben sie damit der bröckelnden katholischen Kirche die Leute ab.

Ich hatte eine Mitarbeiterin, tolle Frau, die hier im Büro immer Bibelstunden abgehalten hat. Da meinte ich: „Nee, das können wir hier nicht machen, das ist doch Freizeit." Dann hat sie das morgens um sieben Uhr vor der Arbeit gemacht. Als ich auch das verboten habe, ist sie aufs Parkhaus ausgewichen. Ich musste sie regelrecht verdrängen, habe mir das aber einmal angehört. Also im Grunde meinte sie das alles nur gut, es klang auch ganz harmlos und arglos. Aber auch humorlos: Wenn man einen klerikalen Witz erzählt, sind sie beleidigt. Die kennen die Bibel auswendig und übersetzen sie mit großer Begeisterung und blumenhaft in ihren Gottesdiensten in die heutige Zeit. Also, der

Lahme sitzt nicht auf einer Trage, sondern im Rollstuhl, und Jesus heilt ihn im Vorbeigehen mit einem High Five. Bei ihnen hatte Donald Trump ein Heimspiel. Er hat ja alles genommen, was er kriegen konnte.

Leider verstehen die Evangelikalen nicht so gut, dass Donald Trump weder ernsthaft religiös ist noch irgendein ethisches Prinzip verinnerlicht hat. Im Gegenteil. Er ist davon völlig frei und kann sich im Sinne perfekter Egomanie ganz auf sich selbst konzentrieren. Trump bedient die Evangelikalen mit seiner Homophobie und Abtreibungsgegnerschaft. Offenbar reicht das schon, damit sie ihn unterstützen. Ein großer Teil der amerikanischen Bevölkerung ist nicht aufgeklärt im Sinne von Descartes oder Kant. Wenn man in einer Demokratie solche Schichten oder orthodoxen Gruppierungen hat, kann man nur versuchen, mit denen ins Gespräch zu kommen und selbst tolerant zu sein. Es ist aber schwer. Die sind mit dem Verstand nicht wirklich zu erreichen. Ich kenne einen erfolgreichen, hochintelligenten Landmaschinenhändler mit 200 Mitarbeitern, der ist Mormone. Er glaubt tatsächlich, dass der liebe Gott vor 200 Jahren dem Herrn Smith die zweite Ausgabe der Bibel überreicht hat, wo dann drinsteht, dass zur Erleichterung des Zusammenlebens die Vielweiberei wieder eingeführt wird, und ähnliche Dinge mehr. Das kann man nur schwer im Kopf zusammenbringen.

Im Kern bilden die Evangelikalen, wenn man die Eiferer und Radikalen mal außen vor lässt, ein stabiles System. Es gibt Schlimmeres, seltsame Sekten etwa oder Anhänger von kruden Verschwörungstheorien. Jetzt kommen auch viele Asiaten und Latinos nach Amerika, die ihre ganz eigenen Vorstellungen mitbringen. Und wir haben bei den Muslimen einige Probleme mit Leuten, die nicht über den klaren Menschenverstand zu erreichen sind. Ich sehe in Amerika eine gewisse Gefahr, dass die tolerante, aufgeklärte Bevölkerung untergebuttert wird und auf diese Weise ein Land wieder zurückkippt.

Grundsätzlich verhindern die Weltreligionen aber, dass die Menschen für solchen Irrsinn anfällig werden. Ich sage auch immer, dass wir uns mehr zusammenschließen müssen, uns auf gemeinsame Grundwerte besinnen und verpflichten sollten. So wie es bei der UNO geschieht oder zumindest geschehen sollte. Wir sollten einen Minimalkonsens pflegen, egal ob dem Kants kategorischer Imperativ zugrunde liegt oder das deutsche Sprichwort: „Was du nicht willst, das man dir tu …“ Und natürlich kann eben auch der Glaube dafür ein gutes Vehikel sein.

Es ist aber nicht mein Ding, alle Antworten im Glauben zu suchen. Wenn irgendetwas Schlimmes passiert ist, beruflich oder privat, frage ich nie: Warum hat Gott das zugelassen? Das kann man bei jeder Katastrophe tun. Es gibt ja auch in der Coronakrise Menschen, die diese Frage stellen. Meine Eltern und Onkel haben das im Zweiten Weltkrieg gemacht, mein Großvater im Ersten Weltkrieg. Aber diese Frage stellt sich mir nicht. Vieles ist Zufall und vieles ist auch selbst verschuldet. So sehe ich das. Ich bin auch der Meinung, wir Menschen sind selbst verantwortlich und müssen uns überlegen: Wie können wir die Dinge selbst in die Hand nehmen, um Einfluss zum Guten zu nehmen?

Allerdings ist die Coronakrise für mich ein deutlicher Hinweis darauf, dass wir uns in eine ganz bedrohliche Ecke manövriert haben. Die Menschheit wächst einfach zu schnell. Im Jahr 1800 lebten eine Milliarde Menschen auf der Welt, 2050 werden es zehn Milliarden Menschen sein. Ich bin überzeugt, dass die Ressourcen dieser Erde Grenzen haben. Und ich glaube, dass der Klimawandel und auch die Coronapandemie Hinweise darauf sind, dass wir uns mal überlegen müssen, wie wir eigentlich weitermachen wollen. Dazu müsste besonders die katholische Kirche endlich ihren entscheidenden Beitrag leisten: Der alte Mann in Rom ist mitverantwortlich für unser Überbevölkerungsproblem, indem er immer noch sagt: „Verhütung ist verboten." Ich bin der Meinung, dass die Empfängnisverhütung anders gesehen werden muss.

Jeder Mensch auf dieser Welt hat ein Recht auf eine vernünftige, ordentliche Ernährung, auf ein Zuhause, auf Sicherheit, Frieden und einen Arbeitsplatz und Ausbildung. Deshalb muss man immer wieder mal darüber nachdenken und sich die Frage stellen: Was kann ich persönlich dazu beitragen? Und was kann ein Unternehmen dafür leisten? Letzteres besonders dann, wenn man der Chef ist – ein gläubiger Chef noch dazu.

Es gibt ein paar Sachen, ganz einfache Sachen, die für mich wichtig sind. Ich sage zum Beispiel immer, was ich denke. Das habe ich mein ganzes Leben gemacht. Ich bin mal von der *Berliner Zeitung* gefragt worden, was Luxus für mich ist. Meine Antwort: „Ich habe mir immer den Luxus einer eigenen Meinung geleistet." Das hat dann auch dazu geführt, dass ich mal aus dem Job rausgeflogen bin, nach zehn Jahren bei Hille & Müller.

Wir haben bei AGCO Unternehmenswerte, die können sich sehen lassen, an erster Stelle: Respekt. Und wir machen Dinge, die wir nicht machen müssten. Ich begeistere mich für die Idee, Afrika zu unterstützen, dort die Wirtschaft nach vorne zu bringen. Und das machen wir mit speziellen Produkten, die kleinen Bauern helfen sollen. 2018 haben wir eine AGCO-Stiftung ins Leben gerufen. Über diese Stiftung setzt sich das Unternehmen dafür ein, Aus- und Weiterbildungen von Landwirten zu fördern. Im Wesentlichen ist das auf Afrika ausgerichtet, aber durchaus auch für Brasilien oder sogar Nordamerika geeignet. Wir versuchen, unsere Mittel dort einzusetzen, wo wir etwas bewegen können. Zuletzt haben wir beschlossen, dass das Geld erst mal komplett in Projekte geht, die negative Auswirkungen der Coronapandemie auffangen. Kleine, lokale Projekte. Wir stellen es in der Zentrale bereit und die verschiedenen Standorte und Werke können dann das Geld ausgeben. In Eigenverantwortung.

Bei einer Führungskraft in einem Unternehmen zeigt sich Respekt besonders darin, dass sie zuhören kann. Für den Umgang mit meinen Mitarbeitern habe ich mir einen persönlichen Leitsatz ausgedacht: „Du musst immer alles vermeiden, was du selbst bei den eigenen Vorgesetzten nicht leiden konntest." Zusätzlich gibt es ganz praktische Dinge, die ich im Berufsleben befolge. Ich habe nie irgendwelche zweifelhaften Dinge wie zum Beispiel Bestechung gemacht. Als ich in der Wirtschaft anfing, war das noch normal. Da wurden Leute bestochen und das nannte man „nützliche Aufwendungen". Man konnte das sogar von der Steuer absetzen. Muss man sich mal vorstellen.

Ich war bis zu meiner Pensionierung sechzehn Jahre bei AGCO im Job, was in den USA schon ungewöhnlich lange ist. Man kann ja versuchen, seine Macht dadurch abzusichern, dass man möglichst schwache Kandidaten um sich herum im Vorstand ansiedelt. Das wird zwar oft gemacht, ist aber aus meiner Sicht genau falsch. Und wenn ich mir selbst im Vorstand gegenübersitzen würde? Ich glaube, wir kämen miteinander klar. Im Grunde suche ich Leute, die mir ähneln.

Meine Idee von Führung ist, Mitarbeiter zu finden, die besser sind als man selbst. Und dann muss man die natürlich auch machen lassen. Es geht darum, Topleute zu suchen, die man gestalten lässt. Man muss Ziele vereinbaren, aber nicht den Weg zum Ziel vorschreiben. Ich bin da kein Kontrollfreak. Ich weiß ziemlich viel, was im Unternehmen vor sich geht, im Grunde fast alles. Aber ich lasse die Leute machen. Bei AGCO gibt es eine WhatsApp-Gruppe des Vorstands. Im vergangenen Sommer, als ich in meinem letzten Jahr war, schrieb ein Vorstandskollege da hinein: „Daddy hat gesagt ..." Und dann habe ich zurückgeschrieben: „Who the fuck is Daddy?" Und dann kam als Antwort nur: „You." Ich wusste also: Ich kann schon mal nerven. Aber das Klima in der Firma stimmte.

Es ist genug für alle da

Wie technischer Fortschritt das Ernährungsproblem einer wachsenden Weltbevölkerung lindern kann, die Umwelt schont und das Tierwohl verbessert. Und wie die deutsche Landwirtschaftspolitik besser werden könnte.

Mann oder Memme? Vor diese Frage stellte mich Sonny Perdue nicht lange nach meinem Umzug in die USA. Es muss 2005 gewesen sein, als er mir eine Einladung zur Wachteljagd schickte, typisch Südstaaten. Perdue war damals Gouverneur des Bundesstaates Georgia hier in Atlanta. Ich habe mich freundlich bedankt und geantwortet, dass ich nicht mitmachen könne: „Ich bin kein Jäger und habe keinen Jagdschein", schrieb ich ihm. Was etwas geflunkert war. Ich hatte mit Helmut Claas in England Fasane und auch schon einmal in den Ardennen Wildschweine gejagt. Also, es gab schon eine Nähe zum Jagen, aber wirklich interessiert hat es mich nicht.

Kurz darauf hatte ich Perdue am Telefon. Er rief mich an und sagte mit seinem leichten Südstaatenakzent: „Son, here in the United States, we have men and sissies. Men hunt. Sissies don't. You better come and I'll show you how it works." Mann oder Memme – jagen oder nicht? Ich bekam nicht mal Zeit zu antworten. Perdue wies mich an, in den nächstgelegenen Bass Pro Shop zu gehen. Das ist ein Laden, in dem man von der Angel über den Schlafsack bis hin zum Gewehr alles Mögliche für Abenteurer bekommt. Dort sollte ich mir eine Remington-Schrotflinte kaufen – ich erhielt noch genaue Anweisungen zu Typ und Kaliber. Und ich solle an feste Schuhe denken und eine Hose, mit der ich auch durch Brombeersträucher laufen könne. „Den Rest erkläre ich dir dann vor Ort", schloss Perdue und legte auf.

Die Jagd dauerte drei Tage, es ging ins Sumpf- und Buschland von Georgia. Perdue kümmerte sich die gesamte Zeit rührend um mich. Am ersten Tag hieß es üben. Wir fuhren mit einem Golfplatzwägelchen durch den Wald, wo verschiedene Anlagen zum Tontaubenschießen standen. Ich bekam das dank meiner verheimlichten Jagderfahrung tatsächlich ganz gut hin. Am zweiten Tag ging es mit echten Tieren weiter. Wir schossen auf die ersten Wachteln, aber keine wilden, sondern gezüchtete Tiere. Die sind ein bisschen dicker und auch nicht so clever und schnell – und deshalb einfacher zu erlegen. Am dritten Tag standen schließlich wilde Wachteln auf dem Programm. Aufgespürt werden sie von speziell trainierten Hunden. Pointer heißen sie, und die sind wirklich sensationell. In dem Moment, wo sie eine Wachtel in ihrer Nähe gefunden haben, erstarren sie förmlich, mitten in der Bewegung. Dann weiß der Jäger:

Da muss eine sein. So kam ich zum selbst erlegten Abendessen und rettete meinen Ruf.

Echte Kerle auf der Pirsch in unberührten Sümpfen – das ist die romantische Version der Nahrungsbeschaffung. Sie entspricht dem amerikanischen Traum. Wenn die Jagd aber wieder zur Ernährungsgrundlage würde, gäbe es schon bald keine Wachteln mehr – ebenso wenig wie andere essbare Wildtiere. Die realistische Massenversion sieht oft so aus: Hühner, die sich im überfüllten Stall gegenseitig blutig picken. Ferkel, die ohne Betäubung kastriert werden und denen man den Schwanz und die Eckzähne abknipst, damit sie sich später nicht gegenseitig verletzen können. Die Bilder kennt jeder. Meine Meinung zu einem solchen Umgang mit Tieren ist eindeutig: Das darf nicht gemacht werden. Und ich bin überzeugt, dass das auch nicht nötig ist. Tierzucht und Tierwohl sind für mich kein Widerspruch.

Mein Standpunkt zur Haltung von Hühnern oder Schweinen war als AGCO-Chef aber geschäftskritisch. Meine Vorstellungen deckten sich leider nicht mit dem, was viele Kunden für richtig hielten. Es hat immer zu Entrüstung geführt. Wenn ich mich denen gegenüber mit meiner Meinung positionierte, ging die Reaktion in die Richtung: „Was ist das denn für ein Idiot, bei dem kaufen wir nichts mehr." Es ist der Grund dafür, warum sich unsere Branche, die auch Stallungen und weitere Ausrüstung für die Tierzucht produziert, bei diesen Fragen gerne vornehm zurückhält. Aber etwas zu verschweigen, was man für richtig hält, kann auf Dauer keine Lösung sein. Es brauchte allerdings auch für mich Zeit, diese Dinge anzugehen, zumal ich auch intern Überzeugungsarbeit leisten musste.

Dennoch habe ich meine für manchen unbequemen Botschaften an die Öffentlichkeit gesendet. Mit einem kleinen Trick ging das zuletzt sogar ganz charmant: Im Juli 2019 ernannte AGCO eine Botschafterin in Sachen Tierwohl. Es war niemand anderes als Frida, unser Jack Russell. Die Idee dazu kam mir auf einer Geschäftsreise. Ich musste zu mehreren Aufsichtsratssitzungen und wollte zudem noch ein Interview geben. Da bei uns auf der Farm währenddessen niemand zu Hause war, beschloss ich, Frida auf die Tour einfach mitzunehmen. Sie begleitete mich zu den Sitzungen und zum Pressetermin. Der Redakteur war nach unserem Gespräch so begeistert, dass Frida sogar mit Foto in der Zeitung war, als das Interview erschien.

Ich bin nicht so der Typ, der permanent zu Hause anruft, wenn er unterwegs ist. Ich gehöre nicht zu den Leuten, die im Flughafenbus das Handy zücken und die wichtige Mitteilung machen: „Ich bin jetzt im Bus." Die Reise mit Frida brachte mich auf eine Idee. Ich habe mich mit einem kleinen Reisetagebuch bei meiner Familie zurückgemeldet, indem ich Frida sprechen ließ – so in der Art: „Heute war ich mit dem Chef (also mit mir) bei Linde in der Aufsichtsratssitzung. Mein Gott, war das langweilig. Aber da war so ein Mann mit einem kleinen Schnäuzer. Der war sehr nett zu mir." Solche Dinge erzählte Frida dann. Das fand meine Familie lustig. Und mir hat es auch Spaß gemacht. Ich habe die Mails mit Fridas Berichten auch immer in Kopie an

Uli Stockheim geschickt, den AGCO-Kommunikationschef. Als ich zurückkam, sagte ich zu ihm: „Hör mal, Uli. Was hältst du davon, wenn nicht ich mich zu unseren Tierschutzthemen äußere, sondern Frida?“ So haben wir es gemacht. Das kam intern bei den Mitarbeitern an und ebenso bei den fortschrittlicheren Landwirten. Aber auch unsere nicht so progressiven Kunden haben das akzeptiert, und möglicherweise können wir auf diese Weise ihre Haltung sogar nach und nach verändern. Deshalb haben wir Frida zur offiziellen Botschafterin ernannt. Sie war jetzt „AGCO's official Animal Welfare Ambassador“. Und in dieser Rolle trat sie dann bei Twitter oder Facebook auf. Was sie sagte, dachte ich mir nicht mehr selbst aus, das machte nun die Marketing- und PR-Abteilung. Aber so konnten wir uns ein bisschen anders positionieren, als der Chef das darf.

Allerdings muss man bei den Erwartungen an die Landwirtschaft realistisch bleiben. Wer Fleisch isst, der muss akzeptieren, dass Tiere zu diesem Zweck getötet werden und ein Großteil dieser Tiere allein dafür geboren und großgezogen wird. Tierquälerei ist dabei aber inakzeptabel. Und ich glaube schon, es ist machbar, dass die Tiere in ihrem eher kurzen Leben happy sind. Aber es endet immer vorzeitig tödlich und der Schlachthof gehört dazu. Ich habe einmal in einem Interview von der „Leberwurst vom zu Tode gestreichelten Bioschwein, das auf dem Balkon in Wedding gehalten wird“ gesprochen. Das war natürlich polemisch. Was ich damit meine, ist: Wir können nicht Fleisch essen und so tun, als wären das gar keine Nutztiere – sondern eher Haustiere.

Aber auch und gerade Nutztieren kann man viel Leid ersparen. Ein Trend ist, dass der Schlachter zu den Höfen fährt. Das kenne ich etwa von den kleineren Betrieben im Allgäu, wo die AGCO-Marke Fendt zu Hause ist. Das ist gut, denn besonders beim Transport der Tiere werden Fehler gemacht. Diesen Stress kann man ihnen ersparen. Ich halte es für besonders verwerflich, Schweine über längere Distanzen und sogar Ländergrenzen hinweg zu transportieren. Dann wiederum gibt es kontroverse Dinge, die man überdenken muss. Ein Beispiel ist der vieldiskutierte Kastenstand: Ich halte die Idee für richtig, dass man verhindert, dass eine Sau in den ersten Wochen nach einem Wurf ihre Ferkel platt walzt. Würde man die Sau direkt nach dem Abferkeln ganz normal im Stall rumlaufen lassen, dann blieben von zwölf Ferkeln vielleicht noch acht übrig. Andererseits ist ein Kastenstand, in dem die Sau fixiert wird, eine starke Einschränkung für das Tier. Da gibt es intelligentere Lösungen, die darauf beruhen, die Flächen zu vergrößern und am besten noch Stroh einzustreuen.

Die Verbraucher können viel tun, damit sich die Nutztierhaltung verbessert – ihre Macht ist beträchtlich. Ein gutes Beispiel dafür, wie das gelingt, sind Hühnereier. Vor etwa zehn Jahren war in Amerika das alleinige Kaufkriterium für Eier die Größe. Es gab keine M- oder S-Eier wie in Europa. Es gab in Amerika lange nichts, was small ist – höchstens in der Damenmode. Die Hühnereier fingen bei der Größe L an und gingen hoch bis XXL und sogar XXXL. Entsprechend wurde auch ohne große Rücksicht darauf produziert, wie es den Tieren ging. Inzwischen ist das in den Hintergrund getreten. Heute wollen die Leute Hühnereier aus biologischer Freilandhaltung haben. Das ist eine gute Entwicklung – und zugleich eine spannende Herausforderung für AGCO. Denn seit der Übernahme der GSI Holding im Jahr 2011 zählen wir zu den Marktführern bei Stallungen für Hühner und Schweine.

Nach der Akquisition haben wir uns dem Thema Tierwohl schrittweise genähert. Ich habe gesagt: Wir müssen erst mal definieren, was wir eigentlich machen wollen. Und wir beschlossen ein Leitbild: das „happy animal". Ich musste intern auch danach noch ziemlich viel Überzeugungsarbeit leisten. Denn die von den AGCO-Kollegen erarbeitete Definition von „happy" war zunächst „healthy" – also gesund. Das war für mich nicht ausreichend. Denn man kann ein vollkommen gesundes Tier haben, das keine Krankheiten hat. Es kann aber total unglücklich sein, je nachdem wie man es hält. Damit wollte ich mich nicht zufriedengeben und setzte noch einmal neu an. Die Kernfrage lautete nun: Was erwarten die Verbraucher eigentlich heute und vor allem in der Zukunft? Meine Annahme lautete, dass sie Fleisch, Eier und Milch von „happy animals" kaufen wollen. In Deutschland geht Landwirtschaftsministerin Julia Klöckner mit ihrem Tierwohlsiegel in diese Richtung. Aber auch das ist für mich zu kurz gedacht. Denn ein Tier kann sich wohlfühlen. Das muss aber immer noch nicht heißen, dass es glücklich ist. Wenn ein Tier gesund ist und genug zu fressen hat, fühlt es sich vielleicht wohl – weil es möglicherweise gar nichts anderes kennt als seine kleine Box oder eine winzige Abferkelbucht. Aber happy ist es nicht. Außerdem hat die Landwirtschaftspolitik in Deutschland meiner Meinung nach den Fehler gemacht, gemeinsam mit den Verbänden vor allem auf große landwirtschaftliche Betriebe zu setzen. Das ist teilweise zwar richtig. Es gibt aber auch bestimmte Vorteile von kleineren Familienbetrieben, wo der Bauer und seine Frau noch jede Kuh mit Vornamen kennen. Da sind die Tiere mit Sicherheit happy. In großen Betrieben ist das schwierig.

Wir haben bei AGCO deshalb beschlossen: Wir müssen mal mit den Experten reden, also mit Leuten an den Universitäten und bei NGOs, um auf diese Weise herauszubekommen: Was macht eigentlich eine Kuh, ein Schwein oder ein Huhn happy oder unhappy? Als Auftakt nutzten wir den Berlin Summit, den AGCO in der Hauptstadt schon seit Jahren während der Grünen Woche abhielt. Zunächst hatten wir uns mehrfach mit dem Thema Afrika befasst. Im Januar 2019 wagten wir ein Experiment und setzten „animal welfare“ auf die Agenda und luden auch Tierschutzaktivisten wie Peta ein. Wir hatten also Wissenschaftler, Tierschützer und die Industrie an einem Tisch. Unser Vorteil war, dass wir bei diesem Summit eine im Grunde neutrale, moderierende Position vertreten konnten. Wir sind es ja nicht, die die Tiere halten – aber wir können keine Ställe produzieren, die am Ende keiner kauft. So sehe ich es jedenfalls. Ich verstehe, dass man sich in der politischen Landschaft streiten muss. Über die Diskussion sollte man aber angeregt werden und schauen, ob sich nicht vielleicht gemeinsame Lösungsansätze finden.

Im Bereich Hühnerhaltung etwa hat AGCO gute Ideen entwickelt, die inzwischen starken Absatz finden. Wir haben zum Beispiel Hühnerstallungen, die funktionieren wie ein Plattenbau, in dem sich die Hühner aussuchen können, wo sie hingehen. Die Zimmer sind nach wie vor Drahtkäfige, allerdings offen und über mehrere Etagen verteilt. Denn wir haben gemeinsam mit Wissenschaftlern beobachtet, dass es zum Beispiel Hühner gibt, die jeden Tag in ein anderes Apartment gehen, und Hühner, die immer dasselbe wählen. Dann gibt es wieder Tiere, die finden es richtig toll, zu mehreren ganz gequetscht in einem Apartment zu hocken, obwohl es eigentlich zu eng ist. Das waren unglaublich interessante und für mich ganz neue Erkenntnisse. Es gibt natürlich auch Wasser und Futter für die Tiere und die Möglichkeit, ein Ei zu legen – über eine leichte Neigung im Boden der Box rollt es langsam zu einem Förderband, das es abtransportiert. Allerdings hatten wir in unserem Hühnerplattenbau ein Problem. Ganz oben war die Wohnlage sehr akzeptabel. Doch je tiefer unten die Tiere waren, desto häufiger wurde ihnen auf den Kopf gemacht.

Wir haben also noch mehr getüftelt: Und so gibt es nun unter dem Förderband für die Eier ein weiteres, das permanent den Kot auffängt und wegbringt – und dabei immer wieder gereinigt wird. Das macht bis hin zur Luft alles im Stall hygienischer. Wir mussten aber noch weiter überlegen, wie die Hühner auch selbstständig rauskommen – und haben Stallungen mit Rolltoren an den Seiten entwickelt. Man denkt ja, Hühner wollen auf einer freien Wiese am liebsten überall rumrennen. Das stimmt aber nicht. Denn der Hauptfeind der Hühner, auch der wilden Hühner schon vor 5000 Jahren, ist der Raubvogel. Deshalb entfernen sie sich höchstens um die zehn, zwölf Meter von einem Unterschlupf. Egal wie weitläufig die Fläche ist: Hühner wollen immer schnell wieder reinflitzen können, wenn es ein Problem gibt. Auch das habe ich erst von den Forschern gelernt.

Interessant ist auch die Gruppengröße: Ideal sind auf engerem Raum maximal zwölf Hühner. Vielerorts sieht man ja Hühner, die am Hals keine Federn mehr haben und eine wunde oder entzündete Haut. Hühner bepicken sich, weil sie sagen: Wer bist du? Ach ja, ich erinnere mich, du bist ja meine Tante, Freundin oder was auch immer. Wenn Hunderte Hühner sich permanent kennenlernen und bepicken, ist das eine Katastrophe. Bei kleinen Gruppen aber nicht, und die sind in unserem Plattenbau samt Freilandhaltung gegeben. Bei der Hühnerhaltung hat sich enorm viel zum Guten verändert – auch dank Software, die das Licht in Ställen steuert und damit das Wohlbefinden der Tiere erhöht.

Auch in anderen Bereichen der Tierhaltung haben wir solche Fortschritte. Auf vielen Höfen können die Kühe schon ihren Stall verlassen, so wie sie wollen. Sie haben ein Halsband mit einem Transponder und bekommen ganz individuell ihr Futter – alles auf einmal oder verteilt auf mehrere Portionen, so wie sie wollen. Sie können sich einmal am Tag melken lassen oder fünfzehnmal am Tag, auch wie sie wollen. Und sie können durch die Waschanlage gehen, wenn sie Lust haben, oder sich bürsten lassen. Da gibt es heute tolle Lösungen, vieles ist in Bewegung. Und ich glaube, das liegt zuletzt auch daran, dass die Verbraucher das so wollen.

Aber man muss auch umgekehrt auf die Bauern schauen. Ich habe hier im Büro ein T-Shirt, das kreative US-Bauern gestaltet haben. Vorne steht: „Farming", und darunter – ins Deutsche übersetzt: „Die Kunst, mit 400 Stunden Arbeit im Monat Geld zu verlieren, um Leute zu ernähren, die denken, dass man sie umbringen will." Das deckt sich schon ein Stück weit mit der Haltung vieler Bauern in Deutschland. Aber politisch ist die Lage völlig anders. Es gibt hier in den USA keine regelmäßigen Subventionen. Läuft alles glatt, verdienen US-Bauern gut. Läuft es schlecht, verdienen sie nichts oder verlieren sogar Geld. Lediglich bei einer Naturkatastrophe bekommen die Bauern eine Entschädigung, analog zu einer Ernteversicherung. Die massiven Chinaausfälle durch Trumps unsinnigen Zollstreit wurden allerdings ausnahmsweise kompensiert. Es kam ja fast einer Naturkatastrophe gleich. Die Sonderhilfen, die sein Landwirtschaftsminister ausschüttete, waren eben auch ein Stimmungsaufheller für die Kernwählerschaft.

Ackerbau findet sich in den USA im Wesentlichen im sogenannten Corn Belt im Mittleren Westen, wo neben Mais auch Sojabohnen produziert werden. Man kann dort auf schnurgeraden Straßen Hunderte Kilometer durch

Maisfelder fahren. Das ist alles so technisch effizient und praktisch, wie man es sich nur vorstellen kann. Die Landschaft ist eine extreme Monokultur. Es gibt keine Bäume, kein urwüchsiges Leben mehr, kaum Tiere. Mit Glück begegnet man mal einem Opossum, einem Gürteltier oder ein paar Schlangen. Kaum einen Farmer interessiert die Artenvielfalt, ob es Hecken für Vögel gibt oder irgendwelche Biotope. Das ist natürlich nicht gut – und hier könnten die Amerikaner noch etwas lernen.

Alles ist im Corn Belt allein auf die effiziente Landwirtschaft ausgerichtet. Die ist – anders als wir das in Deutschland kennen – extensiv. Denn hier steht so viel Land zur Verfügung, dass es nicht darauf ankommt, aus jedem Acre möglichst den höchsten Ertrag herauszukitzeln. Und deshalb arbeitet man mit sehr großen Maschinen, eher einfacher Technologie. Die Art, wie der Farmer arbeitet, heißt „minimum tillage", also minimale Bodenbearbeitung. Das ist ein Riesenunterschied zum Ackerbau in Deutschland.

Wenn man in der Kölner Bucht im Frühjahr mit einem Bauern redet, ist er ganz stolz darauf, wie er seine Felder gepflügt hat. Die Bauern sagen: „Jetzt haben wir wieder alles schwarz gemacht." Da wird nämlich richtig tief gepflügt, alles von oben nach unten gedreht. Auf dem Acker darf kein Grashalm mehr stehen, das muss alles picobello aussehen. Allerdings basiert das mehr auf Tradition, nicht unbedingt auf Wissenschaft. Die hat in Amerika festgestellt, dass dieses tiefe Pflügen erstens sehr viel teuren Kraftstoff verbraucht und zweitens den Boden zu sehr verfestigt.

Die Farmer hier versuchen, so wenige Überfahrten über den Boden zu machen wie irgend möglich, also minimale Bodenbearbeitung. Wenn das Feld abgeerntet ist, wird es im Jahr darauf höchstens ein bisschen aufgegrubbert. Und dann wird gesät. Deutsche Bauern, die sich das hier mal angucken, finden das immer ganz furchtbar. Aber es ist extrem effizient und gut für den Boden.

Der zweite Unterschied ist, dass man in den USA sehr stark mit Chemie und Biotechnologie arbeitet. Das Saatgut ist in der Regel genverändert, zur Optimierung der Erträge. Das sehen die Amerikaner ganz pragmatisch: Man möchte das Saatgut möglichst resistent gegen Ungeziefer und Unkraut machen. In Deutschland findet meines Erachtens eine Gehirnwäsche statt. Da werden im Kindergarten bereits Schauergeschichten von genmanipulierten Lebensmitteln erzählt. Allein der Begriff ist negativ. In Amerika heißen solche Saatsorten „bioengineered", was positiv klingt.

Wenn man mit Fachleuten über Genveränderung geredet hat, kann man diesen Teil relativ gelassen sehen. Es gibt in der gesamten Geschichte der Landwirtschaft nicht einen Fall, wo ein Lebewesen – Mensch oder Tier – durch ein genverändertes Saatkorn zu Schaden gekommen ist. Was man da macht, ist für mich nichts anderes, als die normalen mendelschen Regeln zu beschleunigen, anstatt über Jahrzehnte ein Saatgut auf traditionelle Weise zu entwickeln. Eigentlich unproblematisch, aber in einigen Ländern Europas ein stark emotionales Thema.

Ein anderes Thema muss man kritisch betrachten: Diese Saaten sind so entwickelt, dass sie auf bestimmte Insekten und Unkräuter nicht reagieren, sodass in der Wachstumsphase auf den Einsatz von Pestiziden verzichtet werden kann. So weit, so gut. Doch bei der Ernte tritt ein Problem auf, denn das Unkraut zwischen den Nutzpflanzen stört. Also spritzt man kurz vor der Ernte großzügig den Monsanto-Unkrautvernichter Roundup, um alle unerwünschten grünen Bestandteile auf dem Acker zu beseitigen. Lange hieß es aus der Forschung: „Kein Problem, das verursacht keine Schäden für Mensch, Tier, Insekten, Grundwasser oder Böden." Aber die Einschätzung hierzu hat sich in den letzten Jahren verändert.

Dennoch kommt in Amerika noch immer der sogenannte „crop duster" zum Einsatz. Das sind spezielle Flugzeuge mit einem großen Tank für Pestizide. Die fliegen über die Felder und besprühen dabei auch Straßen, Dörfer, Menschen und Tiere. Das ist völlig überholt. Wir haben etwa Maschinen entwickelt, die diese Pestizide möglichst nah an die Pflanze bringen, also nur dahin, wo sie notwendig sind. Das ist nicht nur besser für die Umwelt, sondern reduziert auch die Pestizidmenge – und das wiederum senkt die Kosten des Bauern. Ähnlich gehen wir auch beim Säen vor. Beim sogenannten „precision farming" wird das Korn gezielt in den Boden gebracht, es wird weniger Saatgut verschwendet und der Bewässerungsbedarf sinkt. So etwas überzeugt viele Bauern. Sie kaufen die etwas teurere Maschine, weil sie anschließend Jahr für Jahr deutlich sparen.

Die in Deutschland häufige Kombination aus Ackerbau und Tierhaltung gibt es in den USA nur selten – man richtet sich danach, was der Boden hergibt. Auch in Deutschland gibt es bestimmte Gegenden, die für einzelne landwirtschaftliche Produkte prädestiniert sind: In der Magdeburger Börde baut man am besten Getreide an. In der Rheinischen Bucht dagegen lieber Zuckerrüben. Das Emsland ist gut für die Schweinezucht. Allerdings sorgen Subventionen dafür, dass man auch auf den Sandböden in Westfalen versucht, Weizen zu produzieren. Totaler Schwachsinn. Diese suboptimale Landwirtschaft wird sich nicht mehr lange halten.

Noch viel weniger lösen derartige politische Verfehlungen das Problem der Ernährung von zehn Milliarden Menschen, die wir bald auf der Erde haben. Möglicherweise können uns Insekten in Zukunft dabei helfen, die Proteinversorgung zu sichern, auch wenn ich sicher bin: Hauptträger für die Ernährung bleiben weiter Ackerbau und Tierzucht. Und ich glaube fest daran, dass sich mit technischem Fortschritt viel erreichen lässt. Etwa wie wir ihn in der Tierhaltung bei neuen Ställen nutzen. Oder auch bei Traktoren, die den Boden weniger stark verdichten und so die Bodenflora lebendiger halten. Die Frage aber, wie die Erde und die Versorgung ihrer Bevölkerung in einigen Jahrzehnten aussehen werden, hängt auch sehr stark an der Politik.

Es gibt für mich vier Eckpunkte einer Landwirtschaftspolitik: die Sicherung der Ernährung, die Sicherung der Existenz der Bauern, Naturschutz und Tierschutz. Wenn ich Bundeslandwirtschaftsminister wäre, was ich nicht vorhabe, würde ich versuchen, die verschiedenen Interessengruppen an einen Tisch zu bringen. Auch den Landwirten, die schnell zur Blockade neigen, würde ich sagen: „Alleine so, wie ihr euch das vorstellt, geht es auch nicht weiter. Ihr müsst verstehen: Das sind eure Kunden." Meiner Meinung nach setzt die Politik – sowohl die deutsche als auch die amerikanische – viel zu wenig auf Fortschritt und auf Dialog. Natürlich ist sie nicht alleinig für die Doppelmoral einiger Verbraucher verantwortlich, die zwar Qualität und Tierwohl fordern, aber billig kaufen wollen. Die Politik darf jedoch nicht tatenlos zusehen, wie die Landwirte in dieser Schneise zu Sündenböcken abgestempelt werden: zu Tierquälern und Klimavernichtern. Das wird zudem noch von NGOs und ihren gezielten Aktionen gegen landwirtschaftliche Betriebe befeuert. So eine politische Stimmung sorgt für eine Entfremdung zwischen den Landwirten und der Bevölkerung. Als Chef eines Landmaschinenherstellers habe ich da natürlich einige Einblicke bekommen.

Ende 2019 zum Beispiel hatte die *Passauer Neue Presse* zu einer Podiumsdiskussion eingeladen. Mit dabei waren Bundeslandwirtschaftsministerin Julia Klöckner und Gerd Sonnleitner, der frühere Präsident des Europäischen und des Deutschen Bauernverbandes. „Vom Leistungsträger zum Sündenbock – Landwirtschaft am Pranger" lautete das Motto. Es waren viele Bauern gekommen. Einige hatten die Straße zur Halle blockiert, in der die Diskussion stattfinden sollte. Es ging einen Berg rauf, sie hatten ihre Traktoren in den Weg gestellt und warteten. Ich hatte vorher gesagt: „Wir fahren da jetzt nicht mit etwas Protzigem hin, einer S-Klasse oder einem 7er BMW." Sondern wir waren mit einem schlichten VW Bus unterwegs. Ich glaube, das war schon mal eine gute Idee. Wir wurden zwar angehalten, aber dann haben einige Fendt-Fahrer mich erkannt und wir durften durchfahren. Sonnleitner war schon vor Ort, und gemeinsam warteten wir auf die Ministerin, die man nicht durchgelassen hatte. Sie musste im Regen den Berg zu Fuß hinauflaufen – auf Stöckelschuhen. Frau Klöckner hat bei den Landwirten einen schweren Stand. Die fragen sich: Interessiert sich die Ministerin wirklich für Landwirtschaft? Arbeitet sie lösungsorientiert? Moderiert sie? Die Antwort ist immer wieder: Nein. Das ist ihr Ruf in der Branche. Und ich glaube, das stimmt auch: Als frühere Weinkönigin lächelt sie alles strahlend weg oder wiegelt ab. Gerade sie als Politikerin müsste doch mal versuchen, zwischen den unterschiedlichen Interessen zu moderieren und gemeinsame Lösungen zu erarbeiten.

So wächst der Graben zwischen den Landwirten auf der einen Seite und den NGOs und urbanen Verbrauchern auf der anderen. Ich habe versucht, das auf der Podiumsdiskussion mit Frau Klöckner zu besprechen. Zum Auftakt habe ich ein paar populistische Sprüche gemacht: Dass sich Frau Merkel nicht für die Landwirtschaft interessiere. Und dass die Bauern den Eindruck hätten, dass sich auch Frau Klöckner nicht so richtig für sie interessiere und die Aufgabe schon stillschweigend an das Umweltministerium abgegeben habe. Im Publikum kam das gut an. Im Vorfeld hatte ich mich mit Gerd Sonnleitner abgestimmt, und wir hatten beschlossen, etwas Gas zu geben. Das war natürlich nicht ganz fair. Aber Frau Klöckner war schon clever. Sie antwortete: „Herr Richenhagen, das war ja billiger Applaus." Anschließend habe ich dann gesagt: „Frau Klöckner, Sie wären wahrscheinlich froh, wenn Sie ein bisschen billigen Applaus bekommen könnten."

Ein Beispiel für eine populistische Idee war aus meiner Sicht die sogenannte Bauernmilliarde, mit der Frau Klöckner Anfang 2020 kam: eine Milliarde Euro neuer Subventionen über einen Zeitraum von vier Jahren. Das klingt zunächst mal nach viel Geld. Aber wenn man das runterbricht auf die Zahl der Landwirte, wären es für jeden Bauern weniger als 1000 Euro im Jahr gewesen. Eine totale Verarschung, wenn man so will. Das haben die Bauern sofort erkannt und gesagt: Wollen wir nicht.

Das Desinteresse der Politik ist schon ein Problem für die Landwirte. Das sind alles Unternehmer, die ein hohes Risiko eingehen. Sie arbeiten viel und hart, erwirtschaften dafür aber nur schmale Margen. Sie stehen ökonomisch unter einem riesigen Druck. Meiner Ansicht nach haben sie in der Regierung schon seit langer Zeit keine Lobby mehr. In den 80er-Jahren gab es mit Ignaz Kiechle einen Landwirtschaftsminister, der auch Schweinezüchter war. Das war ein Vollblutbauer, der sich wirklich für seinen Berufsstand engagierte. Aber ab der Jahrtausendwende war das Verhältnis zwischen den Landwirtschaftsministern und den Landwirten meistens schlecht. Dass es da mal jemanden gibt, der die richtigen Dinge bewegt, darauf wartet man vergebens. Ich hatte gedacht, Gerd Müller, der Bundesminister für wirtschaftliche Zusammenarbeit und Entwicklung, wäre die ideale Besetzung gewesen. Er war jahrelang Staatssekretär im Landwirtschaftsministerium. Er ist ja auch Minister geworden, aber eben nicht für Landwirtschaft. Ich denke, das wäre auch für ihn eine tolle Sache gewesen. Die richtige Person an der Spitze macht viel aus.

In den USA war das zuletzt ein Mann mit Stallgeruch. Unser früherer Gouverneur Sonny Perdue bekam den Ruf nach Washington und wurde 2017 US-Landwirtschaftsminister. Er stammt ursprünglich aus Athens, einem kleinen Städtchen bei uns in Georgia. Seine Eltern hatten einen Landhandel, wo sie Futter, Stroh und Saatgut verkauften. Und Perdue selbst ist Tierarzt. Ich war nach der Jagdepisode auch mal bei ihm zu Hause eingeladen. Das war so bescheiden, da kann selbst unser Bundespräsident Steinmeier mit seinem Reihenhaus einpacken. Ein ganz einfaches Häuschen auf dem Land, eine ganz normale Familie. PR-Show interessiert ihn nicht. Sonny Perdue versteht die Landwirte – er war als Minister immer ansprechbar. Ich hatte Perdue für den Posten öffentlich vorgeschlagen. Er ist es dann ja auch geworden. Vermutlich nicht wegen meiner Initiative, aber immerhin: Ich hatte richtig gelegen.

Mehr als ein Zukunftsmarkt

Wie kluge Entwicklungspolitik und Unternehmensinitiativen aussehen könnten, damit Afrika gesellschaftlich und wirtschaftlich endlich Fortschritte macht.

Immer im Stress. Keine Sekunde Pause an einem Arbeitstag, der von frühmorgens bis spätnachts voll durchgetaktet ist. Viele Vorstandschefs pflegen dieses Klischee einer permanenten Unruhe. Bei manchem wirkt es beinahe, als hätte er Angst davor, mal beim Nichtstun erwischt zu werden. Natürlich hat man als CEO viel Arbeit und Verantwortung – aber wenn man es vernünftig anstellt und delegieren kann, ist auch mal weniger los und das Tagesgeschäft schnurrt ohne einen. Diese Phasen sind wichtig, um Abstand zu gewinnen und eine Situation auch mal von außen bewerten zu können.

In meiner Zeit bei AGCO kam es durchaus vor, dass ich mal rumsaß und in Ruhe etwas strategischer nachdenken konnte. An einem solchen Tag im Jahr 2008 überlegte ich, ob wir tatsächlich in allen für uns relevanten Märkten dieser Welt vor Ort waren. Im Geiste ging ich auf eine kleine Weltreise. In Europa waren wir überall, in Südamerika auch gut vertreten, unter anderem als Marktführer in Brasilien. Wir waren nach China und nach Russland gegangen. Ich zog weiter nach Afrika und musste mich tatsächlich fragen: Was machen wir dort überhaupt genau?

Man könnte jetzt spotten, dass der CEO eines der größten Landmaschinenhersteller das nicht im Detail weiß. Es ändert aber nichts. Ich fing also an zu recherchieren und stellte fest, dass unsere Marke Massey Ferguson in Afrika ein super Image und auch eine lange Geschichte hat – musste aber auch einsehen, dass das alles ein bisschen angestaubt war. Massey Ferguson mit Standorten in England und Frankreich war schon in fast allen ehemaligen französischen und britischen Kolonien vertreten gewesen. Es war ähnlich wie beim Papiertaschentuch, wo Tempo in Deutschland und Kleenex in Frankreich den Gattungsbegriff ersetzt haben. Genauso ist Massey Ferguson in vielen afrikanischen Sprachen der Gattungsbegriff für Traktor. In Äthiopien ist unser Massey-Ferguson-Traktor sogar auf der Rückseite des 10-Birr-Scheins abgebildet. Aber irgendwie hatten wir in Afrika an Boden verloren, weil sich bei AGCO offenbar niemand mehr richtig für diesen Markt interessiert hatte.

Dann fiel mir der junge Somalier Nuradin Osman ein, der mich in Amsterdam auf dem Parkplatz wegen eines Jobs angesprochen hatte. Ich hatte ihn schon 2007 von Europa zu uns in die USA geholt, wo er den Bereich Market Intelligence aufbaute. Osman war nun der Richtige, um mir zu erklären: Wie ist Afrika heute? Nach ein paar vorbereitenden Gesprächen fuhren wir gemeinsam hin und entwickelten eine Strategie. So ist das entstanden.

Fakt ist, dass auf der Welt nach wie vor über 800 Millionen Menschen hungern oder unterernährt sind. Das ist nicht akzeptabel. Ein Großteil dieser Menschen lebt in Afrika. Viele Amerikaner, darunter Herr Trump, glauben, dass Afrika *ein* Land ist. Dass das ein Kontinent mit ganz unterschiedlichen Kulturen ist, muss man öfter erklären, als man denkt. Afrika hat im weltweiten Vergleich die jüngste Bevölkerung und das höchste Bevölkerungswachstum. Der Kontinent verfügt auch heute noch mit Abstand über die weltweit größten Reserven an landwirtschaftlicher Nutzfläche, die noch unbewirtschaftet sind. Also ein Markt, der nicht nur potenziell wirtschaftlich immer wichtiger wird, sondern auf dem man sinnvolle Dinge tun kann und muss, um den Not leidenden Menschen zu helfen.

Bei akuten Krisen, Katastrophen oder Hungersnöten ist es natürlich wichtig, schnell mit Lebensmitteln zu helfen. Langfristig ist aber eine ganzheitliche Betrachtung wichtig, sonst verschlimmert gut gemeinte Hilfe die Lage nur. In der Europäischen Gemeinschaft hatten wir den Milchsee. Überschüssige Milch wurde den Bauern abgekauft und zu Milchpulver verarbeitet. Das wiederum wurde in Afrika verschenkt. Die Folge: Die kleinen Milchbauern dort gingen alle pleite, weil denen keiner mehr etwas für ihre Milch bezahlen wollte. Ein anderes Beispiel sind diese Textilien, die in Europa eingesammelt und dann nach Afrika geschickt werden. Das zerstört die kleinen Webereien und Schneidereien. Bevor man solche Maßnahmen ergreift, muss man über die Folgen nachdenken. Und es ist enorm wichtig, sich mit den Leuten vor Ort zu unterhalten. Was ist für sie wirklich sinnvoll, was effizient? Wir neigen dazu, in großen Projekten zu denken. Ich bin überzeugt: Man muss da ganz systematisch und strukturiert klein anfangen.

Als ich mit Nuradin nach Afrika geflogen bin, haben wir zuerst die größeren Massey-Ferguson-Händler besucht, um zu sehen, was die dort machen. Mit einem von ihnen war ich in seinem Geländewagen unterwegs – ich will jetzt mal nicht sagen, wer und wo das war. Wir fuhren auf einer typischen afrikanischen Straße, einer „dirt road" ohne jeden Asphalt. Aus Europa oder Amerika kennt man das nicht, aber in Afrika sind viele Menschen auch außerhalb der Städte zu Fuß unterwegs. Rechts und links am Straßenrand, mit Rindern oder Eseln oder auf dem Fahrrad. Und der Händler fuhr mit gut 120 über diese Straße. Da sagte ich zu ihm, das sei aber gefährlich. „Ja", sagte er, „ist gefährlich. Aber für die, nicht für mich." Ich fragte ihn, ob schon mal etwas passiert ist. Ja, hin und wieder würde er mal jemanden umfahren. Aber da würde man nicht groß anhalten, sondern einfach weiterfahren. Als wir am Ziel waren, habe ich ihn zur Rede gestellt. Plötzlich wollte er das nicht mehr so gesagt haben. Unser Händler ist er nicht mehr.

Die Zentrale von Massey Ferguson war lange in Coventry in England. Dort traf man auf klassisch-konservative englische Kolonialisten. Leute, die mit einer gewissen Arroganz nach Afrika gehen und den Menschen dort erzählen, was sie machen müssen – ohne die Länder und die Kulturen oder die politische Situation groß zu kennen. Nuradin Osman wurde später ihr Chef. Ein älterer englischer Herr aus Birmingham, der immer wusste, wie er die anderen in den Hintern treten konnte, musste nun an einen Somalier berichten, einen Muslim. Das war für ihn zuerst ein Schock, aber es hat sich positiv entwickelt, sie wurden ein Team.

Bei unseren gemeinsamen Kundenbesuchen habe ich viel gelernt: Die vielen Länder und Regionen Afrikas sind landwirtschaftlich durchaus unterschiedlich entwickelt. Auf der einen Seite existiert in Südafrika oder Simbabwe eine recht professionelle Landwirtschaft mit teils großen Betrieben in westlichem Stil. Auch in kleineren Ländern wie Malawi, Ghana und Sambia wird oft professionell gewirtschaftet. Auf der anderen Seite hat man vielerorts aber noch ganz kleine Bauern. Sie machen unter dem Strich die große Mehrheit aus.

Das am meisten benutzte landwirtschaftliche Gerät ist nach wie vor die Hacke. Wir besuchten auch ein paar kleine Dörfer, wo noch nie ein Traktor aufgetaucht war. Das lieferte uns ganz neue Erkenntnisse. Etwa dass die Landwirtschaft im Wesentlichen von Frauen betrieben wird. Man kann auch sagen: Alles, was Arbeit ist, machen Frauen. Die Frauen stehen morgens ganz früh auf und holen Wasser, unter Umständen müssen sie zwei Kilometer zum Brunnen gehen. Dann machen sie Frühstück. Einen Mais-Hirse-Brei, der heißt Pap, völlig geschmacksneutral. Aber alle sind erst mal satt, und dann werden die Kinder versorgt und zur Schule geschickt, so das überhaupt möglich ist. Anschließend schnappen sich die Frauen eine Hacke und bearbeiten ihr Land. Mit einem Hektar oder einem halben Hektar Land sind sie schon fast Großgrundbesitzer. Und was dort angebaut wird, ist alles für den eigenen Verbrauch – „self sufficiency". Wenn Ungeziefer über die Äcker herfällt oder das Wetter schlecht ist, fällt die Ernte aus und die Leute müssen hungern. Sie erwirtschaften keinen Cashflow und haben nichts, was sie verkaufen können. Ein Teufelskreis, aus dem die Leute nicht ausbrechen können.

Und die Männer, ich beschreibe das jetzt ein bisschen schwarz-weiß, sitzen auf dem Marktplatz und palavern. Wenn man ihnen über die Entwicklungshilfe einen Traktor gibt, dann geschieht Folgendes: In den ersten zwei Wochen fährt der Mann, der sich auf einmal für Landwirtschaft interessiert, mit seinem Traktor im Dorf rum und gibt an. Nicht die Frau wohlgemerkt, die ist ja mit der Hacke auf dem Acker zugange. Dann ist der mal einen Monat weg, weil er sämtliche Verwandten besucht und weiter angibt. Wenn er wieder zurückkommt, hat er immer noch nichts mit dem Traktor auf seinem Land gemacht. Was auch nicht groß erstaunt. Denn der ist auch viel zu groß dafür. Eigentlich bräuchte der Bauer keinen Traktor für die kleine Fläche. Er kommt aber auch nicht auf die Idee zu sagen, jetzt tun wir uns mal zusammen und pflügen gemeinsam und bestellen unsere gesamte Fläche als Kollektiv.

Stattdessen beschließt er, dass es am besten ist, wenn er versucht, seinen Traktor zu Geld zu machen. Dann wird aus der Haube ein Schweinestall. Der Sitz landet im Büro vom Bürgermeister. Auch die Reifen werden verscheuert – die Käufer montieren da die Seitenteile von Kabelrollen drauf und bauen sie zu anderen Gefährten um. Das Letzte, was verkauft wird, ist der Motor, der irgendwo als Pumpe oder als Stromgenerator dient. Und dann ist der Traktor weg. Derjenige, der ihn über ein Entwicklungshilfeprogramm zur Verfügung gestellt bekommen hat, ist ein gemachter Mann und hat genug Kohle, um ein paar Jahre leben zu können. Aber für die Landwirtschaft oder die Ernährung der Menschen leistet das keinen Beitrag. Und deshalb ist es ganz wichtig, dass man da andere Wege geht. Nach der Reise sind Nuradin und ich zu der Auffassung gekommen, dass es nicht ausreicht, wenn man einfach nur Maschinen verkauft. Sondern man muss den Leuten auch erklären, wie man sie bedient, wie man mechanisierte Landwirtschaft betreibt und wie man die Maschinen wartet. Und dann ist die Idee entstanden, ein Versuchsgut aufzuziehen, als Demonstrationsbetrieb. Die Farm startete im Jahr 2015.

Wir haben zunächst in Sambia, in der Nähe des Flughafens der Hauptstadt Lusaka, also logistisch gut gelegen, ungefähr 150 Hektar Brachland gekauft. Das haben wir zu einem landwirtschaftlichen Betrieb entwickelt, woraus heute ein regelrechtes Dorf mit geteerten Straßen entstanden ist. Hundert Mitarbeiter mit ihren Familien leben dort bereits. Das Projekt in Sambia liegt mir sehr am Herzen. Der Betrieb demonstriert nicht nur ganz praktisch, wie man Landwirtschaft betreibt, sondern er wird ergänzt durch eine Schule mit Klassenräumen, wo auch der theoretische Hintergrund gelehrt wird. Das war der erste Schritt. Wir haben seitdem mehrere Tausend Farmer und Studenten trainiert und in Kursen ausgebildet.

Die Unterbringung und Versorgung der Leute, die zu uns gereist kamen, war etwas knifflig. Das Essen wollten wir erst über ein Catering aus Lusaka organisieren, was aber aufwendig und teuer war. Doch dann ergab sich im Gespräch mit den Dorffamilien eine bessere Lösung. Zwei Frauen sagten, dass sie ja für uns kochen könnten, wenn sie nur eine entsprechende Küche hätten. Das brachte mich auf die nächste Idee: Wir bauten auf dem Gelände der Farm auch ein kleines Internat, eine Art Jugendherberge oder Minihotel mit einer superprofessionellen Küche. Ein ehemaliger AGCO-Vorstandskollege war in der Zwischenzeit bei einem großen Küchenhersteller tätig. Den funkte ich an und sagte: „Hör mal, ich möchte von dir eine Küche geschenkt bekommen.“ Das hat er auch getan. Es gibt also auf dem Gelände heute eine Küche, in der die Dorffrauen kochen, eine Kantine, Unterbringung, Schulungsräume. Alles wird von den über hundert Bewohnern dieser Modellfarm selbst organisiert und bewirtschaftet.

Den Leuten haben wir gleich zu Anfang gesagt: „Wir bezahlen das Material, ihr bekommt von uns auch die Idee und die Zeichnung. Aber die Gebäude bauen müsst ihr selbst.“ Daraus ist dieses kleine, schöne Dorf entstanden. In der Nähe stand noch eine alte Halle, eine ziemliche Bruchbude. Die wurde zugleich als Schule, Kindergarten und Kirche genutzt. Meine Frau, die auch einmal mitgekommen war, sagte, dass wir da mal was machen müssten. Also haben wir die Halle abgerissen und jetzt stehen da ein Kindergarten, eine Schule und eine Kirche. Und ich habe privat die Glocke für den Kirchturm gestiftet. Ich habe die gleiche Glocke bei uns auf der Farm in Alpharetta. Die Kirche in Sambia ist ein Ort für alle Religionen. Im Wesentlichen leben christliche und muslimische Menschen auf dem Bauernhof. Aber wenn da morgen einer käme und sagen würde, er ist Jude oder Hindu oder was auch immer: Das Gebäude dürfte von jeder Religion oder Glaubensgemeinschaft benutzt werden. Es hat alles eine tolle Dynamik, die Leute da sind alle hoch motiviert.

Für AGCO ist das ein Zuschussprojekt – wir verbuchen das aber als Marketingkosten, was uns eine sehr gute Präsenz in den Medien und auch bei Veranstaltungen gibt. Wir haben am Anfang gedacht, dass wir nach und nach auch in andere Regionen und Länder Afrikas gehen müssten, um da etwas Ähnliches aufzubauen. Aber dank der neuen Medien ist auch sehr viel Training über das Internet möglich. Es kommen allerdings auch Leute aus anderen afrikanischen Staaten zu uns.

Noch eine zweite Idee entstand aus meinen mittlerweile zahlreichen Afrikareisen. „Farm in a Box" heißt das. Es ist inzwischen ein AGCO-Produkt geworden, das wir auch verkaufen: ein Stahlcontainer und darin befinden sich ein Traktor, ein Anhänger, ein Mähgerät oder ein Pflug – ganz nach Bedarf und alles unter afrikanischen Bedingungen getestet. Zudem gibt es einen kleinen abschließbaren Raum für die Ersatzteile und ein kleines Büro. Alles in diesem Container. Den kann man ans Stromnetz anschließen, an Solarpanels oder an einen Generator, um ihn mit Energie zu versorgen. So bringen wir einen Container in ein Dorf, das solche Technik noch nie genutzt hat. Wir schulen die Leute – und sie können dann anfangen, mit den Geräten Landwirtschaft zu betreiben. Das Ganze kostet, je nach Ausstattung, um die 20 000 Dollar. Für AGCO ist das ein Geschäft, wo wir auch mit kleinen Krediten etwa über die Rabobank helfen. Da haben wir eine normale Marge veranschlagt, die wir auch sonst erzielen wollen.

Wir haben Hersteller von Saatgut und Düngemitteln oder Bewässerungssystemen sowie Gewächshäusern mit eingebunden. Es ist ein echtes Komplettpaket. Natürlich ist diese alte deutsche Idee des Maschinenrings eine gute Lösung für so ein Dorf in Afrika. Es geht am Ende darum, eine produktive Gemeinschaft herzustellen. Am besten funktioniert das Konzept eigentlich, wenn man diese „Farm in a Box" jemandem verkauft, der Lohnunternehmer werden möchte. Der verdient sein Geld dadurch, dass er bei den Bauern Arbeiten erledigt, die dann meist aus dem Ernteertrag bezahlt werden. Der Grund: Ein Lohnunternehmer hat ein natürliches und großes Interesse, seine Maschinen in Ordnung zu halten.

Zuletzt war ich regelmäßig ein- bis zweimal im Jahr in Afrika – und bin viel herumgekommen. Der größte AGCO-Markt auf dem Kontinent ist Südafrika. Hinzu kommen weitere große und interessante Märkte wie Kenia und Kongo. Ein sehr ordentliches, vernünftig geführtes Land ist Ghana, wo wir mal beim Landwirtschaftsminister zu Gast waren. Das Landwirtschaftsministerium befindet sich auf einer Art Vierkanthof, so würde man das in Nordrhein-Westfalen nennen. In diesem Fall sind dort aber keine Kühe untergebracht, sondern Beamte. Auf dem Hof laufen trotzdem Schweine und Hühner rum, die dem Ministerium gehören. Als ich den Minister nach dem Grund fragte, sagte er: „Ich möchte gerne, dass meine Mitarbeiter morgens ein Frühstücksei haben."

Die Frage in Afrika ist immer: Wie stabil ist eine Regierung? Wie ernsthaft bemüht um ihr Land sind die Politiker? Oder sind das nur korrupte Leute, die in die eigene Tasche wirtschaften? Es gibt natürlich Länder mit einer dramatischen Lage wie Somalia und Jemen, in denen Bürgerkrieg herrscht. Das ist das Ergebnis der Kolonialzeit, als die Europäer stumpf Länder zuschnitten, über alle bestehenden Stammesstrukturen hinweg. Es führt nach wie vor permanent zu Reibungen und Konflikten. Und das macht die Entwicklungsarbeit dort sehr kompliziert, auch für die Regierungen in Europa und Amerika.

Der deutsche Entwicklungsminister Gerd Müller hat 2019 gesagt, es ergebe keinen Sinn, jedem Land ein bisschen helfen zu wollen. Ich glaube, damit hat er recht, so bitter es klingt. Besser wäre, sich in der Entwicklungshilfe auf weniger Länder zu konzentrieren und dort etwas Vernünftiges zu machen. Das Problem in der Politik ist ja nicht, dass nicht genügend finanzielle Mittel zur Verfügung stehen würden. Sondern dass sie oft falsch eingesetzt werden. Viel Geld verschwindet in dunklen Kanälen und Projekte verlaufen im Sand.

Im November 2014 berief mich Präsident Obama in sein neues Beratergremium Advisory Council on Doing Business in Africa – mit dem Ziel, die wirtschaftliche Zusammenarbeit zwischen den USA und dem Kontinent insgesamt zu verbessern. Im Ergebnis war die Arbeit zwar nicht besonders effektiv. Aber es war ein wichtiger Schritt, die Aufmerksamkeit überhaupt auf Afrika zu lenken – und das hat Obama geschafft. Kurz vor der Gründung des Gremiums hatte er einen Gipfel organisiert, den dreitägigen U.S.–Africa Leaders Summit in Washington. Eine tolle Idee: Viele afrikanische Präsidenten und ihre Landwirtschafts- und Wirtschaftsminister folgten der Einladung. Für die US-Wirtschaft war es eine sehr gute Möglichkeit zum Austausch, ohne wochenlang herumreisen zu müssen. Obama hatte eine Vision und die lautete: „Wir müssen es schaffen, dass die Politik und die Wirtschaft den Afrikanern dabei helfen, ihre Staaten zu entwickeln." Es gibt diesen berühmten Spruch: „Gib einem Hungernden einen Fisch und du ernährst ihn für einen Tag. Lehre einen Hungernden das Fischen und du ernährst ihn für sein Leben." Das war der Obama-Ansatz.

Für Europa ist das Thema im Grunde noch dringender: Wir müssen Afrika helfen, weil wir sonst das Flüchtlingsthema nicht in den Griff bekommen. Das hatte ich schon im Jahr 2012 beim ersten Berlin Summit von AGCO gesagt, als er noch Africa Summit hieß. Meine These war schon damals: Wenn die Leute einen Ort zum Wohnen haben, wenn ihre Ernährung gesichert ist und es Bildungsangebote für die Kinder gibt, dann müssen sie ihre Heimat auch nicht verlassen. Sie müssen nicht flüchten, weil sie dort eine Perspektive haben.

Aber der unternehmerische Ansatz, nach einem der Obama-Gipfel und Counciltreffen auch vernünftige Dinge zu machen, blieb anschließend doch immer ein bisschen auf der Strecke. Wir sind bei AGCO zu der Einsicht gekommen: Es bringt nicht viel, permanent herumzusitzen und zu labern. Das muss alles auf die Firmenebene heruntergebrochen werden. Unternehmen müssen loslegen, sie müssen die Projekte starten. Andere Unternehmen müssen sich dabei einklinken – und die Politik muss unterstützen, wenn die Unternehmen auf ihrem Weg die Hand heben und Hilfe brauchen. Und man muss einen langen Atem haben und Dinge zu Ende denken. Wenn man nach Afrika geht, um Ackerbau zu promoten, und die Bauern produzieren tatsächlich eines Tages Weizen – dann bringt das immer noch wenig. Weizen kann man ja nicht essen, die weitere Wertschöpfung muss folgen. Wir haben es auch geschafft, dass einer hingegangen ist und gesagt hat: „Wir stellen da jetzt eine Nudelfabrik hin." Solche Dinge sind ganz konkret passiert. Das hat Obama unterstützt, genauso seine Handelsministerin Penny Pritzker, eine Hyatt-Erbin, die sich um solche Projekte kümmerte. Eine engagierte, tolle Frau.

Aber dann kam der Neue. Donald Trump hat nach seiner Wahl 2016 Wilbur Ross aus der Rente geholt und zum neuen Handelsminister gemacht. In Sachen Afrika passierte erst einmal monatelang nichts. Das von Obama gegründete Council, aus dem ich mich nach dem Rauswurf von Außenminister Tillerson verabschiedet hatte, hat in Trumps Amtszeit erwartungsgemäß nichts mehr erreicht. Außer dass mal eine Reise nach Afrika gemacht wurde. Ich würde das aber mehr als Lustreise bezeichnen.

Auf US-Regierungsebene reizt mich die Afrikapolitik nicht mehr. Washington ist extrem ineffizient, und ich glaube, Berlin ist auch nicht viel besser. Was ich dagegen gerne machen würde: In einem afrikanischen Staat den Landwirtschaftsminister in einem klar definierten Bereich beraten – zur generellen Entwicklung des Sektors, aber auch auf Projektebene. Das würde mir Spaß machen. Wenn ich zum Beispiel nach Ghana gehen würde, dann wären die Kontakte nach Washington, Berlin und Brüssel vor Ort natürlich nützlich – um zu sagen: „Wir brauchen hier eure Hilfe." Ich könnte auch Frau von der Leyen anrufen und mit ihr ein bisschen über Pferde reden und dann fragen: „Was könnte man hier mal machen?"

Eine Weile in Afrika zu leben, könnte ich mir gut vorstellen. Ich habe auch schon mit meiner Frau darüber geredet – sie fände das ebenfalls spannend. Ich hatte schon mal überlegt, ob ich mich vielleicht als Trainer auf unserer Farm engagieren sollte. Das ist natürlich heute, in Coronazeiten, schwerer vorstellbar. Aber wenn wir wieder normale

Verhältnisse haben, dann mache ich so etwas vielleicht. Denkbar wäre auch, eigenes Geld zu investieren. Ich würde aber nicht mit der Idee nach Afrika gehen, Pro-bono-Entwicklungshilfe zu machen. Mein Ziel wäre dann auch, ein ordentliches betriebswirtschaftliches Ergebnis zu erzielen. Ich glaube, die anderen Modelle funktionieren auch nicht.

Meine Begeisterung oder mein Engagement für Afrika teile ich, wo möglich. Ich habe in Yale und Harvard Vorlesungen gehalten und diese Gelegenheiten genutzt, um für mein Anliegen etwas Reklame zu machen. Genauso versuche ich in Unternehmen, bei denen ich im Aufsichtsrat sitze, die Leute davon zu überzeugen, dass es sinnvoll ist, sich in diesen Ländern zu engagieren. Es hängt natürlich auch ein bisschen vom Produkt ab. Ein Landmaschinenhersteller hat es da sicher etwas einfacher. Grundsätzlich glaube ich, dass es mit Blick auf Afrika für Europa und Amerika wichtig ist, ein Gegengewicht zu China zu bilden – aber nicht im kriegerischen trumpschen Sinne. Natürlich aus wirtschaftlichem und politischem Kalkül, aber eben auch aus einer moralischen Verpflichtung heraus.

China hat seinen Einfluss in Afrika ja seit Jahren ausgebaut und zementiert. Das ist Aufbauhilfe mit machtpolitischem Kalkül und die ethische Komponente geht den Chinesen dabei völlig ab. Ich sehe den wachsenden Einfluss kritisch: Im Landmaschinengeschäft verkaufen die Chinesen in Afrika ihre Trecker zu Dumpingpreisen und kümmern sich anschließend nicht darum, wenn etwas kaputtgeht. Im Prinzip ist der Ansatz häufig, die Leute über den

Tisch zu ziehen. Bei den großen Investitionsprojekten Chinas zählt eigentlich nur die Ressource des Ziellandes – im Bergbau genauso wie in der Landwirtschaft. So entwickeln die Chinesen große landwirtschaftliche Betriebe und benutzen den afrikanischen Boden.

Vom Ergebnis aber bleibt nichts im Land, die Produkte gehen alle nach China. Im schlimmsten Fall kommen sogar noch die Arbeiter aus China, sodass nicht einmal Einkommensquellen für die lokale Bevölkerung entstehen. Man könnte es Ausbeutung nennen.

Der stark wachsende Einfluss der Chinesen liegt aber vor allem daran, dass sich die anderen Industrieländer kaum für Afrika interessieren. So sind es eben vorwiegend die Chinesen, die in Afrika massiv in Infrastruktur investieren – in Straßen, Flughäfen, Eisenbahnlinien. Sie machen das natürlich nicht aus Nächstenliebe, die Gefahr ist schon, dass Afrika zunehmend in chinesische Hand gerät.

Nuradin Osman hat AGCO im vergangenen Jahr verlassen, um sich mit einer Idee im afrikanischen Ernährungsbusiness selbstständig zu machen. Ich finde das gut und bin gespannt, wie seine Firma sich entwickelt: „Nuradin, wenn du eine gute Geschäftsidee gefunden hast, sprich mich an. Ich kann mir vorstellen, dass ich mich dann da beteilige", habe ich ihm gesagt. Mal sehen, vielleicht komme ich schneller zu meinem Afrikaeinsatz als gedacht.

Kulturbrüche

Warum ein US-Präsident besser malen als massieren sollte, was ich mit Bill Clinton gemeinsam habe und weshalb das politische Selbstverständnis der USA und Deutschlands langsam, aber sicher auseinandergedriftet ist.

Amerikaner finden es super, wenn man einen ihrer Präsidenten schon mal getroffen hat. Ich hatte gleich mehrmals die Ehre – teils unter skurrilen Umständen. Ich schätze die Ex-Präsidenten als Menschen und erinnere mich gerne an die Begegnungen mit ihnen. Donald Trump bildet in beidem eine Ausnahme: Auf die Treffen mit ihm während seiner Präsidentschaft hätte ich verzichten können. Es waren jeweils formelle Anlässe: Zusammenkünfte des Business Council und der Deutsch-Amerikanischen Handelskammer, deren Chairman ich einige Jahre bis 2017 war. Als mich Freunde nach meinem Eindruck fragten, sagte ich: „Es gibt eine gute und eine schlechte Nachricht. Die gute: Er ist sehr authentisch. Aber das ist auch gleichzeitig die schlechte Nachricht." Ich konnte es erst selbst kaum glauben, aber Trump bringt denselben populistischen Mist, den er in der Öffentlichkeit verzapft, tatsächlich auch im kleinsten Kreis. Ganz anders seine Tochter Ivanka, die ich auch schon getroffen habe. Sie ist gebildet, hat gute Umgangsformen. Ich habe ein gemeinsames Foto mit ihr. Mit ihrem Vater wollte ich nicht auf ein Foto, das habe ich bewusst vermieden – ganz anders als bei Obama und Bush jr.

George W. Bush, der 43. Präsident, ist meiner Meinung nach weit unterschätzt worden – in Amerika genauso wie in Deutschland. Politisch hat er in seiner Amtszeit von 2001 bis 2009 bestimmt einiges falsch gemacht. Dazu zähle ich den Irakkrieg, den er im Jahr 2003 anzettelte. Man muss aber zwischen dem Politiker und dem Menschen unterscheiden – und Bush ist ein toller, sehr bescheidener Mensch. Einmal sagte er süffisant: „Viele Leute halten mich ja für etwas doof und sind der Meinung, dass ich weder richtig lesen noch schreiben kann." Dabei schenkte er mir sein Buch, das kurz zuvor entstanden war. Bush hat sich im Ruhestand mit Malerei beschäftigt, er malt vor allem Porträts, im Grunde im expressionistischen Stil. Das sind sehr gute Bilder. Er ist durch Amerika gereist und hat Kriegsveteranen besucht, die schwer verletzt worden waren. Er hat sich mit ihnen unterhalten und dann ein Bild von ihnen gemalt. Das Buch besteht aus diesen Porträts, dazu jeweils zwei, drei Seiten mit der Geschichte der Veteranen. Das finde ich sensationell. Das Buch ist ein Bestseller und das Geld geht an eine Veteranenorganisation. Bush jr., den Menschen, sollte man nicht unterschätzen.

Als Präsident hatte George W. Bush seine peinlichen Momente. Besonders in Amerika gab es hitzige Diskussionen um das sogenannte Grapsch-Gate. Beim G-8-Gipfel in St. Petersburg 2006 trat Bush hinter Angela Merkel, die am Konferenztisch saß, und massierte ihr kurz die Schultern. Das ging durch die Weltpresse, und die Frage war, ob es sich dabei um sexuelle Belästigung handelte. Wahrscheinlich war es nicht böse gemeint, aber ganz bestimmt war es nicht klug oder angemessen. Kurz darauf traf ich Bush, der mich schon als den „German tractor guy“ kennengelernt und offenbar in Erinnerung behalten hatte. Mit meinem stark deutschen Akzent sagte ich auf Englisch zu ihm: „Mister President. Es gibt zwei Dinge, die Sie über Europa wissen müssen. Erstens: Berühren Sie nie die Königin von England. Und zweitens: Sie sollten auch nicht die Kanzlerin von Deutschland massieren.“ Das fand der lustig, trotz allen Aufruhrs um diese Geschichte. Anschließend vergaß er bei keinem Treffen, mir einen Gruß an die Kanzlerin aufzutragen: „Best regards to my friend Angela.“ Merkel und Bush haben sich im Grunde gut verstanden. Als Kanzlerin unterstützte sie ja anders als ihr Vorgänger Schröder den Irakkrieg. Das brachte ihr viel Kritik ein, aber dem damaligen deutsch-amerikanischen Verhältnis hat es geholfen.

2018 war ich bei einem Dinner der Rabobank in New York. Da wollte man offenbar besonders nett zu mir sein, weil AGCO der größte Rabobank-Kunde in Amerika ist. Ich bekam den Platz direkt neben dem „keynote speaker“ und das war George W. Bush. Der Vorstandschef saß auf der anderen Seite neben ihm. Die Rabobank-Leute baten mich: Falls ich eine Frage an den früheren Präsidenten hätte, solle ich die bitte vorher kommunizieren, damit der vorbereitet sei. Ich antwortete: „Brauche ich nicht, den kenne ich." Und dann war sofort die Frage: „Woher denn?" Da habe ich die G-8-Geschichte erzählt. Während des Abendessens war die Vorspeise noch nicht mal serviert, als der Rabobank-Vorstandsvorsitzende sich an Bush wandte und fragte: „Herr Präsident, kennen Sie Herrn Richenhagen?" Und der antwortete: „Ja, den kenne ich sogar gut. Und ich kann Ihnen eine lustige Geschichte erzählen." Und dann hat er wirklich original dieselbe Geschichte von der Merkel-Massage erzählt wie ich zuvor. Seither ist es ein Running Gag.

Bill Clinton lernte ich in Davos kennen, beim Weltwirtschaftsforum. Seit 2004 nahm ich dort als AGCO-Chef regelmäßig teil. Davos ist ja ein Bergdorf mit sehr beschränkter Infrastruktur. Aber während des Forums laufen schlagartig Tausende Leute im Kongresszentrum herum, es wird echt eng – und einer ist wichtiger als der andere. Da steht dann buchstäblich die politische und wirtschaftliche Elite vor der Toilette Schlange. Aber es gibt eine kleine Behindertentoilette und die benutze ich immer. Auch auf Flughäfen habe ich mir das angewöhnt: Die Behindertentoilette ist immer sauber, da ist ein Waschbecken, man hat Platz – und sie ist eigentlich immer frei. Also habe ich mir das auch in Davos zur Angewohnheit gemacht, um mir das Schlangestehen zu ersparen.

Und dann, 2013 war das, kam ich wieder zu meiner Toilette in Davos. Aber da standen zwei Bodyguards davor, Amerikaner, und sagten zu mir: „Kein Zutritt." Ich erwiderte, dass das aber meine Toilette sei – und bin einfach reingegangen. Da stand Bill Clinton und guckte mich groß an: „Was machen Sie denn hier auf meiner Toilette?“ Und dann antwortete ich: „Ihre Toilette? Total falsch. Ich gehe hier schon seit Jahren regelmäßig hin.“ Daraus entwickelte sich ein ganz nettes Gespräch. Am Ende sagte Clinton: „Da kann man mal sehen, was meine Bodyguards taugen. Was, wenn Sie mir jetzt was antun wollten?“ „Na ja, so gefährlich sind die Leute hier in Davos wahrscheinlich nicht“, antwortete ich.

Das Weltwirtschaftsforum fand ich lange interessant. Etwa zehn Jahre lang bin ich jährlich nach Davos gereist, einmal schon während meiner Zeit bei Schindler. Erstens konnte man da viele bekannte Leute mal live erleben. Und zweitens war das auch ein gutes Networking-Event mit globalem Charakter. Darüber hinaus war das Forum für mich ein wichtiger Gradmesser für den Zustand der Welt. Als Deutscher, der in Amerika arbeitet, habe ich natürlich besonders auf die Beziehung zwischen diesen beiden Ländern geschaut. Deren absoluten Tiefpunkt während des Trump-Besuchs 2018 habe ich allerdings nur in den Medien erlebt.

Als Donald Trump damals in die Schweizer Alpen reiste, gab es ein Abendessen mit deutschen Managern – rechts und links neben dem Präsidenten saßen Siemens-Chef Joe Kaeser und SAP-Chef Bill McDermott. Ganz offen: Ich fand das unsäglich, wie sie Trump in den Hintern gekrochen sind und quasi jegliche Positionierung und jegliche Kritik aufgegeben haben. Sie haben sich da nur hingesetzt, um sich mit Investitionsversprechen anzubiedern. Das findet Trump natürlich ganz toll, der gibt aber nichts zurück. Von einer Win-win-Situation kann keine Rede sein. Von den Medien gab es kübelweise Häme für die Wirtschaftsbosse. Aber wenn sich die mächtigsten deutschen CEOs so vor dem US-Präsidenten in den Staub werfen, dann muss in der transatlantischen Beziehung etwas gewaltig schieflaufen. Durch das peinliche Hofieren wurde es natürlich nicht besser, Trump hat uns trotzdem immer wieder bedroht. Später hat sich zumindest Joe Kaeser positioniert und auch mal öffentlich ein paar kritische Worte gesagt. Das fand ich gut.

Nach ein paar Jahren, die mich begeistert hatten, nahm ich das Forum in Davos mit wachsender Skepsis wahr: Von einem Treffen von Wirtschaftsführern wurde es immer mehr zu einer Bühne für Politiker. Das war vermutlich auch das Ziel des Cheforganisators Klaus Schwab. Die Wirtschaftsleute bildeten im Ergebnis eher den Hintergrund für die großen Auftritte der Politiker. Für eine bessere Statistenrolle war mir die Reise irgendwann zu teuer. Etwa 100 000 Franken Eintrittsgebühr plus Übernachtungskosten muss man als normales Mitglied einkalkulieren. Je öfter man teilnimmt, desto besser wird das Hotel, denn die werden vom Veranstalter geblockt und dann zugeteilt. Wenn man auf dem Panel sitzen will, kostet das noch einmal extra. Es ist alles wirtschaftlich sehr optimiert. Und die Workshops zur Zukunft der Landwirtschaft oder der Ernährung? Es wurde viel geredet, heraus kam jedoch eher heiße Luft, so ist jedenfalls mein Eindruck.

Gerade während der Finanzkrise ab 2008 wurde genau beobachtet, wer anreiste und auf welche Weise. Journalisten saßen in Zürich am Flughafen und registrierten: Aha, trotz Automobilkrise kommt einer von General Motors aus den USA angeflogen und einer von Ford und so weiter. Die großen Unternehmen wurden sehr kritisch begleitet. Wir hatten bei AGCO schnell auf die Finanzkrise reagiert, was auch die Börse gut bewertete. Schon als die ersten Zeichen kamen, fingen wir damit an, unsere Kosten runterzufahren. Als dann die nächste Davosreise anstand, schlug ich anderen amerikanischen CEOs vor, wir könnten doch gemeinsam billiger fliegen. Aber da kam immer als Antwort: „Unsere Sicherheitsbestimmungen erlauben das nicht. Wir dürfen nicht bei dir mitfliegen." Also schlug ich vor: „Ja, dann fliege ich bei euch mit." Das wollten die aber auch nicht. Und weil ich wusste, dass das eine sensible Sache ist, bin ich nicht mehr nach Zürich geflogen, sondern nach Friedrichshafen. Die Autofahrt bis nach Davos dauert etwa gleich lang. Aber kein Mensch nimmt einen wahr.

Das World Economic Forum (WEF) in Davos ist natürlich ein Jahrmarkt der Eitelkeiten. Auch die Nationen trumpfen auf und versuchen, sich mit ihren Delegationen gegenseitig die Show zu stehlen. Erst kam die Welle der Russen, dann die der Chinesen, anschließend die der Inder. Am lustigsten fand ich die Russen. Um Aufsehen zu erwecken, rückten sie mit eigenen Kamerateams an, mit Scheinwerfern und allem Drum und Dran. Wahrscheinlich hat nie einer die Aufnahmen gesehen, aber so bekamen sie natürlich eine große Aufmerksamkeit, und darum ging es beim Weltwirtschaftsforum – leider immer mehr.

Schließlich kam ich zu dem Schluss: Man muss da nicht mehr teilnehmen – 2014 war mein letztes Davosjahr. Damit lag ich im Trend. Meine Kollegen hier in Amerika unterschieden schon länger zwischen den normalen CEOs und den etwas exponierteren „Davos men". Heute aber ist es nicht mehr unbedingt ein Imagefaktor, wenn man nach Davos geht. Wir haben sehr effiziente Networking-Alternativen. Der Business Council ist aus meiner Sicht viel besser. Der ist handverlesen: Man muss 10 Milliarden Umsatz haben und/oder 10 Milliarden Marktwert. Und da kommen dann die Leute in viel kleinerem Kreis zwei Tage sehr effizient zusammen. Das sind vielleicht hundert Teilnehmer, und man kann das Netzwerk wunderbar organisieren, ohne nach Davos fliegen zu müssen. Der Business Council hat sich für Manager außerhalb der USA geöffnet, auch WEF-Gründer Klaus Schwab nimmt teil.

Schon während Obamas Amtszeit hat das Verhältnis zwischen Deutschland und den USA erheblich gelitten. Für „Old Europe" interessierte er sich nicht besonders. Und umgekehrt bot sich in den europäischen Ländern auch kaum ein Regierungschef an, der Entfremdung entgegenzuwirken und sich als Ansprechpartner zu positionieren. Ich glaube, Frau Merkel hätte im Gegensatz etwa zu François Hollande schon gerne ein gutes Verhältnis zu Obama gehabt. Aber sie hat das nicht richtig hinbekommen. Ich war bei einem Treffen mit Frau Merkel, es gab eine der üblichen

Frage-und-Antwort-Sessions. Ich habe sie gefragt: „Frau Merkel, wie würden Sie Ihr Verhältnis zum amerikanischen Präsidenten beschreiben?“ Da war sie sofort sehr schmallippig und sagte: „Sehr gut. Oder haben Sie etwas anderes gehört?“

Es gibt auch grundsätzliche Probleme, die eine bessere Zusammenarbeit zwischen Deutschland und den USA verhindern. Viele Politiker, auf beiden Seiten des Atlantiks, wissen sehr wenig über andere Länder und haben sehr wenig Gefühl dafür, wie das Leben dort gesellschaftlich, wirtschaftlich und politisch funktioniert. Ich finde, es gibt nur wenige deutsche Politiker, die Ahnung von Amerika haben. Die EU-Kommissionschefin Ursula von der Leyen ist eine Ausnahme, sie hat ja auch mal in den USA gelebt. Auch Katarina Barley, die Vizepräsidentin des Europäischen Parlaments, kennt neben England auch Amerika ganz gut. Aber das sind eher die Ausnahmen. Die Regel sind Leute, die mal als Touristen in New York waren oder als Politiker auch mal in Washington. Und wenns hochkommt, mal in Florida. Da fehlt das Verständnis dafür, dass Amerika ein riesiges Land mit ganz unterschiedlichen regionalen Kulturen ist.

Als AGCO-Chef konnte ich das regelmäßig beobachten. Nicht selten hatten wir eine Delegation aus Bayern zu Besuch – so zwanzig Politiker aus dem Landtag oder den Kreisen, die sich mal über die Unterschiede zwischen der Landwirtschaft in Bayern und in den USA schlaumachen wollten. Eine dieser Gruppen, ein paar Jahre ist es her, werde ich nie vergessen. Sie waren nach Miami geflogen und hatten in Florida eine Orangenplantage besucht. Und dann kamen sie hier in Atlanta zu uns und fuhren noch weiter zu Coca-Cola und zu CNN. Den Teilnehmern habe ich mal eine richtige Gardinenpredigt gehalten: „Wenn eure Wähler wüssten, dass ihr die eigentlich total über den Tisch zieht, würden sie ausflippen. Denn was ihr hier macht, hat mit Landwirtschaft alles gar nichts zu tun." Ich bekam danach ein langes Schreiben. Das sei wohl ein Missverständnis gewesen und in Zukunft werde man es besser machen.

Wir haben auch in Amerika viel zu wenige Politiker, die Deutschland verstehen. Das kann man ändern, muss das aber auch wollen. Deutschland macht in diesem Zusammenhang ganz merkwürdige Dinge. Wir hatten in Atlanta ein Goethe-Institut und da wurde dann 2007 im Rahmen der deutschen Sparpolitik gesagt: Das wird jetzt mal geschlossen. Der Schwerpunkt der deutschen Außenpolitik gehe künftig mehr nach Afrika, hieß es zur Begründung. Wir haben dann privat eine Stiftung gegründet, die German American Cultural Foundation. Die betreiben wir jetzt als Goethe-Zentrum, denn wir dürfen den Namen Goethe-Institut nicht verwenden. Da macht Deutschland Fehler. Wenn man das gegenseitige Verständnis fördern will, muss man sich dafür engagieren. Ansonsten läuft man auch Gefahr, in Vorurteilen zur verharren.

Wie stark die deutsche Politik selbst an höchster Stelle noch Klischees verhaftet ist, zeigte mir der Besuch des damaligen Außenministers Frank-Walter Steinmeier. 2016 kam er nach Atlanta. Wir hatten ein gemeinsames Abendessen, ich war damals Chairman der Deutsch-Amerikanischen Handelskammer. Herr Steinmeier ist ein sehr netter Mensch mit der Aura eines Sparkassenzweigstellenleiters. Er ließ mich wissen, was er in den nächsten beiden Tagen noch vorhatte. Und zwar wollte er eine Schule besuchen, eine normale Highschool, und eine Universität. Die Amerikaner könnten da viel von Deutschland lernen, sagte er während des Essens. Weil ja die deutschen Universitäten, die deutschen Schulen und das deutsche Ausbildungssystem, alles absolut spitze wären. Und Amerika sei ja mehr oder weniger noch im Dritte-Welt-Modus. Ich widersprach und schilderte meine Sicht der Dinge, sagte aber zum Abschluss: „Ich will Sie jetzt in keiner Weise beeinflussen, weil morgen und übermorgen sehen Sie das ja mit eigenen Augen." Kurz vor seiner Abreise nach Deutschland rief mich Steinmeier noch einmal an und sang ein Loblied auf den US-Bildungssektor.

Die amerikanischen Schulen und Universitäten sind, wenn sie nicht in Brennpunkten liegen, viel besser ausgerüstet als in Deutschland. Das fängt mit den Sportplätzen an und geht mit der IT-Ausstattung weiter. Hier gibt es keine Schule, in der die Toiletten vergammelt sind. Und auch sonst wird das Inventar pfleglich behandelt, zum Beispiel an den Unis. Ich bin öfter mal an einer Hochschule, um eine Vorlesung zu halten. Da gibt es so Ecken mit super Sitzmöbeln: Sofas und Sessel, es fühlt sich an wie in der Lobby eines Fünfsternehotels. Nicht ein Kratzer ist dran. Diesen Vandalismus, der in Deutschland ein großes Problem ist, gibt es hier nicht. Mir wird es klar, wenn ich mal wieder an meiner alten Uni in Bonn bin und ins Hauptgebäude der Philosophischen Fakultät gehe. Das sind zwei Welten, allein optisch. Steinmeiers Beispiel zeigt: Es ist einfach, vorgefertigte Meinungen zu haben. Wenn sie auf einer falschen Faktenlage beruhen, können daraus keine vernünftigen Handlungen entstehen. Und da gibt es in Deutschland und Amerika einiges zu tun.

Die Deutschen haben zum Beispiel die Bedeutung des 11. Septembers nicht richtig eingeschätzt. So falsch der Irakkrieg auch war, wir haben uns militärisch unter Gerhard Schröder aus allem Folgenden so gut es ging herausgehalten. Das lag auch daran, dass wir die Bedrohungslage, die die Amerikaner empfunden haben, nicht nachvollziehen konnten. Aus Sicht der USA hat diese mangelnde Gefolgschaft einen Bruch bedeutet. Es hatte ja, bis auf Pearl Harbor, nie eine Auseinandersetzung gegeben, die wirklich in Amerika stattfand. Bis dahin waren die Amerikaner immer in allen möglichen Konflikten involviert, aber nie auf ihrem Territorium. Und jetzt kommt auf einmal so ein Ereignis. Der 11. September ist so ein Tag, da weiß jeder Amerikaner, wo er war, als das World Trade Center kollabierte. Und ich glaube, wir Deutschen haben trotz der starken Bilder tatsächlich nicht ganz begriffen, was das für Amerika bedeutet hat. Und deshalb aus Sicht der Amerikaner politisch nicht genug Unterstützung gezeigt.

Ich saß selbst an dem Tag in Harsewinkel auf gepackten Taschen im Büro. Ich wollte noch nach Peoria in die USA fliegen. Es ging darum, zu dritt eine Verhandlung mit dem CEO von Caterpillar zu führen. Unser CFO war bereits in Chicago, der Inhaber Helmut Claas befand sich bereits seit fünf Stunden in der Luft, als sich die Nachricht von den Angriffen verbreitete. Sein Flugzeug wurde nach Düsseldorf zurückgerufen und drehte um. Ich saß bei unserem PR-Mann, der hatte mich vor den Fernseher gerufen: „Kommen Sie, hier ist was ganz Seltsames."

Und so haben wir das alles da erlebt. Am Anfang habe ich, wie vermutlich die meisten, gedacht: Was für eine Scheiße, da ist ein Flugzeug, das hat sich irgendwie verirrt und ist aus Versehen in den Tower geflogen. Doch als es dann nicht nur eins war und als man die Auswirkungen sah, war es schon unglaublich schockierend. Als ich am Abend nach Hause kam, das werde ich auch nie vergessen, hatten meine Kids eine amerikanische Fahne auf Halbmast gehängt – vor ihrem Schlafzimmer hing sie am Balkon. Die drei waren schon immer Amerikafans.

Kulturkitt

Ferrari leasen oder Häusle bauen? Warum Amerikaner und Deutsche sich trotz aller Eigenheiten mögen. Warum die Zeit der Weltpolizei vorüber ist und worüber wir reden müssen.

Bei einer der größten Demonstrationen in der Geschichte der Bundesrepublik Deutschland steckte ich mittendrin. Der 22. Oktober 1983: 500 000 Menschen waren in Bonn zusammengekommen, um gegen den NATO-Doppelbeschluss zu protestieren. Als Antwort auf die sowjetischen SS-20 sollten in fünf westeuropäischen Ländern Pershing II stationiert werden, mit Atomsprengköpfen bestückte Mittelstreckenraketen. Eines dieser Länder war Deutschland. Mich ließ die Debatte eher kalt, muss ich zugeben. Dass ich dennoch zur Demo fuhr, hatte einen anderen Grund.

Es war ein Samstagmorgen, als mich meine hochschwangere Frau weckte: „Es ist so weit." Ich wollte mich lieber noch mal umdrehen, aber an Schlaf war natürlich nicht mehr zu denken. Wir mussten rasch los. Mit dem Notarztwagen ging es auf den Venusberg zum Universitätsklinikum, einmal quer durch Bonn. Der Fahrer hatte seine Mühe, denn alle Straßen waren wegen der Großdemo verstopft. Man musste dauernd mit den Demonstranten reden, damit sie einen durchließen. Wir schafften es rechtzeitig in den Kreißsaal, wo meine Tochter Mechthild geboren wurde. Ich hatte wohl während der laufenden Geburt ein bisschen zu viel von meinen Erfahrungen von Pferdegeburten berichtet. Ich wollte damit nur versichern, dass ich ganz bestimmt nicht vor Schreck umkippen würde, denn das war die Befürchtung der Schwestern. Als mir dann meine Tochter übergeben wurde, sagte der Arzt: „Hier ist Ihr Stutfohlen.“ Technisch war ich etwas überrascht, weil meine Tochter keine Zähne hatte. Heute weiß ich, dass das normal ist. Der Rückweg von der Klinik war noch komplizierter als der Hinweg, da konnte ich aber einen Motorradpolizisten gewinnen, der mich als frischgebackenen Vater auf seiner Maschine netterweise als Sozius durch die Menschenmengen mitnahm.

Am nächsten Tag fuhr ich mit meinem besten Freund ins Krankenhaus, da gab es Rooming-in, das war ganz neu. Das Baby war also die ganze Zeit bei meiner Frau in einem kleinen Bettchen, das neben ihrem Bett stand. Im Krankenhaus arbeitete eine Nonne als Oberschwester. Sie kam kurz nach unserer Ankunft ins Zimmer. Wir waren in Reitsachen da, was offenbar schon seltsam war. „Hier ist aber nur der Vater zugelassen“, sagte sie schnippisch. Wir sagten: „Okay.“ Und sie ging. Nach zehn Minuten kam sie wieder, schon ein bisschen sauer. „Hier ist aber nur der Ehemann zugelassen“, sagte sie dann. Ich nickte und sagte: „Ja, der Ehemann …“, und deutete dann auf meinen Freund:

„... und der Vater." Da ist die Oberschwester mit hochrotem Kopf aus dem Zimmer gestürmt. Meine Frau lachte auch.

Die Demonstranten kamen nicht ans Ziel. Einen Monat nach der Riesendemo in Bonn stimmte der Bundestag dafür, dass Pershing II in Deutschland stationiert werden sollten, was kurz darauf auch geschah. US-Präsident war damals Ronald Reagan, der in Deutschland alles andere als beliebt war. Die Leute fragten: „Wie kann es sein, dass ein drittklassiger Schauspieler Präsident der Vereinigten Staaten von Amerika werden kann?" Meine Meinung war schon damals eine andere. Ich fand Reagans Vorgehen gut, bei dem es am Ende darum ging, die Russen quasi in Grund und Boden zu investieren. Die gigantischen Militärausgaben Amerikas haben aus meiner Sicht entscheidend dazu beigetragen, dass die Sowjetunion auseinandergefallen ist und der Kalte Krieg zu Ende ging. Die Russen mussten mitziehen, konnten es aber nicht. So war Reagan zumindest ein Stück weit mitverantwortlich dafür, dass es die Wiedervereinigung geben konnte.

Wie kann so jemand überhaupt Präsident werden? Diese Frage hat man nicht nur bei Reagan regelmäßig gehört. Genauso war es bei Bush jr. und dann auch bei Trump. Ich habe Freunde, die wollten mich während der Amtszeit von George W. Bush nicht in Amerika besuchen. Sie sagten: „Solange Bush Präsident ist, kommen wir nicht." Meine Antwort: „Dann kannst du auch zu Hause bleiben, wenn Bush nicht mehr regiert. Ich werde dich nicht mehr einladen." Was kann ich dafür, dass das Land, in dem ich lebe, den möglicherweise falschen Präsidenten hat? Viele Menschen in Deutschland behaupten, dass das politische System bei ihnen besser und vor allem gerechter sei. Dass es in Deutschland jemand wie Trump gar nicht nach oben schaffen würde. Natürlich ist es besser, nicht von Trump regiert zu werden. Aber ich frage mich schon, ob das allein als Argument genügt, um den Kontakt abzubrechen.

Ein Schauspieler oder ein Immobilienunternehmer als Kanzler der Bundesrepublik Deutschland? Schwer vorstellbar. Es ist ganz offensichtlich so, dass nicht jeder Bundeskanzler werden kann. Denn zuvor gilt es, einen parteiinternen Selektionsprozess zu durchlaufen, der Jahrzehnte dauert. Bundeskanzler in Deutschland, das werden immer Parteikarrieristen, die vorher innerhalb ihrer Partei alles weggebissen und ausgeschaltet haben, was gefährlich werden könnte. In Amerika ist das ein ganz anderer Prozess. Man kann Präsident werden, ohne dass es ein Thema ist, ob die Partei zustimmt oder nicht. Jeder in Amerika geborene Bürger kann Präsident werden. Ich empfinde das als einen wichtigen Unterschied und sehr respektabel. Da kann jeder aufstehen und sagen: „Ich will jetzt Präsident werden." Trump war ja zunächst sogar bei den Demokraten, bevor er zu den Republikanern wechselte. Der amerikanische Prozess ist für mich grundsätzlich sogar demokratischer als der deutsche.

Ich kenne Leute, die für das höchste Amt im Staat kandidiert haben. Einer von ihnen war Herman Cain, der 2004 bei uns in den AGCO-Aufsichtsrat eingezogen war. Ein Schwarzer aus Atlanta, ein echter Selfmademan, der als Chef der Fast-Food-Kette Godfather's Pizza Erfolg hatte und eben im Nebenjob Prediger war. Seinen gospelartigen Gottesdienst hatten Brigitte und ich ja zweimal besucht. Man muss sagen: Cain hatte Entertainerqualitäten, er nannte sich „Hermanator“ und hatte in Atlanta sogar eine eigene Radioshow. Cain legte das Mandat bei AGCO nieder, um sich voll auf den Wahlkampf gegen Barack Obama zu konzentrieren. Da lag er im Lager der Republikaner aussichtsreich im Rennen, er führte mit 27 Prozent der republikanischen Wähler im Vorwahlkampf noch vor Mitt Romney und Newt Gingrich. Er wollte mit der griffigen Formel 9–9–9 das Steuersystem revolutionieren und sowohl die Einkommens- als auch die Unternehmens- und Umsatzsteuer auf jeweils 9 Prozent senken. Fand ich eine spannende Idee. Auf dem Weg nach Washington stolperte er über einen umstrittenen Belästigungsvorwurf, der ihn zur Aufgabe zwang.

Cain starb im Juli 2020 an Covid-19, nachdem er am 20. Juni an einer Wahlkampfveranstaltung seines Freundes Donald Trump teilgenommen hatte – ohne Maske. Neun Tage später wurde die Infektion diagnostiziert. Ich glaube, einige Hundert Tote gehen auf Trumps Konto allein wegen seines unverantwortlichen Wahlkampfs. Herman Cains Trauerfeier habe ich besucht.

Das Problem bei einer Präsidentschaftskandidatur in den USA ist natürlich, dass Geld eine so große Rolle spielt. Auch Cain hätte mit seinen vergleichsweise bescheidenen Mitteln 2012 vermutlich noch Schwierigkeiten bekommen. Man muss den Wahlkampf ja selbst finanzieren. Und das geht nur, wenn man entweder Milliardär ist oder viele Unterstützer hat. Für Leute aus sozial schwachen Verhältnissen oder Vertreter von Minderheiten etwa ist es schwierig, eine Chance zu haben. Ich kann mir derzeit schwer vorstellen, dass beispielsweise eine junge Frau mit südamerikanischen Wurzeln Präsidentin wird. Mit Gerhard Schröder dagegen hat es in Deutschland jemand aus einfachen Verhältnissen an die Spitze geschafft. Er ist natürlich ein unglaublich geschickter Kämpfer gewesen. Aber er musste sich auch durchbeißen – von den Jusos bis ins Kanzleramt, wo er ja sehr sinnbildlich schon 1982 nachts in Bonn leicht alkoholisiert am Zaun rüttelte, wie kolportiert wird. Es ist ein langer Weg, um überhaupt kandidieren zu können. Und das kann in den USA im Grunde jeder.

Was schon in der Reagan-Ära auffiel, dann bei Bush und erst recht bei Trump: Viele Menschen in Deutschland treffen ihre Bewertung der USA allein aufgrund der Person, die gerade regiert. Wenn die einem nicht passt, ist gleich das ganze Land schlimm und man will nichts mehr damit zu tun haben. Das halte ich schon mit Blick auf die Zahlen für falsch. 2016 lebten in den USA rund 325 Millionen Menschen. 63 Millionen US-Amerikaner wählten Donald Trump. Wer also Amerika als Trump-Land ablehnte, tat gut 80 Prozent der Bevölkerung unrecht. Natürlich sind nicht alle wahlberechtigt und nicht alle Wahlberechtigten gaben ihre Stimme ab. Aber was will man denen vorwerfen? Jetzt ist Joe Biden Präsident – sind die USA damit wieder ein gutes Land? Falls ja: Was bedeutet es, dass Donald Trump

2020 mit mehr als 70 Millionen Stimmen sogar erheblich mehr Wähler hatte als vier Jahre zuvor? Im Grunde gilt es doch zu akzeptieren, dass ein Idiot an der Spitze nicht bedeutet, dass die anderen Amerikaner auch alle Idioten sind.

In den USA ist die Wahrnehmung der Deutschen viel wohlwollender als andersherum, wenngleich auf einem oberflächlichen Niveau. Die Mehrzahl der Leute denkt stabil positiv über Deutschland, auch wenn Trump nach Kräften Frau Merkel brüskiert. Die lieben Deutschland förmlich, es ist für sie eines der schönsten Länder der Welt – und das ganz unabhängig davon, wie sie die Kanzlerin finden oder ob die AfD stark an Zulauf gewinnt. Da ist alles so ordentlich und alles ist noch in Ordnung, so lautet das dominierende Deutschlandbild. Die Leute dort sind fleißig, sie sind zuverlässig, hochintelligent, gebildet. Es gibt super Ingenieure und eine tolle Kultur von Musik bis Malerei – und man isst den ganzen Tag Bratwurst.

Natürlich fehlt da häufig die genaue Kenntnis. Als meine Frau und ich kurz vor der Coronakrise in den Skiurlaub gefahren sind, habe ich am Flughafen mit einem Amerikaner gesprochen. Der erzählte, er habe so einen Trip gemacht: „Europe in ten days". Anschließend hat er von „Vienna, Germany" geschwärmt, also von Wien. Er sei auch in Budapest gewesen. „Is that Austria?", fragte er. „I don't remember." Aber er war ganz hingerissen. Die meisten Amerikaner allerdings waren noch nie in Deutschland. Und viele Amerikaner, die doch hingereist sind, hielten sich in Bayern auf. Für die ist Deutschland entsprechend bayerisch geprägt: Berge, Lederhose, Oktoberfest. Trump und sein Vizepräsident Mike Pence, ein totaler Dorftrottel, haben ja versucht, Deutschland zum Feindbild zu machen. In einer seiner Wahlkampfreden stellte Trump am 3. November in Pennsylvania Deutschland mit dem Iran und China auf eine Stufe – als Länder, die ihn loswerden wollten. Auch in der Gesellschaft ist eine deutliche Gegenbewegung zu spüren. Viele US-Amerikaner wollen klarmachen, dass sie gebildeter sind als Trump – und finden deshalb in Europa und Deutschland Verbündete im Geiste.

In Deutschland ist die Lage komplett umgekehrt. Es ist weniger die Regierung oder die Wirtschaft, die man für Amerika begeistern müsste. Sondern es ist der ganz normale Deutsche. Die Leute haben ja teilweise furchtbare Vorstellungen. Es gibt zum Beispiel kein Land der Welt, in dem ich gelebt habe, das so ein gutes Gesundheitswesen hat wie die USA. Die Krankenhäuser sind top – nicht nur im Vergleich zu dem provinziellen Krankenhaus in Warendorf. Auch die Krankenhäuser, die ich in Köln oder in Berlin kenne, sind nicht besser. Natürlich ist es ein Problem, dass viele Amerikaner keine Krankenversicherung haben. Aber das ist auch eine Einstellungssache. Der Amerikaner hält die individuelle Freiheit für so bedeutend, dass er sich nicht dazu zwingen lassen will, einer gesetzlichen Krankenversicherung anzugehören.

Dieses Denken gibt es auch in Europa. In der Schweiz etwa muss zwar jeder krankenversichert sein, aber das gilt nicht für die Zähne. Der normale Schweizer hat also keine

Krankenversicherung für Zähne, außer er schließt diese zusätzlich ab. Wenn man fragt, warum das so ist, dann sagen die Schweizer: „An Zahnschmerzen ist noch nie einer gestorben.“ Und wer schlechte Zähne hat, der muss eben mehr bezahlen als einer mit gesunden, der die Zähne immer schön putzt. Warum soll die Gemeinschaft dafür aufkommen? Und der normale Amerikaner möchte insgesamt selbst bestimmen, wofür er sein Geld ausgibt. Das prägt auch seine Wahlentscheidung, selbst wenn es kurzfristig gedacht ist. Und es kann in der Kombination dramatische Folgen haben: keine Krankenversicherung, zu hohe Schulden, zu wenig Vorsorge für die Pensionierung. Dem Durchschnittsdeutschen wird schon schwindelig, wenn er das nur liest.

Aber die Amerikaner haben eine andere Mentalität. Wenn ein Amerikaner Geld hat, gibt er das aus. Zum Beispiel für ein riesiges, teures Haus. Ist man kreditwürdig, dann bekommt man einen dicken Hypothekenkredit, zwanzig bis dreißig Jahre fest, zu minimalen Zinsen, mit lediglich 10 Prozent Eigenkapital. Man kauft ein Haus für 2 Millionen, hat da 200 000 eigenes Geld drinstecken, also relativ wenig, und einen Job, mit dem man die Zinslast bedienen kann. Wenn es gut geht, steigen die Preise und dann wird das Haus irgendwann verkauft. Dann kauft man ein noch größeres. Wenn es aber eine Krise gibt, bemerkt man auf einmal, wie reihenweise die Häuser zwangsversteigert werden, weil die Leute ihren Job verlieren und keine Absicherung haben. Genauso ist das bei Autos. Der Amerikaner sagt nicht: „Mein Lebenstraum ist, mal Ferrari oder Porsche zu fahren.“ Der Amerikaner least sich einen Ferrari, wenn er sich das leisten kann, und fährt dann da mal ein paar Jahre mit rum. Interessant ist: Wenn das alles finanziell nicht mehr funktioniert, dann akzeptieren die Leute das auch. Dann trifft man beim Limousinenservice auf Fahrer, die früher mal im Vorstand von einem Computerhersteller waren oder einst erfolgreiche Verkaufsleiter. Wenn sie ihre Kohle verballert haben, dann arbeiten die auch bis achtzig. Das ist eine andere Einstellung zum Leben.

Bei Jean de La Fontaine, dem französischen Dichter aus dem 17. Jahrhundert, gibt es so eine Story von der Ameise und der Grille. Die Grille fiedelt den ganzen Sommer rum und macht Party, während sich die Ameise den Arsch abarbeitet. Dann unterhalten sich die beiden darüber. Die Grille veräppelt die Ameise und die sagt dann immer: „Ja, wenn der Winter kommt, dann frierst du dir den Hintern ab und hast nichts zu essen.“ Und so passiert es dann auch. Der Amerikaner ist da eher auf der leichten Seite und will sich auch wenig vorschreiben lassen. Es hat Vor- und Nachteile.

Generell fällt auf: Es gibt große Unterschiede zwischen den USA und Deutschland. Und ebenso große Missverständnisse – in der Tendenz ist das in den vergangenen Jahren schlechter geworden. Deshalb habe ich gesagt: „Man muss sich ein bisschen engagieren für das transatlantische Verhältnis.“ Was ich dann tat, war aber auch einem Zufall geschuldet. So fragte man mich, ob ich Boardmember der Deutsch-Amerikanischen Handelskammer werden wolle. Ich habe gesagt: „Okay, da mache ich mal mit.“ Aber wenn ich ehrlich bin, hatte ich dafür überhaupt keine Zeit, bin nie hingegangen. Nach ein paar Jahren stießen ein paar jüngere Boardmember, die mich schon aus dem AGCO-Umfeld kannten, dazu und sagten: „Wir sind der Meinung, du wärst der ideale Chairman für diesen Laden." Ich antwortete: „Ja, da muss ich mal überlegen, ob ich dafür überhaupt Zeit habe." Und dann haben die mich ein bisschen überrumpelt. Denn ich bin in Abwesenheit gewählt worden, ohne das auch nur mit mir abzustimmen. Also meinte ich: „Na, dann muss ich wohl." Auch wenn ich mich nicht so als Funktionärstyp sehe, bin ich angetreten.

Der Erfolg dieser Tätigkeit bestand im Wesentlichen darin, dass wir die verschiedenen Kammern, die in Atlanta, New York und Chicago historisch entstanden waren, unter einem Dach zusammengeführt haben. Die sind immer getrennt aufmarschiert, was für die Lobbyarbeit in Washington nicht optimal war. Das war ein schwieriges Projekt mit Riesenstreit, ein richtiger Merger war nicht machbar, aber immerhin eine Holding. So gibt es heute eine Deutsch-Amerikanische Handelskammer, die unter wechselndem Vorsitz mit einer Stimme sprechen kann. Darunter operieren die lokalen Kammern unabhängig weiter.

Meine zweite Aktivität hat der frühere CEO von Porsche Cars North America, Peter Schwarzenbauer, angestoßen. Porsche hat seinen amerikanischen Hauptsitz auch in Atlanta. Der hat mich besucht und gesagt: „Wir haben hier ein Problem. Alle Firmen, die einen Bezug zu Deutschland haben, werden permanent besucht und gebeten, bestimmte Dinge zu unterstützen. Deutsche Schule, deutscher Chor, Germanistische Fakultät und so weiter. Das ist ja nicht effizient." Ich schlug vor, dass wir einfach mal zusammentragen, wer das alles ist. Und dann fragen wir, was genau die Institutionen eigentlich an jährlichem Sponsoringbudget brauchen. Dann machen wir einen Strich drunter und gucken, ob wir das nicht einfacher zusammenkriegen als über die Bettelrunde. Letztlich war das aufgerundet eine überschaubare Summe von etwa 100 000 Dollar. Als Antwort haben wir die German American Cultural Foundation gegründet, wo neben Porsche und AGCO auch weitere deutsche Firmen Mitglied geworden sind. Bis heute unterstützen wir gemeinsam die deutschen Aktivitäten – mit dem expliziten Ziel, die transatlantischen Beziehungen zu stärken. Die Foundation hat inzwischen auch einen Weihnachtsmarkt auf die Beine gestellt, den Atlanta Christkindl Market. Ich habe mich da aber rausgezogen. Wenn die Weichen gestellt sind, können andere besser weitermachen, die mehr Geduld haben.

Recht bald nach meinem Einstieg bei AGCO war ich zudem eine Zeit lang Mitglied im Aufsichtsrat des Atlanta Symphony Orchestra. Das fand ich super interessant, weil ich erstens mit dem Dirigenten reden konnte. Ein toller Mann, Bachexperte – und ich bin Bachliebhaber. Und zweitens durfte man auch gelegentlich beim Vorspielen dabei sein. Wenn also ein zweiter Geiger gesucht wurde, durfte ich zugucken. Zur transatlantischen Angelegenheit wurde es, als das Orchester und der Chor zu gemeinsamen Konzerten mit den Berliner Philharmonikern eingeladen wurden. Da kam natürlich sofort die Frage: „Und was bezahlt jetzt AGCO?“ Wir waren damals noch kleiner, also habe ich zurückhaltend geantwortet, aber versprochen, dass ich mich mal um das Sponsoring kümmere. So ein Orchester und ein Chor sind schon ziemlich viele Leute. Und die haben unglaublich viel Equipment. Ich habe zuerst mit der Lufthansa gesprochen und gesagt: „Ihr müsst den Chor und das Orchester kostenlos nach Berlin fliegen und wieder zurück. Wenn ihr das nicht macht, macht das Delta.“ Mit Delta Air Lines, der direkten Konkurrenz aus Atlanta, hatte ich noch gar nicht gesprochen, aber ich bekam die Zusage von der Lufthansa. Nach ähnlichem Muster übernahm dann das Hilton die Unterbringung. So blieb am Ende nichts mehr übrig, was AGCO hätte bezahlen können.

Schließlich kam die Anfrage, Mitglied im Aufsichtsrat der Amerikanischen Handelskammer zu werden. Ich empfand das als Auszeichnung und habe es zwei Turns gemacht, danach muss man abtreten und eine Pause einlegen. Anschließend kam die Kammer erneut und fragte, ob ich noch einmal zwei Turns machen wolle. Auch da habe ich zugesagt. Ich war in der Zwischenzeit zwar amerikanischer Staatsbürger geworden, aber natürlich trotzdem immer noch ein Immigrant. Ich fühlte mich hier allerdings ganz gut vernetzt und insbesondere gut aufgenommen.

Inzwischen habe ich meine Ämter bei diesen Kammern und Institutionen alle niedergelegt. Ich bin ja jetzt Privatmann, im Ruhestand. Aber eine Funktion werde ich noch ausüben: Ich bin Chairman des American Institute for Contemporary German Studies, kurz AICGS. Das ist ein sogenannter Thinktank, der an eine Universität angegliedert ist, die man seit Kurzem in Deutschland auch gut kennt, weil sie in der Coronakrise Fallzahlen erhebt: die Johns Hopkins University in Washington. Das AICGS ist politisch neutral und will in transatlantischen Fragen Berater für Politiker, Manager oder Journalisten sein. Dort werde ich mich hoffentlich noch eine Zeit lang sinnvoll betätigen können. Sinnvoll heißt: verbindend.

Der Trend, der sich abzeichnet, ist ja gegenläufig: weg von der Globalisierung, hin wieder zum Nationalstaat und hin zu einem ganz starken nationalistischen Egoismus. Für einzelne Länder könnte das sogar funktionieren. Amerika ist groß und hat fast alles an Bodenschätzen und Ressourcen, was notwendig ist. Und deshalb kann man sich schon vorstellen, dass Amerika auch ohne Europa, Südamerika und China zurechtkommen könnte. Die Chinesen sind ein bisschen abhängiger, aber auch sehr groß. Doch was heißt das für Deutschland? Für Deutschland wäre es eine Katastrophe, wenn jetzt alles wieder auf nationalistisches Kleinstaatentum hinauslaufen würde. Die deutsche Wirtschaft basiert auf ihrer Exportstärke, die deutschen Politiker denken in globalen Kategorien. Doch dafür braucht es Partner und stabile, verlässliche Beziehungen.

Wir haben es uns in Deutschland oft zu leicht gemacht. In der Vergangenheit war es ja so, dass die Amerikaner die Rolle der Weltpolizei innehatten und diese auch für sich reklamiert haben. Wo immer es etwas zu regeln gab, traten die Amerikaner vor und sagten: „Okay, da kümmern wir uns drum." Ob das jetzt Vietnam war oder Korea. Oder der Irak, der Iran, Afghanistan. Bei solchen Entscheidungen ist ja immer die Frage: Ist das richtig oder falsch, dass man sich da engagiert? Ich persönlich bin jemand, der militärische Auseinandersetzungen nicht für besonders effizient hält. Aber manchmal kann man sie eben nicht vermeiden. Nun haben aber die Amerikaner in der Zwischenzeit beschlossen, dass sie nicht mehr immer die Weltpolizei sein wollen. Man kann es verstehen: Sie engagieren sich – und werden immer wieder allein gelassen. Da kommt keiner und sagt: „Jetzt helfen wir denen."

Die unterschiedlichen Rollen von Amerika und Deutschland werden für mich am Memorial Day besonders augenfällig. Am letzten Montag im Mai wird jedes Jahr der Soldaten gedacht, die im Krieg für die USA gefallen sind. Duluth, wo ich lebe, kann man sich als eine Kleinstadt im Speckgürtel von Atlanta vorstellen. Wenn man dort am Memorial Day die Hauptstraße entlangfährt, stehen rechts und links des Weges weiße Kreuze mit den Namen der Gefallenen. Man liest: Erster Weltkrieg, Zweiter Weltkrieg, Korea, Vietnam. Das kann man ja alles noch so einigermaßen verdrängen. Aber dann gibt es Leute, die vor wenigen Jahren oder gerade erst kürzlich in den Krisengebieten gestorben sind. Ich habe hier eine Bekannte. Deren Sohn war der Meinung, er müsse sich freiwillig melden, und er war dann in Afghanistan. Der war toll in der Schule, super im Studium. Und jetzt ist er ein gebrochener Mann. Aus dem Krieg ist er völlig gestört zurückgekommen. Da sagen viele Amerikaner: „Warum sollen wir das eigentlich machen? Warum sollen wir unsere Kinder da verheizen? Das ist nicht unsere Aufgabe."

Das muss man den Europäern und vor allen Dingen den Deutschen erklären. Sie müssen sich schon überlegen: Wie kann man das gemeinsam regeln? Ich halte Institutionen wie NATO und UNO für sehr vernünftig, weil es ein internationales Engagement geben muss. Und ich glaube, dass die Europäische Union da noch längst nicht alle Möglichkeiten ausgeschöpft hat. So wäre ich persönlich für eine Abschaffung der nationalen Militärs, die durch eine EU-Truppe ersetzt werden. Ich bin auch dafür, eine einheitliche EU-Steuer- und Finanzpolitik zu schaffen, außerdem eine EU-Außenpolitik, die für alle Länder gilt. Ich weiß, dass das eine umstrittene Vision ist. Aber der Gedanke, den Winston Churchill nach dem Zweiten Weltkrieg äußerte, den teile ich: Die United States of Europe entsprechen genau meiner Vorstellung. Die heutige Brüsseler Ineffizienz würde man damit auch besser in den Griff bekommen. Mir ist schon klar: Die United States of Europe werde ich nicht mehr erleben.

Nicht nur Amerika verändert sich. Das Land ist eher Vorreiter für Trends, die mich besorgt stimmen. Wie es ist, wenn sich Populisten mit ihren nationalistischen Ideen durchsetzen, sieht man nicht nur bei Trump, sondern auch in Polen, in Ungarn, in England, in Israel und Brasilien. Ich halte den Nationalismus für ein veraltetes Modell, weil es schon in der Vergangenheit nicht besonders gut funktioniert und immer wieder zu Konflikten geführt hat. Ich glaube schon, dass eine international koordinierte Politik und eine globale Wirtschaft effizienter sind.

Nationalismus ist nicht nur ein politischer Begriff, sondern er steht in untrennbarer Beziehung zur Wirtschaft: Die deutschen Unternehmen müssen lernen, dass sie nicht nur Exportweltmeister sind. Sie müssen auch dort investieren, wo Arbeitsplätze benötigt werden. Deutsche Unternehmen müssten sich nach meiner Überzeugung eigentlich in Griechenland und in Portugal engagieren. Das habe ich bereits in einem Interview geäußert, woraufhin mich der griechische Wirtschaftsminister zu einem Gespräch einlud, das dann aber aufgrund der Coronabeschränkungen nicht mehr stattfand. Deutschlands Politiker und Wirtschaftslenker können andere Staaten nicht nur einfach als Märkte mit Absatzchancen betrachten, sondern wir müssen uns auch überlegen: Was heißt das, wenn es in Griechenland keine Industrie mehr gibt? Wie soll so ein Land noch funktionieren? Da haben die Deutschen eine Verantwortung, genau wie die Amerikaner auch.

Also müssen wir uns gemeinsam überlegen, wie das zu schaffen ist. Und es mag simpel klingen, aber die Lösung beginnt eigentlich mit dem Reden. Die Deutschen und die Amerikaner müssen wieder mehr miteinander sprechen. Genauso die Deutschen und die anderen Europäer. Denn das Thema ist eigentlich europäisch-amerikanisch. Reden hilft.

Natürlich: Verständigung war nicht die Marschrichtung des bis vor Kurzem amtierenden amerikanischen Präsidenten. Trump sah und sieht ja die Welt wie einen Markt, in dem verschiedene Wettbewerber tätig sind. Da sind die Amerikaner und die Deutschen, die Brasilianer, die Chinesen. So einem ist es nur recht, wenn die EU als Gemeinschaft nicht funktioniert, weil sie dadurch schwächer wird. Trump hat destabilisiert und fragmentiert, wo er nur konnte. Um sich Länder dann jeweils einzeln vorzunehmen – als aus seiner Sicht schwächeren Wettbewerber. Das war sein Vorgehen. Das Gegenmittel liegt auf der Hand: Europa muss seinen Zusammenhalt stärken. Das müssen wir schon alleine hinkriegen, auch mit einem Präsidenten Biden. Europa muss einen Weg finden, stärker mit einer Stimme zu reden, anstatt mit 27 verschiedenen.

Der französische Präsident Emmanuel Macron ist da auf dem richtigen Weg. Macron ist meiner Meinung nach ein echter Europäer, der sich wirklich Gedanken darüber macht, wie man die EU auf Vordermann bringen kann. Wenn er redet, nehme ich ihm seine innere Überzeugung ab. Ich halte ihn für intelligent, für gebildet und für jemanden, der ernsthafte Ideen und Visionen hat. Leider hat er keinen starken Partner an seiner Seite. Würde Deutschland nicht so zaudern, dann könnte man aus Europa schon etwas mehr machen. Das *Wir* müssen wir in Deutschland erst wieder lernen. Wir sollten uns nicht auf kritischer Distanz halten, sondern als europäische Mitstreiter begreifen.

Nur Mut

Warum Deutschland Amerika vertrauen kann, wieso Joe Biden eine echte Chance ist – und wie wir mit einer starken transatlantischen Verbindung die Menschheitsthemen angehen können.

Mein Tag hier in Duluth beginnt mit Lesen. Das klingt jetzt vielleicht schockierend, aber nach dem ersten Kaffee lese ich jeden Morgen online im Kölner *Express* mein Horoskop. Das stimmt fast immer. Als Nächstes *Bild* für die Headlines. Anschließend lese ich ein paar Reitsportzeitungen, dann noch sehr regelmäßig die *FAZ*. Ich gucke aber auch mal in die *Süddeutsche*, in die *Welt* und in die *Glocke*. Das ist die lokale Zeitung in Warendorf. Weiter zum *Kölner Stadt-Anzeiger* oder der *Kölnischen Rundschau*, wo inzwischen kein großer Unterschied mehr zu erkennen ist. Dann *manager magazin*, *WirtschaftsWoche*, *Handelsblatt* – die Wirtschaftsmedien. *Wall Street Journal* und *New York Times* natürlich. Das dauert ungefähr eine Stunde. Danach fühle ich mich relativ gut informiert. Nicht nur über die Dinge, sondern auch über die Meinungen.

Unmittelbar nach der US-Wahl waren die deutschen Zeitungen voll mit mehr oder weniger klugen Reflexionen über das deutsch-amerikanische Verhältnis. Biden wird als Chance begriffen, und das völlig zu Recht. Wenn er mit Frau Merkel telefoniert, ist das in diesen Zeiten ein Seiteeins-Thema in Deutschland, klar. In Amerika taucht das unter „ferner liefen" auf. Frau Merkel hat in Amerika zwar ein sehr gutes Image. Aber in der Nachwahlperiode war Deutschland für die amerikanischen Medien kein Thema. Null. Das ist Teil des deutschen Problems: Die Deutschen können sich eigentlich gar nicht vorstellen, wie unwichtig sie in der öffentlichen Wahrnehmung hierzulande sind.

Der Tenor der Berichte in Deutschland war ja: Mit Biden haben wir eine Chance, die gestörten Beziehungen neu aufzubauen. Aber: Es müssen wohl wirklich neue Beziehungen werden, die gute alte Zeit ist vorbei. Und so ist es. „America First" – dieser Anspruch wird auch unter Biden bleiben. Ein gewisser staatlicher Egoismus ist legitim, aber die Wahl der Mittel wird eine andere sein. Ich habe per Briefwahl mein Kreuzchen gemacht. Viele inhaltliche Gründe, die Biden selbst produziert hat, gab es für mich ehrlich gesagt nicht. Aber ich dachte, ich müsste meinen Beitrag leisten, um Trump aus dem Amt zu entfernen. Es konnte nur besser werden.

Wie aber lässt sich die transatlantische Agenda neu definieren? Es geht um mehr als nur den Verzicht auf lähmende Zollkriege und die Rückkehr zu den Werten des Freihandels. Die dunklen Jahre unter Trump haben gezeigt, dass es angesichts des globalen Anstiegs des Autoritarismus um die Verteidigung demokratischer Werte insgesamt geht. Es geht nicht zuletzt um die Bewahrung der Lebensgrundlagen für alle Menschen, den Klimaschutz, eine globale Strategie gegen Bedrohungen wie die Coronapandemie. Dass sich Amerika unter Biden wieder zu internationalen Organisationen und auch zum Pariser Klimaabkommen bekennen wird, das steht wohl außer Frage.

Bidens Vorteil ist, er überzeugt auf der menschlichen Ebene. Es wirkt ja fast erlösend, jemanden zu haben, der integer rüberkommt. Er agiert überlegter, er hat das Zeug zu einem Integrator. Natürlich: Er war 77 Jahre alt, als er gewählt wurde, das ist nicht besonders vorteilhaft. Man muss schon ins Kalkül ziehen, dass man mit 78 möglicherweise keine vier Jahre Volldampf liefern kann. Aber mit Kamala Harris steht ihm eine Frau zur Seite, die übernehmen könnte. Ich halte das Szenario nicht für unwahrscheinlich, dass er vorzeitig das Präsidentenamt an sie übergibt. Er hat sie vermutlich unter diesem Aspekt ausgewählt.

So wie ich Biden einschätze, funktioniert für ihn „America First“ nicht über die Schwächung des Restes der Welt. Anders als Trump wird er nicht an einem schwachen Europa interessiert sein. Das war tatsächlich eine aggressive und ineffektive Sonderrichtung, die Trump eingeschlagen hatte. Auch im republikanischen Lager herrscht keineswegs Einigkeit. Ich weiß definitiv, dass die gesamte Familie Bush das komplett anders sieht als Trump und die Abkehr vom einstigen Partner Europa für einen Fehler hält. Nicht von ungefähr war George W. Bush einer der ersten republikanischen Gratulanten – mit explizitem Verweis darauf, dass alles fair abgelaufen sei. Während Trump weiter von der „gestohlenen Wahl" fabulierte.

Viele Demokraten sind extrem offen und zeigen sich interessiert an einer starken transatlantischen Verbindung. Auf der Sicherheitskonferenz in München konnte man das alljährlich gut beobachten: Da kamen immer die mächtigen Demokraten wie John Kerry oder auch Joe Biden – und beschworen den Schulterschluss zwischen Europa und den USA. Auch Obama nannte Europa vor sieben Jahren noch den „Grundpfeiler" des internationalen Engagements der USA. Dabei hatte er faktisch bereits andere Prioritäten gesetzt.

Noch in den frühen 2000er-Jahren unter George W. Bush war die Welt aus Sicht der Amerikaner im Prinzip geordnet: Die Feinde waren die Russen und die Chinesen. Und dann gab es Freunde: Deutschland stand trotz zweier Weltkriege ziemlich weit oben auf dieser Liste, neben England und Frankreich. Obama hat sich hingegen für Europa längst nicht mehr so stark interessiert wie für Südostasien, Australien, Japan und China. Bei Trump ist das insofern entartet, als er in Kim Jong-un in Nordkorea und dem chinesischen Präsidenten Xi Jinping neue Freunde entdeckt hat – in einer Art irrationaler Hassliebe, die man gar nicht nachvollziehen kann. Zugleich haute er auf Deutschland rum, auf Frankreich, Spanien, Italien und so weiter. Da hätte eigentlich die Diplomatie eingreifen müssen.

Macron hat es mit Trump im Grunde ganz gut gemacht. Es ging zunächst um Äußerlichkeiten und Symbole, so einfach ist Trump ja gestrickt. Macron hat Trump mit großen Paraden und tollen Banketten beeindruckt. Mit Kleidung, mit dem Schmuck seiner Frau, mit einem ewigen Händedruck. Aber obwohl die beiden ja schon physisch sehr unterschiedlich wirken, hatte man nie den Eindruck, dass Macron der Unterlegene ist. Man hatte den Eindruck, der Macron führt den amerikanischen Bären ein bisschen an der Nase rum. Er hat ihn lächerlich gemacht. Und dennoch war das Verhältnis von Macron und Trump vermutlich besser als das Verhältnis von Merkel und Trump.

Ich hatte auf der einen Seite großes Verständnis dafür, dass Frau Merkel sich für diesen, ich sage mal, Kotzbrocken nicht besonders begeistern konnte. Trotzdem ist es natürlich die Aufgabe einer Kanzlerin, eine vernünftige Kommunikation herzustellen. Und das hat sie unterlassen. Sie hat nach meinem Eindruck versucht, das Ding auszusitzen. Der bis Mitte 2020 in Berlin installierte amerikanische Botschafter, der republikanische Hardliner Richard Grenell, half in dieser Situation natürlich auch nicht. Mein Empfinden ist, dass die Hauptlast bei Frau Merkel liegt, wenn es darum geht, die deutsch-amerikanischen Verhältnisse vernünftig auf die Schiene zu bringen. Egal wer da im Weißen Haus sitzt. Außenminister Heiko Maas – ich glaube, der ist ein lieber Kerl. Aber er wird natürlich im Ausland nicht so wirklich ernst genommen, wenn er in seinem Kommunionsanzug in der Gegend rumläuft wie so ein 25-jähriger

Unternehmensberater. Wir hatten schon Außenminister mit mehr Identität und mehr Glaubwürdigkeit.

Auf die neue Regierung in den USA kommen innenpolitisch viele Aufgaben zu. Es sind in Wirklichkeit nicht zwei Lager, die wieder enger zusammenzubringen sind. Es sind mindestens vier: Es gibt die rechtsradikalen Republikaner und die moderaten. Und es gibt die linksradikalen Demokraten und die liberalen. Dass die Lager wieder mehr gemeinsame Schnittmengen finden und das zerrissene Land wieder mehr zusammenwächst, ist besonders eine Frage der Wirtschafts- und Sozialpolitik. Die Amerikaner müssen es schaffen, ihre sozial schwachen Schichten finanziell wieder zu stärken. Arbeitsplätze, Löhne, Krankenversicherung – das sind die Baustellen, die ich für ganz wichtig halte. In einem Land, in dem es allen möglichst gut geht, gibt es immer weniger Spaltung als in einem Land mit großer Ungleichheit.

Mit dieser Positionierung und mehr Stabilität im Inneren müssten die Amerikaner auf die Idee kommen, dass sie auch in Zukunft eine wichtige Rolle als Weltmacht spielen wollen. Und zwar nicht als Zuschauer, sondern als aktiver Teilnehmer. Dazu gehören die Welthandelsorganisation WTO, die NATO, die WHO als Gesundheitsorganisation der UNO. Auch die Umweltschutzabkommen zählen dazu. Doch nicht nur die Amerikaner müssen sich dafür bewegen. Die Kritik an diesen großen, wenig effizienten Institutionen und Organisationen ist ja nicht ganz falsch. Es wäre sinnvoll, dass ein Gespräch stattfindet, wie man die

Institutionen so gestalten kann, dass auch die Amerikaner wieder mitmachen. Also, es wäre sehr wichtig, die Kritik an der aktuellen Verfassung der NATO oder auch der Vereinten Nationen konstruktiv aufzunehmen – und da sind natürlich mehr gefragt als nur wir Deutschen.

Dennoch muss auch die deutsche Seite in sich gehen. Zwei große Themen kommen da erkennbar auf uns zu: die Debatte um die Höhe unserer Verteidigungsausgaben zum einen und um unseren Exportüberschuss zum anderen. Viele Stimmen sagen ja: Wir müssten endlich unsere versprochenen NATO-Beiträge abliefern, also die angestrebten 2 Prozent des Bruttoinlandsproduktes, so wie es der 2014 beschlossene Richtwert sagt. Deutschland lag 2019 bei 1,4 Prozent. Trump schlussfolgerte per Twitter, Deutschland sei „sehr säumig" – und zog dort Truppenteile ab. Doch erstens war der Wert von 2 Prozent auf 2024 gemünzt und es geht zweitens um eine Annäherung. Hinzu kommt: Wir haben nach meiner Einschätzung mindestens ein gutes Argument, um einen Discount bei den Rüstungsausgaben einzufordern. Denn das, was wir an Entwicklungshilfegeldern mehr ausgeben als andere Länder, könnte man durchaus in Rechnung stellen. Deutschland löst Probleme, bevor sie aufkommen, bekämpft Fluchtursachen, verhindert so auch Militäreinsätze. Das ist viel zeitgemäßer – aber man sollte es auch einmal kommunizieren.

Zum Zweiten müssen wir uns tatsächlich überlegen, wie wir langfristig mit unserem Handelsbilanzüberschuss umgehen. Also wir müssen nicht nur exportieren, sondern wir müssen auch in unseren Hauptmärkten investieren und Jobs schaffen. Da ist die Wirtschaft gefordert, und ich glaube, da ist auch einiges in Bewegung. Es ist ja trotz aller Blockaden so, dass Deutschland 2019 in den USA Exportüberschüsse in Höhe von 47,3 Milliarden Euro erwirtschaftet hat. Dieser Wert ist beständig gestiegen – und es ist unser weltweit größter Exportüberschuss. Die Differenz war also aus deutscher Sicht größer als bei jedem anderen Staat der Welt. Das ist natürlich ein Thema. Aber auch hier müssten Deutschland und Europa argumentativ einmal gegenhalten, denn die ganzen amerikanischen Digitalkonzerne werden in der Rechnung weitgehend unterschlagen.

Man müsste der amerikanischen Regierung klarmachen, welche attraktiven Geschäfte die global agierenden amerikanischen Digitalkonzerne wie Google und Facebook in Europa und in Deutschland machen, ohne überhaupt in der Handelsbilanz aufzutauchen. Die globalen IT-Firmen erzeugen auf dem Papier die ganzen Umsätze und Gewinne in Amerika. Auch Microsoft betrifft das. Deren Deutschlandgeschäfte werden nicht als US-Export registriert und gleichen daher auch nicht das US-Handelsbilanzdefizit aus. Oft läuft es dann so, dass irgendwo eine Holdinggesellschaft etwa in Liechtenstein eingerichtet wird. Hinzu kommt: Die Digitalkonzerne machen in Europa Geschäfte, ohne nennenswert Steuern zu hinterlassen.

Es wäre nicht allzu schwer, das in die Köpfe in Washington zu bringen: Ich würde der deutschen Regierung zum Thema Handelsbilanz anraten, eine ganz einfache

Powerpoint-Präsentation mit wenigen Bullets und Fakten anzufertigen, die man 2500-mal wiederholt, also bei jedem Anlass. Genau das wäre eine Aufgabe für Herrn Scholz, mal so eine kleine Präsentation für Frau Merkel und Herrn Maas zu basteln. Und die müssten dann damit jeden zweiten Tag in den USA in der Presse aufschlagen.

In der Politik gilt ja leider das, was Heiner Geißler mal formuliert hat: Emotionen werden dort zu Fakten. Das macht das Ganze ein bisschen kompliziert. Ob es um das Management der Coronakrise geht oder um die Energiewende oder Elektromobilität: Die Politik entscheidet für meinen Geschmack zu oft nach Emotionen. Wirtschaft und Politik haben natürlich zahlreiche gemeinsame Interessen: Arbeitsplätze, Steuern – die Schnittmengen sind groß. Nur: In der Wirtschaft arbeiten wir natürlich schon ganz gerne mit echten Fakten.

Ich bin nie Mitglied einer Partei gewesen. Und auch wenn die Tür in die Politik mitunter einen Spalt offen zu stehen schien: Mich hätte es als Politiker nicht geben können. Einmal bin ich gefragt worden, ob ich Oberbürgermeister von Köln werden möchte. Nachdem Fritz Schramma seinen Rücktritt angekündigt hatte, fragte mich der damalige Ministerpräsident in Nordrhein-Westfalen, Jürgen Rüttgers, nach meinen Ambitionen. Es gab wohl ein paar Leute in der CDU, die der Meinung waren, dass ein Kölner, der aus der Wirtschaft kommt, ganz gut geeignet wäre. Ich habe freundlich abgelehnt. Ich glaube nicht, dass Politik etwas für mich wäre. Es wäre erstens sehr schwer für mich, diese komplizierten Entscheidungsprozesse zu akzeptieren. Dagegen gleicht ein Unternehmen einer Diktatur, erst recht in Amerika. Zum Zweiten habe ich hohe Achtung vor der Tatsache, dass Politiker im Prinzip rund um die Uhr im Einsatz sind – inklusive aller Empfänge und Schützenfeste. Je größer das Amt, umso mehr Verpflichtungen.

Nichtsdestotrotz war ich von einer anderen Idee ganz angetan. Als bei Herman Cain im Präsidentschaftswahlkampf 2012 die Zustimmungswerte in den Umfragen nach oben gingen, machte er mir den Vorschlag, dass ich im Falle seines Wahlsiegs für ihn als amerikanischer Botschafter nach Berlin gehen solle. Ein sehr attraktives Angebot. Das hätte ich auch mit Freude gemacht. Weil es mir aber zeitlich nicht so ins Konzept passte, habe ich ihm gesagt, es wäre für mich besser, wenn er bei dieser Wahl nicht gewinnt, sondern lieber vier Jahre später. Dann könnte man ja noch mal darüber reden.

Bei der Bewertung von Politikern konnte ich zwischen meiner Meinung als Privatmann und der als Unternehmenslenker schlecht trennen: Das Urteil fiel meist zusammen. Als Vorstandsvorsitzender habe ich bei Politikern natürlich vor allem auf ihren wirtschafts- und handelspolitischen Einschlag geachtet. Aber eines habe ich mir abgewöhnt: Die Frage, zu welcher Partei jemand gehört und zu welcher politischen Richtung. Ich fuhr immer gut damit, das möglichst außen vor zu lassen.

So habe ich vor einigen Jahren auch mit dem brasilianischen Präsidenten Luiz Inácio Lula da Silva, kurz Lula, verhandelt. Es ging um die kartellrechtliche Zustimmung zu einer Akquisition in Brasilien. Ob er als Mitgründer der Arbeiterpartei jetzt Sozialist, Sozialdemokrat oder was auch immer ist, war mir egal. Er war ja auch mal einflussreicher Betriebsrat bei VW do Brasil – und ich habe festgestellt: Lula war jemand mit großem Verständnis für die Wirtschaft. Als Mann der Wirtschaft habe ich gelernt: Wer bei Politikern etwas erreichen und bewirken will, muss intelligent kommunizieren. Es brauchte allerdings eine Zeit, bis ich das raushatte. Am Anfang habe ich zu viel gepoltert.

Ich erinnere mich an einen Wirtschaftsgipfel der *Süddeutschen Zeitung* im Jahr 2010 im Adlon. Da saß ich als Vertreter der Wirtschaft mit auf dem Panel, mit Putin und Merkel. Wirkliches Vertrauen zwischen den beiden war nicht zu spüren. Es war extrem spannend zu beobachten, wie die beiden miteinander umgingen. Der Putin spricht fließend Deutsch, die Merkel fließend Russisch. Und trotzdem haben sie sich immer alles übersetzen lassen, um mehr Zeit zu haben, ein bisschen nachzudenken. Damals hatte ich noch große Hoffnungen, dass Russland ein wirklich integrierter Teil von Europa wird. Dann hat Putin es vermasselt, wir aber auch. Ich hatte später eine interessante Diskussion mit Frau Merkel über die Wirtschaftssanktionen, die infolge der Annexion der Krim 2014 gegen Russland ausgesprochen worden waren. Ich sagte: „Ich verstehe, dass die Russen in der Ukraine Fehler gemacht haben. Und ich kann verstehen, dass wir mit entsprechenden Maßnahmen reagiert haben. Aber was sind denn die Konditionen, unter denen man sie wieder beendet?" Und sie sagte sinngemäß: „Ja, wenn die Russen sich aus der Ukraine zurückziehen." Für mich heißt das: nie. Dass die Russen sich komplett aus der Krim zurückziehen, das war nicht vorstellbar. Die Wirtschaft würde mit diesen Sanktionen für immer leben müssen. Merkel aber zog einen Vergleich: „Wenn der Westen, die Bundesrepublik Deutschland und Amerika, nicht die Forderung nach der Wiedervereinigung immer wieder bedient hätten, wäre es nie zur Wiedervereinigung gekommen." Das sind so Dinge, wo man dann sagt: „Na ja, vielleicht ist ja doch was dran."

Es gibt sie eben, die berühmten „windows of opportunity": Zeitfenster, in denen etwas Großes möglich ist. Die sich aber auch wieder schließen, wenn man sie nicht nutzt. Ein Beispiel ist der EU-Beitritt der Türkei: Ich glaube, wenn man die Türkei vor Jahren in die EU aufgenommen hätte, wäre es vielleicht gelungen, sie besser einzubinden. Jetzt haben sich die Türken so stark in die antidemokratische Richtung entwickelt, dass man sie sich kaum noch als EU-Mitglied vorstellen kann. Leider wirkt das zunehmend unversöhnlich.

Einer, der konsequent der internationalen Zusammenarbeit das Wort redet, ist Joschka Fischer. Seine These unterschreibe ich: Gerade wo sich die Interessen zu atomisieren drohen, braucht es eine starke Gegenbewegung. Er nennt es ein neues Zeitalter der multinationalen Zusammenarbeit. Wir brauchen gestärkte multinationale Institutionen, die effizient und durchsetzungsstark agieren. Anders bekommen wir Menschheitskrisen wie den Klimawandel nicht gelöst. Die Supermächte USA und China müssen ihre Rivalitäten beenden, fordert Fischer. Ich denke, so schlicht und möglicherweise naiv das nach dem Säbelrasseln der vergangenen Jahre klingt: Es ist wahr.

In diesem Zusammenhang fiel mir eine Aussage von Mathias Döpfner als besonders merkwürdig auf. Der Vorstandschef des Axel-Springer-Konzerns forderte noch während der Präsidentschaft von Donald Trump, dass sich Deutschland und Europa gemeinsam mit den USA für ein konsequentes Abkoppeln von China entscheiden sollten. Wahrscheinlich schon ein Blick über Trump hinaus. Dennoch halte ich das für Blödsinn. Es ist von der Denkweise her nichts anderes als dieser wieder aufkeimende Nationalismus, nur in einer etwas anderen Kombination.

Die Wohlfahrt eines Wirtschaftsraumes auf Kosten eines anderen steigern zu wollen, halte ich für völlig falsch. Nach meiner festen Überzeugung funktionieren Wirtschaft und Politik nur mit Offenheit und Respekt. Die Zusammenarbeit mit den Chinesen ablehnen zu wollen, wirkt zudem einigermaßen weltfremd. Ich glaube, dass es nicht gut ist, wenn man solche Baustellen aufmacht. Die gegenseitige Abhängigkeit ist so groß, dass Amerika und China gar nicht anders können, als noch mal einen Schritt aufeinander zuzugehen.

Dazu muss man verstehen: Die Chinesen haben ein anderes Verständnis von der Gesellschaft. Ihr autoritär geplanter und dennoch wilder Weg zwischen Kapitalismus und Kommunismus ist vor allem von dem Bestreben geprägt, dass im Endeffekt alles unter Kontrolle der Partei bleibt und nicht eskaliert. Was für westliche Demokraten schwer zu verstehen und zu akzeptieren ist: Es gibt nur wenige Chinesen, die sich beschweren. Sie arrangieren sich, so scheint es zumindest, in den meisten Fällen mit einem Trade-off: individueller Wohlstand zum Preis von Disziplin und einer Einschränkung bezogen auf die persönliche Freiheit. Wer allerdings als westlicher Politiker oder Wirtschaftsboss nach China kommt, sollte seine eigene Freiheit nutzen, um Dinge anzusprechen, die definitiv falsch laufen. Ich halte es für einen Fehler, wenn man versucht, diesen chinesischen Mustern zu folgen und heuchlerisch am Flughafen von Peking, Hangzhou oder Schanghai seine politische Meinung zugunsten des Geschäfts ablegt.

Mein Eindruck ist: Die Chinesen lieben Verhandlungen, gerne auch ritualisiert, deshalb dauert das alles etwas länger. Und es ist wichtig, dass die Verhandlungspartner eine Lösung finden, bei der niemand sein Gesicht verliert. Wenn man aber eine solche Vereinbarung getroffen hat, dann sind die Chinesen aus meiner Erfahrung zuverlässig. Ich würde denken, das bezieht sich auch auf die Politik. Natürlich wird zuvor mit allen Tricks und Finessen gearbeitet, keine Frage.

Wir haben mit AGCO ein Mähdrescherwerk in China gekauft. Das war privatisiert worden und gehörte jetzt dem Bürgermeister einer großen Stadt mit zwei, drei Millionen Einwohnern. Für chinesische Verhältnisse war es natürlich eine kleine Stadt. Wir machten eine Due-Diligence-Prüfung mit zwei externen Auditfirmen, also einen sorgfältigen Check aller Rechts-, Geschäfts- und Vermögensverhältnisse dieser Mähdrescherfabrik. Ergebnis: Sie haben uns trotzdem total über den Tisch gezogen. Konkret waren die genannten Absatzzahlen mindestens um ein Drittel, vielleicht sogar um 50 Prozent höher als in der Realität. Alles war gefälscht. Und dann habe ich mich mit dem Mann getroffen, der noch 20 Prozent Anteile an der Firma hatte. Ich sagte ihm: „Sie haben zwei Möglichkeiten: Entweder ich gehe mit diesem Thema an die Öffentlichkeit", was in China möglicherweise auch mit langen Gefängnisstrafen verbunden ist. „Oder wir einigen uns." Und die Einigung sah so aus, dass der Bürgermeister zu einem sehr symbolischen Preis seine 20 Prozent an uns abgegeben hat. Und dann stimmte der Deal wieder.

Wenn ich an China denke, kommt mir immer wieder meine allererste Pekingreise in den Sinn. Es war in den 80er-Jahren, als man als Westler in China eigentlich nur nach Peking reisen konnte. Es war eine total graue Stadt. Es gab keine Reklame, keine bunte Reizüberflutung wie heutzutage und wenig Autoverkehr. Aber Tausende von Menschen, die mir alle gleich gekleidet vorkamen und die sich auf grauen oder schwarzen Fahrrädern mehr oder weniger geräuschlos durch die Gegend bewegten. Das ist für mich schon beeindruckend gewesen.

Und dann war ich, der Stahlhändler, in einem Hotel untergebracht, das die Regierung organisiert hatte. Im sogenannten Negotiation Building Nr. 113, also einem Bürogebäude speziell für Verhandlungszwecke, traf ich auf den Einkäufer der chinesischen Seite. Wir stellten bei Hille & Müller ja Spezialstähle her, aber die Chinesen wollten uns nicht verraten, wer der Kunde ist und was damit gemacht wird. Dann haben wir ihnen den Stahl verkauft. Ich habe ihnen aber gesagt, das funktioniert so nicht. Ihr braucht, wenn ihr das Zeug kauft, technische Betreuung und technische Informationen, wie man den Stahl verarbeitet.

Da haben die nur gelacht, darüber war nicht zu reden. Beim nächsten Besuch hatten sie den ganzen Kram bereits in den Schrott gefahren, weil nichts richtig funktioniert hatte. Und dann auf einmal durften wir wissen, wer der Abnehmer ist, was der Verwendungszweck ist und so weiter. Wir durften die Verarbeitung aber immer noch nicht sehen – das hat dann noch mal ein Jahr gedauert. Am Ende waren sie aber vergleichsweise zuverlässige und ordentliche Partner. Die Zusammenarbeit mit China funktioniert in der Praxis eigentlich ausgezeichnet. Es ist eine etwas andere Welt, mit ganz speziellen Macht- und Entscheidungsstrukturen, eben einem eigenen chinesischen Weg. Aber auch im Fall von China sieht man zunehmend die Selbstbezogenheit, die mich mit Sorge erfüllt. Der neue Fünfjahresplan für die Jahre 2021 bis 2025 empfiehlt in der Tendenz eine stärkere Abkopplung von der Außenwelt, gerade eine Abkopplung von den USA. Er wirkt wie „Make China Great Again".

Was das Kräftespiel der Welt angeht, bin ich etwas inklusiver als manch anderer. Ich bin der Meinung, dass große Länder und Wirtschaftsräume dieser Welt an einen Tisch gehören. Dazu zählen die Russen, die Chinesen, die Afrikaner, die Amerikaner und die Europäer. Wenn man da anfängt zu sagen: „Also, wir arbeiten nur mit den Amerikanern zusammen und nicht mit den Chinesen“, halte ich das für vollkommen falsch. Aber auch für unrealistisch, weil natürlich gerade für Deutschland China ein besonders großer und attraktiver Markt ist.

Abschottung, egal von welcher Seite sie betrieben wird, kann meiner Meinung nach kein funktionierendes Modell für die Zukunft sein. Ich glaube: Wenn jetzt alle anfangen, sich abzuschirmen, dann fallen viele Menschen in allen möglichen Ländern über die Klippe. Was ist mit Afrika? Was ist mit den asiatischen Ländern außerhalb Chinas? Man kann nur hoffen, dass die neue amerikanische Regierung den Hebel umlegen kann – in Richtung einer Globalisierung mit Augenmaß und Vertrauen.

Wie schwierig solche Diplomatie sein kann, ist mir bewusst. Es ist viel leichter gesagt als getan. Den harten Hund zu geben und Dinge kaputt zu schlagen, ist einfacher, als eine Brücke zu entwerfen und zu bauen, die tatsächlich hält. Ich sehe Letzteres als meinen Auftrag.

Im Jahr 2017 hat mir das AICGS den Global Leadership Award verliehen. Die Auszeichnung war als Anerkennung für meine Funktion als Brückenbauer aus der Wirtschaft gedacht – und ich steckte trotz der ganzen Ehre in einer Zwickmühle. Es war eine große Gala in New York mit 350 Gästen aus Politik und Wirtschaft geplant, Theo Waigel würde als Laudator für mich anreisen. Mein Problem: Auch ich musste eine Rede halten. Das empfand ich in den politisch schwierigen Zeiten als kompliziert: Nur Blabla reden, das wollte ich nicht. Aber die Amerikaner oder den Präsidenten zu kritisieren, das war in diesem Rahmen auch schwierig. Es hätte die zahlreichen Republikaner im Saal einfach nur brüskiert und ich war nicht auf Krawall aus.

Da kam mir zum Glück eine Idee. Es gibt ein evangelisches Kirchenlied aus dem 17. Jahrhundert. Es heißt *O Haupt voll Blut und Wunden*, und ich kenne es aus Bachs *Matthäuspassion*, in die einzelne Strophen eingeflossen sind. In den 60er-Jahren hat die amerikanische Folkband Peter, Paul and Mary zu der Melodie des Liedes einen tollen, politischen, zeitlosen Text gesungen: Der Song heißt *Because All Men Are Brothers*. Es geht um Brüderlichkeit und die Ablehnung von Tyrannei. „Wo die Glocke der Freiheit läutet, da ist mein Heimatland", lautet eine Zeile ins Deutsche übertragen. Ich kannte das Lied zufällig aus einem Fernsehbeitrag der BBC und war begeistert.

Da brachte ich zwei Dinge zusammen: Wir haben auf unserer Future Farm in Sambia einen Chor, der aus Mitarbeitern und deren Familienmitgliedern sowie Freunden besteht. Die singen einerseits Gospelmusik, aber auch afrikanische Musik. Und mir wurde schnell klar: Die laden wir nach New York ein, das ist unser Showact. Die haben natürlich geübt wie Harry, es wurde ein beeindruckender Abend. Nebenbei konnte ich bci den Amerikanern ein bisschen Afrikainteresse wecken.

Der afrikanische Chor hat zuerst in drei Sequenzen gesungen, dann kam ich dran. Ich bedankte mich und sagte: „Anstatt eine lange Rede zu halten, möchte ich zitieren." Und dann habe ich zwei Strophen aus diesem Lied *Because All Men Are Brothers* vorgetragen, ganz seriös, ohne Witz und ohne alles. Ich war persönlich tief berührt, das war nicht zu verbergen, auch egal, ich bin kein Schauspieler. Und dann habe ich gesagt: „So, und dieses Lied singt jetzt unser Chor." Und das stand dann für sich. Es war eine Kombination aus Bachmusik, Folk aus den 60ern, Afrika und einem politischen Statement. Es ging um Rassenfragen. Es ging um politische Fragen. Danach kamen viele Gäste zu mir, Demokraten wie Republikaner, und alle haben gesagt: Die Message kam an.

Zu diesem Award kamen auch noch zwei schriftliche Lobhudeleien: eine von Trump, schön mit dickem Filzstift unterschrieben, und eine von Merkel. Sie wurden mir überreicht, es war jeweils eine dicht beschriebene DIN-A4-Seite pro Regierungschef. Diese beiden Urkunden von Merkel und Trump hängen heute nebeneinander an der Wand in meiner Garage. In zwei getrennten Rahmen, und doch in trauter Einigkeit verbunden. Ich sehe sie fast täglich.

ENDE

PARTNER
Naturpark
Nossentiner/Schwinzer Heide
www.optimal-media.com/naturschutzprojekt-001

Partner des Naturparks
Nossentiner/Schwinzer Heide

Edel Books
Ein Verlag der Edel Germany GmbH

Projektkoordination: Svetlana Romantschuk
Vermittelt durch: Käfferlein & Köhne GmbH & Co. KG
Lektorat: Julia Stahl
Umschlagfotos: Stephan Pick
Layout und Satz: Datagrafix GSP GmbH, Berlin | www.datagrafix.com
Gestaltung von Umschlag und Bildstrecke: Groothuis. Gesellschaft der Ideen und Passionen mbH | www.groothuis.de
Lithografie: Frische Grafik, Hamburg
Druck und Bindung: GGP Media GmbH, Pößneck

FSC www.fsc.org
MIX
Papier aus verantwortungsvollen Quellen
FSC® C014496

Printed in Germany

ISBN 978-3-8419-0761-5